# 日常生活视野下的旧城开放空间重构研究

THE STUDY ON THE RECONSTRUCTION OF OPEN SPACES IN OLD CITIES FROM THE DAILY LIFE VIEW

著者　张　帆　邱　冰
导师　阳建强
学科　城乡规划与设计

东南大学出版社・南京

本书蒙以下项目资助

江苏省重点学科——风景园林学

江苏省品牌专业——园林专业

国家自然科学基金面上项目(51278113)

国家自然科学基金面上项目(31570703)

江苏省高校哲学社会科学研究一般项目(2015SJB050)

江苏省高校自然科学研究面上项目(15KJB220001)

江苏省高校哲学社会科学研究一般项目(2016SJB760001)

# 目　录

# 0 绪论

## 0.1 研究缘起和视角

### 0.1.1 空间的异化与日常生活研究的兴起

研究缘起于对旧城开放空间异化的关注。一方面，在当代社会，技术理性的统治已经渗透到几乎每一个存在领域，“这种无情的理性化在当代城市中体现的最为明显和生动”[1]。《雅典宪章》(1933)把城市简单条块化为居住、工作、交通、游憩四大功能[2]标志着理性主义的城市规划达到了顶峰。在这种形式下，城市似乎是可以预制的，建筑和空间是标准化的，并呈精确的几何图式[3]。自上而下的规划方法在理性思维方式下对城市进行一种单向度的操作，不仅分割了城市空间，而且企图规划人的行为与生活。另一方面，城市空间已经不再仅仅用于组织人们的日常生活，而是被“城市移植”(图 0.1)、“文化打造”(图 0.2)和“遗产克隆”(图 0.3)三种景观制造模式生产为一种虚拟的图像空间，脱离了真正的日常实践和集体记忆[4]，成为消费社会中的一种商品。本书称这种现象为城市景观的“拟像化”，在当代中国资本逻辑与符号神话共谋下建构了一个全新的城市形态——“奇观城市”。在这种背景下，具有区位优势、资源优势(自然、人文)的旧城开放空间的异化现象更加明显，呈现出一系列的问题，如功能脱离日常生活、布局出现社会分异、文化缺乏活态传承等。

**图 0.1　移植了欧式柱廊的某城市广场**

随着问题的显现，越来越多的学者开始关注“日常生活”。早在 1840 年代马克思、恩格斯就认为“日常生活”构成“世界的、个人的全部活生生的感性活动”，应当从日常

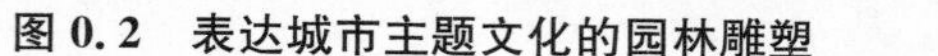

图 0.2　表达城市主题文化的园林雕塑

图 0.3　被到处克隆的“新天地”

生活出发实现人的全面发展，并将其视为社会生活的微观基础[5]。胡塞尔(E. Edmund Husserl)、维特根斯坦(Ludwig Wittgenstein)等也提出“生活世界”“生活形式”等重要概念[6]。列斐伏尔(H. Lefebvre)的日常生活批判理论引发了学术界的广泛关注，对 1980 年代欧洲的规划政策产生了重要的影响。列斐伏尔、德波(Guy Debord)等人敏锐地察觉到：当今物质生活日渐繁荣，而人们的日常生活逐渐被经济利益所蚕食。诱导人消费的商品符号与信息的不断膨胀使大众日渐沉迷于图像世界的华丽外观表象，沉浸在审美幻觉中而浑然不觉。让・鲍德里亚(Jean Baudrillard)从社会学角度把马克思的政治经济学批判和消费社会理论结合起来，提出了著名的“符号政治经济学”，即“在消费社会中，既不是物，也不是主体占据着统治地位，而是符号统治一切”[7]。面对这种状况，建筑和城市规划理论家们以及哲学家都试图给出令人满意的回答，这些回答的核心思想就是回归日常生活世界。

正因为出现了问题，旧城开放空间有必要进行重构。重构的不仅仅是旧城开放空间的本体，更重要的是确立新的研究视角、价值体系、观念意识以及在此前提下设计出的规划设计工具、方法和策略。

### 0.1.2　日常生活的视角与自下而上的态度

鉴于以上的问题，尝试从“日常生活视角”切入，采用一种自下而上的实践研究方法探讨旧城开放空间的问题。

1) 日常生活的视角　“日常生活”最早是由胡塞尔提出用来批判科学理性的一个哲学概念，列斐伏尔用其建立了日常生活批判和空间理论，实现了对现代规划方法和建筑功能主义的广泛批判。列斐伏尔的日常生活批判和空间理论启示我们放弃“宏大叙事”和精英角色，从“小事件”和细节入手认识城市生活的多样性以及空间的复杂性，允许不同空间的重叠并置，这种观念转变或许为我们理解旧城生活的多样性以及空间的复杂性提供新的视点。

2）自下而上的态度　日常生活的视野意味着在研究时需采取一种自下而上的态度，即不再以强势群体（政府部门、开发商、专家及其他社会精英群体）的思维方式和立场看待旧城开放空间：首先，倡导一种以公众为本的价值取向，关注公众需求和社会公平，特别是底层人士的价值观；第二，由自上而下的专家角度转为市民角度，由理论性、专业性转向具体、由下而上的探索，不再将正统的规划方法和空间秩序强加给旧城开放空间；第三，放弃宏大叙事的线路和集中的权力管制，由宏观转向微观，倡导一种以城市生活的日常性为基点的规划设计观。

## 0.2 研究目的和意义

从日常生活的角度研究旧城开放空间的价值体系、功能、布局和文化等问题，实现旧城开放空间重构的定性、定量描述的可视化、图示化和工具化，为旧城开放空间的优化提供理论框架和实际可操作的技术手段与策略。研究在理论和实践方面具有以下意义。

1）理论意义　包括如下两个方面：

（1）针对城市实践中对开放空间及周边土地的利用注重“高端消费”为主导的“短、平、快”式的一次性“经营”模式和贵族化、绅士化的开发模式，以及国内学术界强调技术理性和自上而下，漠视人的存在和放弃日常生活体验的倾向，倡导以公共性、民主性为基点的价值取向和一种自下而上的规划设计理念。

（2）创新了一个城市开放空间研究的视角，以自下而上的方式、市民的角度、微观的视点研究旧城开放空间评价、规划设计及管理问题，在开放空间研究领域里为城乡规划学、建筑学、风景园林学与社会学之间找到一条整合多学科研究体系的途径。

2）实践意义　包括如下三个方面：

（1）为旧城开放空间的规划设计、建设和管理提供理论研究框架和依据。以市民的公共利益、社会公平为价值基点，以市民为文化主体，重建旧城开放空间规划设计、建设和管理的价值体系，包括价值主体、价值体系的基点、价值目标，实现价值目标的途径以及价值制约机制等要素，为旧城开放空间的重构建立基本的理论研究框架和思路。

（2）为旧城开放空间的评价、规划设计和管理提供研究工具。以市民的活动期望和习惯为依据，以保证开放空间满足市民日常生活为底限，探寻旧城开放空间的评价、规划设计的客观规律，以数理模型或图示模型的形式揭示出来，设计出可供专业技术人员在进行评价和规划设计时所需的工具。这些工具反映的是在满足市民的活动需求时旧城开放空间应具备的最低条件，并不限制规划师、设计师的思维，反而能帮助其提高工作效率。

（3）为旧城开放空间提供规划策略和决策方向。立足于旧城开放空间的现状，兼顾我国开放空间行政管理机构和现行空间规划体系的现实条件，从市民与开放空间的日常关系、市民在开放空间中的日常实践以及国内外以日常生活为视角的开放空间成功实例中归纳、总结出旧城开放空间的规划策略和决策方向。

## 0.3 研究对象和目标

### 0.3.1 概念与取样对象的界定

1）相关概念的界定　对重构、日常生活、开放空间以及与开放空间相近的概念作出如下的界定。

（1）重构　重构（Refactoring）这个词最初由马丁·福勒（Martin Fowler）和肯特·贝克（Kent Beck）给出定义：它是一种修改，使软件的内部结构更容易理解，在不改变软件的可见行为方式前提下使软件更容易变更……它是一种有节制的整理代码、使 Bug 产生几率最小化的方法。题目中的“重构”移用了这两位计算机软件开发专家的定义，具有两个基本的特点：首先它是一种“修改”而非推倒重来，在转换了研究视角的前提下，从问题入手，在旧城开放空间原有的基础上制定修改的思路、方法与内容，使旧城开放空间能满足市民日常生活的需要，符合我国未来市民社会发展的趋势；第二，它立足于当前旧城开放空间的问题以及我国的现实条件（包括经济增长模式、发展理念、基本制度和政策以及行政管理机构和空间规划体系等）。

（2）日常生活　由于个人的学术习惯，列斐伏尔对日常生活并没有下一个明确的定义，但他通过大量的描述将其显现出来，其核心是真实的生活:“生计、衣服、家具、家人、邻里和环境,……”[8]本书所指的日常生活是指城市生活中常人的、世俗的、仪式性要求较弱的活动;它既包括有意识的活动,即工作、居住和娱乐活动;也包括附带性活动,即在主要活动之外,同时或相继发生的、次要的或偶然的活动,如日常的交往、闲聊、街头漫步与邂逅等等。它具有自发性和无序性,区别于那些具有宏大的、神圣的价值意义的活动。本书沿用列斐伏尔的理解:日常生活是人们每天例行的、重复的生活方式,是“真实的生活”,和“此时此地”非抽象的真实、个人的生存和再生产直接相关。

(3) 开放空间　是由“Open Space”翻译而来的。“Open Space”一词最早出现于1877年英国伦敦制定的《大都市开放空间法》(*Metropolitan Open Space Act*)中,这一概念随后得到重视而不断发展,但不同国家对开放空间的理解有一定差异[9][10][11][12](表0.1)。国内对“Open Space”一词有两种翻译:开放空间和开敞空间,绝大多数文献采用“开放空间”一词。目前,在中国期刊全文数据库(CNKI)中以“开放空间”或“开敞空间”为题检索到的中文核心期刊论文有138篇(1996年至2013年),其中23篇对开放空间的定义提出了研究者自己的理解。23条定义对“开放”

**表0.1　国外的开放空间定义举例**

| 序号 | 定　　义 | 来　源 | 国家 | 时间 | 文献 |
| --- | --- | --- | --- | --- | --- |
| 1 | 任何围合或是不围合的用地,其中没有建筑物,或者少于1/10的用地有建筑物,而剩余用地作为公园或娱乐,或者堆放废弃物,或是不利用 | 《开放空间法》(*Open Space Act*) | 英国 | 1906 | [9] |
| 2 | “城市区域内任何未开发或基本未开发的土地,具有公园和娱乐的价值;土地及其他自然资源保护的价值;历史或风景的价值” | 《房屋法》 | 美国 | 1961 | [10] |
| 3 | 开放空间就是由公共绿地和私有绿地两大部分组成 | 高原荣重 | 日本 | / | [11] |
| 4 | 任何使人感到舒适、具有自然的品格,并可以看往更广阔空间的地方,均可称之为开放空间 | 亚历山大(Christopher Alexander) | 奥地利 | / | [12] |

表格来源:依据文献整理

一词的理解不尽相同:大多数研究者将其理解为“室外”[13]“未被建筑物覆盖”[14];部分研究者则认为“开放”是指空间具有“免费”[15]“公共”[16]“可进入”[17]或“行为自由”[18]的特性。前者强调开放空间的“外部”特性,后者则包含了室内空间,这就造成诸多定义所涵盖的空间类型差异较大。此外,国内研究者界定开放空间包含的对象时也显示出了不同的倾向,比较典型的界定方法如表 0.2 所示。

**表 0.2　国内的开放空间对象界定方法举例**

| 序号 | 定　义 | 第一作者 | 时间 | 文献 |
| --- | --- | --- | --- | --- |
| 1 | 绿地、江湖水体、待建与非待建的敞地、农林地、滩地、山地、城市的广场和道路 | 余　琪 | 1998 | [19] |
| 2 | 广义的绿地系统 | 王绍增 | 2001 | [20] |
| 3 | 自然环境、公园、广场、街道、绿地、水体及室内公共使用空间 | 刘德莹 | 2001 | [16] |
| 4 | 城市中的广场空间、绿色空间、步行空间和亲水空间 | 唐　勇 | 2002 | [21] |
| 5 | 城市建成区内的园林植被、河湖水系、闲置空地等具有自然特征的环境空间以及道路广场、停车用地等具有一定社会经济功能的人工地面,以及城市近郊的森林耕地、河湖水域、滩涂沙地、山地丘陵等用地 | 苏伟忠 | 2004 | [22] |
| 6 | 公共广场、各级公园、街道空间、滨水空间、城市绿地、未被封闭的空地 | 董　禹 | 2006 | [18] |
| 7 | 非建筑实体所占用的公共外部空间以及室内化的城市公共空间 | 杨　雯 | 2007 | [23] |
| 8 | 绿化空间、广场空间、运动空间 | 李　云 | 2007 | [13] |
| 9 | 公园、自然风景(水域、山体)、广场、街道 | 赵　鹏 | 2008 | [24] |
| 10 | 城市公共空间和绿地——街道、广场、公园等,又包括城市边缘地带的山体水面、农田林地、江河湖泊等 | 刘晓惠 | 2010 | [25] |
| 11 | 公园、绿地、城市的街道、广场、巷弄、公共园区(专题性园区)、庭院等 | 任　彝 | 2011 | [26] |
| 12 | 绿地系统、水体系统、广场系统 | 邵大伟 | 2011 | [27] |
| 13 | 街道、广场、公共绿地、河流以及建筑物之间的公共外部空间等 | 杨　成 | 2012 | [28] |

表格来源:依据文献整理

(4) 其他相近概念　在中译英时，除了“开放空间”和“开敞空间”之外，“绿地”“外部空间”“户外空间”“室外空间”“滨水空间”“园地”等标题的英文翻译中也包含“Open Space”。与开放空间在研究内容上存在重复的有“公共空间”“外部空间”“休闲空间”“游憩空间”“户外空间”“室外空间”等概念。其中，公共空间的范畴与开放空间最为接近。《城市规划原理(第三版)》中城市公共空间狭义的概念是指“那些供城市居民日常生活和社会生活公共使用的室外空间；它包括街道、广场、居住区户外场地、公园、体育场地等”，这基本等同于开放空间。有一些学者认为，“从人的参与角度，……城市公共空间是人工因素占主导的城市开放空间”。周进认为，“城市公共空间是属于公共价值领域的城市空间，主要是城市人工开放空间，或者说人工因素占主导地位的城市开放空间”。“外部空间”“户外空间”“室外空间”等概念所指的“空间”是相对于建筑的内部空间而言的。“休闲空间”[29]“游憩空间”[30]的概念强调空间的功能。

2) 本书“开放空间”概念的界定　为了与“公共空间”“外部空间”“休闲空间”“游憩空间”“户外空间”“室外空间”等概念区分，需对开放空间的概念和其包含的对象进行明确界定。

(1) 概念界定的要点　本书结合已有的研究成果从形态、属性和功能等三个方面定义开放空间：

首先，开放空间在形态上是“开敞”的，无覆盖物遮蔽的。所谓覆盖物是指建筑、构筑物等实体(包括自然山体及人工构筑的山体)，冠幅较大并覆盖场地的植被不在此例。城市综合体所形成半室内、半室外的空间不计入考察范畴，因为一方面这类空间在形成机制上主要借助于建、构筑物，另一方面其面积难以统计和指标化。对形态的界定有助于令“开放空间”区别于“公共空间”和“休闲空间”，因为后两者包含建筑的室内空间。

第二，开放空间在属性上是“公共”的，向公众开放的。这一点与公共空间相似。所谓开放是指任何人都有权进入，不限于经济或社会条件。例如，人们不用缴费或购票进入，或进入者不会因背景受到歧视。对属性的界定有助于令“开放空间”区别于“休闲空间”“游憩空间”“户外空间”“室外空间”“外部空间”，因为这些空间未必是大多数人可进入的。

第三，开放空间在功能上是“自由”的，可以是单一的，也可以是复合的。从不同类别的开放空间构成的系统来看，开放空间可以凭借自然条件、人工设施具有生态、文化、景观、控制、保护、游憩等多重功能，但就单个开放空间而言，并不需要完全具备这些功能(图 0.4)。从这个意义上来考察，开放空间的概念更强调形态的开敞性、属性的公共性和系统功能的复合型。这一点使开放空间区别于"休闲空间""游憩空间"等强调某种单一功能的空间。

**图 0.4　不同功能、不同尺度的开放空间**

(2) 概念的界定　综合起来，开放空间的定义可表述为：存在于城市建、构筑物等实体之外，向公众开放，在系统层面上具有生态、文化、景观、控制、保护、游憩等多重功能和目标的开敞性空间。这一概念落实到具体的城市用地上则表现为如表 0.3 所示的诸多类型，其中包括了一些准开放空间。除了《城市用地分类与规划建设用地标准》(GB 50137—2011)中标注的城市用地之外，公共建筑由于红线后退而留出临路、临街的一些空地，经绿化、美化后形成具有简单游憩、停留功能的小型广场也在本定义的范畴之内(如图 0.5)。从国内现有的空间规划体系来看，这类开放空间存在指标化的可能性。

**图 0.5　建筑红线后退形成的小型广场**

**表 0.3 基于城市用地性质的开放空间类型**

| 类别 | | | 内容 |
|---|---|---|---|
| 大类 | 中类 | 小类 | |
| 居住用地(R) | | | 历史街区、老街、开放式管理的居住区(或小区、组团) |
| 公共管理与公共服务设施用地(A) | 文物古迹用地(A7) | | 具有保护价值的古遗址、古墓葬、古建筑、石窟寺、近代代表性建筑、革命纪念建筑的外部环境 |
| | 宗教用地(A9) | | 宗教活动场所中的外部空间,如商业街、度假村等 |
| 商业服务业设施用地(B) | 商业用地(B1) | | 商业用地的外部空间 |
| | 娱乐康体用地(B3) | 康体用地(B32) | 高尔夫 |
| 道路与交通设施用地(S) | 交通枢纽用地(S3) | | 交通广场 |
| | 其他道路用地(S9) | | 自行车专用道、具有游憩功能的风景道、林阴道 |
| 绿地与广场用地(G) | 公园绿地(G1) | 综合性公园(G11) | 全市性公园、区域性公园 |
| | | 社区公园(G12) | 居住区公园 |
| | | 专类公园(G13) | 动物园、植物园、历史名园、风景名胜公园、游乐公园、其他专类公园 |
| | | 带状公园(G14) | |
| | 广场用地(G3) | | 游憩、纪念、集会和避险等功能为主的城市公共活动场地 |
| | 附属绿地① | | |

① 《城市用地分类与规划建设用地标准》(GB 50137—2011)与现行的《城市绿地分类标准》(CJJ/T 85—2002)不统一,前者的统计指标中不含"附属绿地"的概念,将其融入各类除"绿化与广场用地"以外的建设用地中,而《城市绿地分类标准》中写入了"附属绿地"的概念,用地编号为G4。为了避免引起误解,表0.3中的"附属绿地"未注明编号。

**续表 0.3**

| 类别 | | | 内容 |
|---|---|---|---|
| 大类 | 中类 | 小类 | |
| 非建设用地(E) | 水域(E1)、农林用地(E2)或其他非建设用地(E9) | | 位于城市建设用地以外的风景名胜区、水源保护地、郊野公园、森林公园、自然保护区、湿地、野生动植物园、垃圾填埋场恢复绿地 |

表格来源:依据《城市用地分类与规划建设用地标准》(GB 50137—2011)与《城市绿地分类标准》(CJJ/T 85—2002)整理

需要指出的是,表 0.3 中所列举的开放空间并不具有同等程度的"开放性"。商业服务业设施用地(B)中的度假村和高尔夫从空间形态上来说属于开放空间,但在向公众开放时设置了经济门槛,从公共性的角度来说不完全符合开放空间的定义,但鉴于休闲产业的发展,度假村和高尔夫存在平民化的趋势,本书暂且将其列入开放空间的范畴。属于附属绿地中的单位、居住区(或小区、组团)的绿化空间服务于部分人群,具有半公共的性质,其开放性取决于该单位、居住区(或小区、组团)的开放程度。绿地、广场和街区是开放程度最高的三类开放空间。其中,广场包括交通枢纽用地(S3)中的交通广场、广场用地(G3)以及公共建筑红线后退形成的广场;街区主要是指商业步行街、历史街区、老街及未封闭的社区。

3) 本书取样对象的界定　在众多类型的开放空间中,绿地、广场和街区开放程度高,与市民的日常生活密切且易于指标化。《城市用地分类与规划建设用地标准》(GB 50137—2011)将该标准的上一个版本中的"G"类用地由"绿地"改为"绿地与广场用地",从某种意义上说是认同了城市绿地与"游憩、纪念、集会和避险等为主的广场"具有近似之处:同属于开放空间。街区和市民的日常生活最为密切,最能反映市民的生活形态。因此,绿地、广场和街区是本书主要的取样对象。

### 0.3.2　理论建构的主旨与目标

基于日常生活的概念框架,研究的主旨与目标如下:

(1) 构建旧城开放空间理论研究的基本思路和框架;

(2) 开发旧城开放空间规划设计和评价的量化工具;

(3) 提出旧城开放空间布局优化和调控的具体策略;

(4) 重构旧城开放空间文化保护和延续的决策认知。

## 0.4 研究内容和框架

### 0.4.1 “重构”研究的内容:从价值到文化

“重构”概念的定义使研究建立在一种“改良”的基调上。将旧城开放空间推倒重来既无此必要,也无此可能。因此,研究内容无需重构开放空间规划设计理论与实践的整个框架,而是紧扣“日常生活的视角”、坚持“自下而上的态度”,从旧城开放空间存在的主要问题入手,建立旧城开放空间重构研究的基本思路。重点展现的是本书采取的工作思路和方法与“日常生活的视角”及“自下而上的态度”之间的对应关系,以研究过程与研究结果表明视角的创新性、可行性和研究的必要性。基于上述分析,研究内容按下列五个方面展开:

1) 旧城开放空间的问题研究 在深入剖析国内城市景观制造“拟像化”背景的基础上分析旧城开放空间在功能、布局和文化方面出现的问题,并尝试从价值体系与制度层面、社会结构层面、规划和管理层面分析导致旧城开放空间出现问题的深层原因。由问题引出旧城开放空间重构研究的具体内容。

2) 旧城开放空间的价值重构 依据问题分析的结论,从分析价值主体、价值体系的基点、价值目标,实现价值目标的途径以及价值制约机制等要素入手,为旧城开放空间建构日常生活视野下研究的基本框架,从功能重构、布局重构和文化重构等三个方面提出研究方向与具体内容。

3) 旧城开放空间的功能重构 以市民的活动期望和规律为依据,开发旧城开放空间评价和规划设计的工具,包括旧城开放空间满意度分析模型、旧城开放空间功能评价模型和旧城开放空间设计模型,为旧城开放空间的功能优化提供日常生活视野下规划、设计与管理方面的限定框架。

4) 旧城开放空间的布局重构 立足于旧城开放空间的现实条件,从旧城开放空间的存在形式和可达性优化两个方面寻求突破。以自下而上的视角、非正规的规划途径,从旧城开放空间的拓展、间歇性开放空间的使用、临时性开放空间的使用、自发性开放空间的保护与干预等方面为旧城开放空间的布局优化调控提供策略。

5）旧城开放空间的文化重构　通过对旧城开放空间文化释义的界定，从“文化主体”与“文化结果”的关系入手，提出旧城开放空间“遗址文化”“活态文化”和“潜在文化”的概念，确立文化的保护、延续和培育是旧城开放空间文化重构的三大目标，并探求实现目标的规划设计策略与操作方法。

### 0.4.2　“重构”研究的框架：从问题到对象

研究框架下图所示：

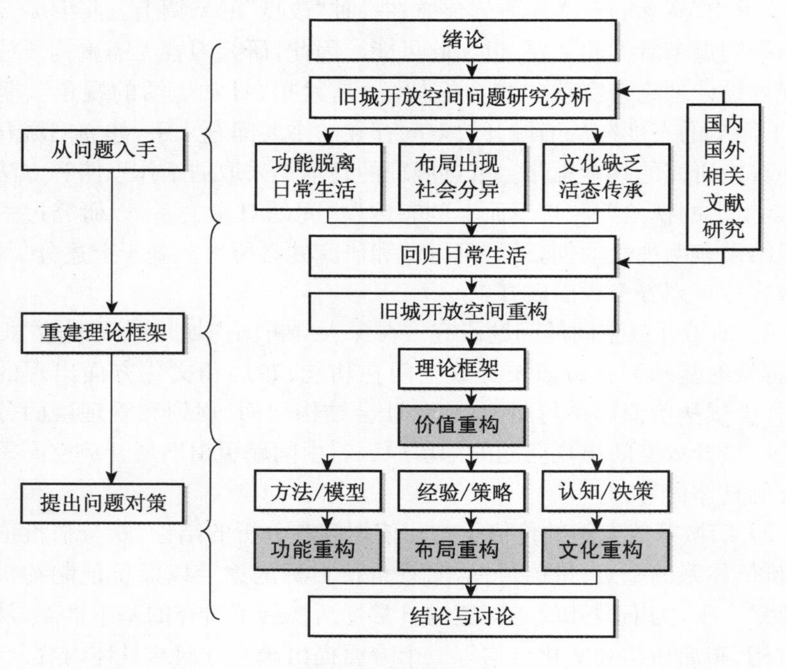


**图 0.6　研究框架**

## 0.5　本章小结

本章阐述了研究的缘起和意义，界定了重构、日常生活、开放空间等相关概念。将开放空间的概念落实到具体的城市用地上，并指出了研究主要的取样对象。确立了研究的视角，并在研究思路、量化工具和具体策略等三个方面对旧城开放空间的重构提出了四个研究目标。最后，说明了研究的主要内容和框架。

# 1 相关研究综述

## 1.1 国内开放空间研究进展分析

最早出现于1877年英国伦敦制定的《大都市开放空间法》(*Metropolitan Open Space Act*)中的"Open Space"在20世纪80年代被引入国内[22]。经过三十多年的发展,国内学术界对开放空间的研究已有相当的积累,但在文献的信息层面,还没有学者进行过专门的探讨。作者梳理了十几年来国内开放空间的研究进展、动态,归纳其特点,分析其利弊。

以中国期刊全文数据库(CNKI)收录的论文为文献来源。依据以下检索条件选择分析文献:①考虑到研究的直接相关性,检索项选择了"篇名",检索词为"开放空间"或"开敞空间",排除了与开放空间存在内容交叉的概念如"公共空间""外部空间""室外空间""户外空间""休闲空间""游憩空间"等。②排除化工、热能、社会政治、绘画艺术、文艺美学等领域中具有特定含义的开放空间概念。③研究时间跨度定为:1996年至2013年①。检索结果显示:期刊论文共377篇,其中发表于中文核心期刊②的论文为138篇;硕、博士学位论文分别为134篇和4篇③。考虑到研究的权威性、可靠性及深度,核心期刊论文和学位论文共276篇文献纳入研究文本。

### 1.1.1 主要的研究方向分析

就研究内容而言,可归纳出国外研究进展评述、保护与规划设计、调查研究、实践项目分析、客观规律研究和空间格局演变分析六个主要的研究方向,文献信息见表1.1。

---

① 首篇文献的发表时间是1996年,2014年的文献尚不能全部检索到。

② 如果某一期刊在1996年前尚不是中文核心期刊,而当前该期刊在CNKI上显示为中文核心期刊,那么本书将该期刊上所有以"开放空间"为题的论文视作"发表于中文核心期刊"。

③ 不排除存在一些学位论文由于某种原因未能公开的可能性。

**表 1.1　主要研究方向的统计数据(单位:篇)**

| 文献信息 | | 主要研究方向 | | | | | |
|---|---|---|---|---|---|---|---|
| 年　代 | 数量 | 国外研究进展评述 | 保护与规划设计 | 调查研究 | 实践项目分析 | 客观规律研究 | 空间格局演变分析 |
| 1996—2000 | 5 | 1 | 2 | 0 | 1 | 1 | 0 |
| 2001—2005 | 59 | 10 | 32 | 6 | 8 | 3 | 0 |
| 2006—2010 | 143 | 12 | 67 | 35 | 15 | 10 | 4 |
| 2011 | 33 | 3 | 11 | 8 | 8 | 0 | 3 |
| 2012 | 17 | 1 | 5 | 7 | 2 | 1 | 1 |
| 2013 | 19 | 1 | 4 | 6 | 1 | 6 | 1 |
| 合计 | 276 | 28 | 121 | 62 | 35 | 21 | 9 |

表格来源:依据用于综述的 276 篇文献整理

1) 国外研究进展评述　此类文献绝大多数是由国内研究者通过阅读国外文献或者出国直接接触研究对象和材料后撰写而成,极少数是由国外专业人士撰写,经翻译后在国内期刊上发表。主要成果(表 1.2)可归结为:(1) 总结整体层面或某方面的研究进展,如总体研究进展、概念演进、规划模式(或范式)发展、价值评估方法发展、开放空间系统理论发展等;(2) 从文化、绿色、公园、城市更新、设计手法、人性化、景观都市主义理论等不同角度或主题研究国外开放空间在类型或形态等方面的发展历程;(3) 分析国家、地区或城市的开放空间管理、保护及规划经验,如北美线性开放空间和都市区开放空间的规划、管理与保护,德国开放空间的临时使用策略与规划程序,荷兰开放空间的系统性规划思想与"绿心政策"以及伦敦城市开放空间规划中的绿色通道网络思想等。

**表 1.2　"国外研究进展评述"类文献的数量统计**

| 研究内容 | 总体或某方面的研究进展 | | | | 从不同角度或主题切入的研究 | | | | | | | 国家、地区或城市的经验 | | | |
|---|---|---|---|---|---|---|---|---|---|---|---|---|---|---|---|
| | 综述 | 价值评估 | 模式 | 系统 | 文化 | 绿色 | 公园 | 城市更新 | 设计手法 | 人性化 | 景观都市主义 | 方法 | 策略 | 思想 | 政策 |
| 篇数 | 2 | 2 | 2 | 1 | 2 | 1 | 1 | 1 | 1 | 1 | 1 | 5 | 4 | 3 | 1 |

表格来源:依据"国外研究进展评述"类文献整理

“国外研究进展评述”类文献有助于国内研究者从整体上把握自“Open Space”概念诞生以来国外的研究发展历程，把握国外开放空间在保护与规划设计[27]、格局演变与机制分析[31]、评价[32]等主要研究方向的动态，引进某些符合国内开放空间实践现实的先进理念、技术和管理手段等。

2）保护与规划设计　在市场经济体制下，一方面开放空间包含的视觉资源能大幅度提升地产的附加值，另一方面其用地要求与“寸土寸金”的用地现状发生矛盾，这两点导致了开放空间的保护与更新形成问题。从文献数量来看（表 1.3），学术界对开放空间保护的关注度较低。少数研究者提出了城市边缘地区开放空间的保护模式、“开放空间优先”策略、容积率奖励策略及街道开放空间的更新保护方法。

研究规划设计的文献数量最大（表 1.3），这与城市规划、风景园林等学科的注重应用、实践的传统有关，同时也是国内仍处在大规模建设时期的一种反映。相当数量的研究者在总体层面上探讨了开放空间的规划设计问题，如规划与设计、开放空间系统（或体系）规划、空间格局优化、空间组织等。这部分文献构成了“保护与规划设计”类文献的主体。其余文献的研究成果可归纳为六个方面：一是视觉景观视角，如景观设计、景观意向等；二是“以人为本”视角，如人性化设计、通用设计、导向系统、步行适宜性等；三是生态环境视角，如绿色开放空间、景观生态规划、生态设计等；四是功能视角，如城市形态界定、旅游吸引力提升、生态平衡、文化保护等；五是公共安全视角，如防灾避险；六是批判视角，如问题、困境等。

**表 1.3　“保护与规划设计”类文献的数量统计**

| 研究内容 | 保护 | 规划设计 | | | | | | |
|---|---|---|---|---|---|---|---|---|
| | | 规划设计方法 | 视觉景观视角 | “以人为本”视角 | 生态环境视角 | 功能视角 | 公共安全视角 | 批判视角 |
| 篇数 | 7 | 63 | 17 | 15 | 8 | 6 | 3 | 2 |

表格来源：依据“保护与规划设计”文献整理

“保护与规划设计”类文献是研究者在一定量具体实践的基础上归纳出的经验，旨在指导专业人员如何做好开放空间的保护与规划设计。该类文献的主要贡献在于为开放空间实践方面的研究建构了基本的框架和做出了原则性的概述[21]，并为教科书的编写和实践中政府的决策提供了参考，不足之处是缺少实证分析，且由于归纳具有选择性，不可避免地使研究结果带有一定的主观性。

3）调查研究　“调查研究”类文献在数量上仅次于“规划设计”类文献，以现场调研或文献研究为手段，描述了开放空间的某一类现象或属性、使用状况、建设情况和发展历史(表1.4)。对开放空间某一类现象或属性的调查研究涉及宜人性、场所性、地域性、公共性、社会性、休闲性及避难容灾能力等问题。对开放空间使用状况的研究包括使用后评价、环境行为、活动期望、认知及使用效度等五个方向。建设情况的调查研究主要包含两个方面：一是对现状或问题的研究，可细分为对某地(或某类)开放空间总体现状和某一方面现状(景观、格局、土地利用等)的调查；二是基于社会学视角的研究，如“参与与创造”“两型社会”。少量文献对传统或地域性的开放空间如南宋杭州开放空间、陕西和苏南乡村开放空间的发展历史和现状特征进行了梳理与总结。

**表1.4　“调查研究”类文献的数量统计**

| 研究内容 | 现象/属性 | | | | | | | 使用状况 | | | | | 建设情况 | | 发展历史 |
|---|---|---|---|---|---|---|---|---|---|---|---|---|---|---|---|
| | 宜人性 | 场所性 | 地域性 | 公共性 | 社会性 | 休闲性 | 避灾性 | 使用后评价 | 环境行为 | 活动期望 | 认知 | 使用效度 | 现状或问题 | 社会学视角 | |
| 篇数 | 8 | 3 | 2 | 2 | 1 | 1 | 1 | 14 | 4 | 2 | 2 | 1 | 16 | 2 | 3 |

表格来源：依据“调查研究”类文献整理

“调查研究”类文献侧重于描述现象(或事实)或进行使用后评价方法的实证研究，较少涉及开放空间实践规律、规则等方面的研究。该类文献搜集和整理开放空间的基础资料，为“客观规律的研究”提供研究对象和方向，为使用后评价方法的优化提供了实证依据，为开放空间的改进策略提供了参考数据，在国内开放空间的史学研究方面进行了有益探索。

4）实践项目分析　“实践项目分析”类文献的阐述对象为具体的项目，分为两种模式：项目介绍、理论说明＋项目介绍。“项目介绍”类文献通常以项目背景(概况)为起始，对规划(设计)目标、理念、策略、内容、专项等内容进行解析，有的侧重于整体介绍，有的则突出某项内容如理念或技术等。“理论说明＋项目介绍”类文献在项目介绍之前先提出简短的理论观点，其余内容同模式1。两种模式共涉及四个方面的内容(表1.5)：(1)总体层面，如开放空间系统、规划设计、规划布局等；(2)原理或技术的应用，如POE技术、生态原理、GIS技术等；(3)某一类型开放空间规划，如绿地、村镇、街道、校园、中心区及滨水的开放空间；(4)某些特定导向，如城市事件(世博会、园博会等)、特色问题、旅游及可持续发展等。

**表 1.5 “实践项目分析”类文献的数量统计**

| 研究内容 | 总体层面 | | | 原理或技术应用 | | | 某一类型开放空间规划 | | | | | | 某些特定导向 | | | |
|---|---|---|---|---|---|---|---|---|---|---|---|---|---|---|---|---|
| | 系统 | 规划设计 | 规划布局 | POE | 生态原理 | GIS | 绿地 | 村镇 | 街道 | 校园 | 中心区 | 滨水 | 城市事件 | 特色 | 旅游 | 可持续性 |
| 篇数 | 3 | 2 | 1 | 2 | 1 | 1 | 6 | 4 | 3 | 3 | 1 | 2 | 2 | 2 | 1 | 1 |

表格来源:依据“实践项目分析”类文献整理

绝大多数的“项目介绍”类文献借用了“开放空间”一词,题目可直接改为“××广场规划”[33]或“××公园设计”[34],其内容并未显示出采用“开放空间”这一概念为题的必要性。“理论说明+项目介绍”类文献提出了理论观点,但缺乏分析、论证的过程。“实践项目分析”类文献尽管研究深度不足,但可为研究者了解国内各时期开放空间的实际规划设计水平提供参考资料。

5) 客观规律研究　少数研究者将研究重点放在了与开放空间相关的客观规律上,以各种方式加以描述,这是开放空间研究趋向理性化、科学化的重要表现(表 1.6)。林学、风景园林学、生态学、环境工程学领域的研究者运用生态学原理、环境工程原理对开放空间规划的生态机理、道路产生的生态环境影响、大气污染机制、气候舒适度进行了细致的研究。城市规划学、建筑学、地理学领域的研究者借助于社会调查研究方法(问卷调查、访谈等)、形态学原理、统计学原理(相关分析、多元回归分析等)、地理信息技术(GIS)及经济学原理揭示了环境行为规律、量化评价体系、声景、空间原型、公众意象的影响因素、空间活力、价值以及疏散等方面的内在规律。

**表 1.6 “客观规律研究”类文献的数量统计**

| 研究内容 | 生态机理 | 环境行为规律 | 量化评价体系 | 声景 | 空间原型 | 公众意象的影响因素 | 空间活力 | 价值 | 疏散 |
|---|---|---|---|---|---|---|---|---|---|
| 篇数 | 4 | 4 | 3 | 2 | 1 | 3 | 1 | 2 | 1 |

表格来源:依据“客观规律研究”类文献整理

这些文献的研究结果绝大部分以公式、模型的形式呈现,或运用某些技术将客观规律以量化的方式展现。对客观规律的研究使开放空间实践领域的专业人员逐步获得了在进行开放空间规划设计、评价时可供选用的科学依据和工具。例如,王绍增、李敏首次综合运用生态领域的研究成果提出了开放空间的布局规律[20],其中关于"城市组团的生态化规划布局""城市空气通道与绿地、城市建筑的布局关系"的研究成果对当前快速城市化背景下的城市规划实践具有直接的指导作用。

6) 空间格局演变分析 "空间格局演变分析"类文献共 8 篇,按研究方法可分为定量和定性两类。开放空间数量的增减、形状的改变及类型的转换常被视作土地利用类型及土地覆被变化,这类定量研究成为地理学、生态学、城市规划学和风景园林学等相关领域的研究前沿。例如,王发曾等运用景观格局分析法、结构均匀比指数测度法,解析了洛阳市区绿色开放空间系统的面积、斑块、空间布局结构的动态演变过程(1988—2008 年)[35];邵大伟运用景观指数分析、等扇分析、环线分析、服务便利性分析等方法,对南京主城区内开放空间及各类型格局的演变(1979—2006 年)进行了剖析,探讨了驱动机制,提出了格局演变驱动机制的模型[36];曾容采用了景观指数来反映武汉市绿色开放空间格局的演化规律[9]。依靠对历史地图、档案的定性分析,徐振等从平面、风貌和功能三个层面对南京明城墙周边开放空间的形态变化(1930—2008 年)进行了研究[37]。

对开放空间格局演变的研究有助于研究者从宏观上把控一个城市开放空间的变化规律、分布现状,为开放空间布局合理性的评价及优化提供了客观的依据。但总体来说,国内研究者对于开放空间类型间转换的研究多停留在格局的变化过程上,侧重于展示分析技术的运用过程,对驱动力及其机制的研究深度不够。对于如何优化开放空间的布局,多数文献仅提出了策略,未能发展出优化模型、延续量化分析这一优势。

### 1.1.2 国内开放空间研究的特点

1) 文献的数量特征 研究数量先升后降,关注度有所减弱。从 2002 年起,文献数量大幅上升,研究热度不断增加。2007 年起核心期刊论文和学位论文的数量有所回落(图 1.1),2012 年此两类文献数量的下降幅度较大。2011 年起期刊论文(包括核心与非核心)数量大幅度回落。从 2007 年以来核心期刊论文和学位论文(包括 2013 年检索到的 5 篇论文)的研究内容来看,研究的系统性与深度并未达到理想的地步。因此,可初步判断:论文数量的下降并非研究的理性回归所致,而是国内学术界对开放空间的关注度有所减弱的表现。相比之下,同时期国外的相关研究①却呈现出不断增加的态势(图 1.2),造成这一差异的原因值得进一步探究。

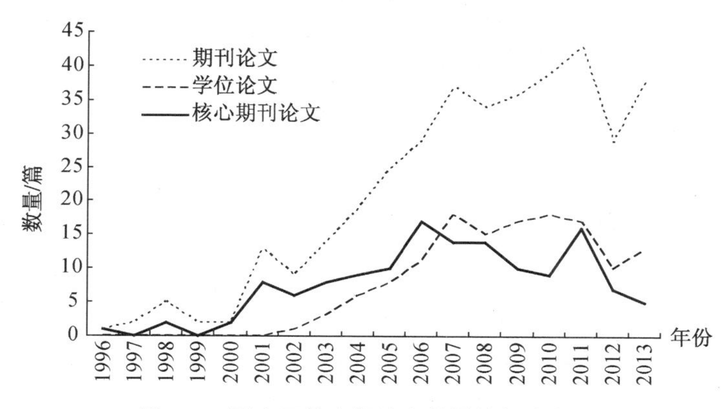


**图 1.1 国内开放空间论文数量的年度变化**

图片来源:依据检索后纳入考察范围的文献绘制

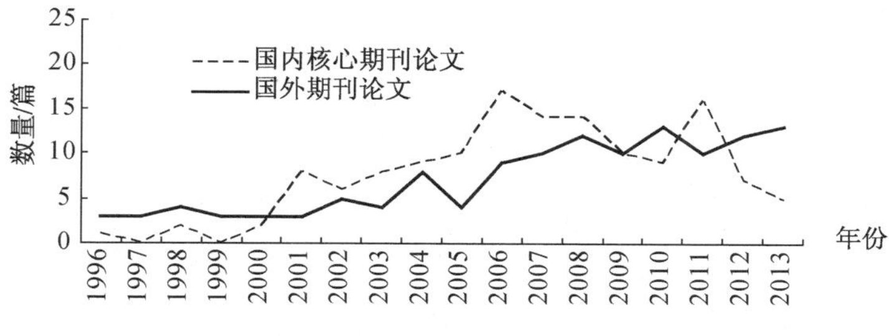


**图 1.2 国内外开放空间论文数量年度变化的比较**

图片来源:依据检索后纳入考察范围的文献绘制

2) 研究取向的特征　研究取向统计结果(表 1.7)表明,高等院校或科研机构中具有高级职称或高学历的研究者注重了解国外的研究进展,倾向于以量化的方式寻求开放空间的实践规律,试图以数据化的实证研究来说明其理论或假设的可能性和可行性。职称或学历相对低的研究者倾向于规划设计、项目分析和调查研究三个方面的研究,侧重于总结经验或描述现象(或事实)。此外,高级工程师的研究成果集中于"规划设计"和"项目分析",可能与其长期从事规划设计实践的工作性质有关。

---

① 以"Open Space"为检索词,限定"Title or Keyword"对 Science Direct 数据库进行检索,1996 年至 2012 年期间相关论文共 116 篇。

表 1.7 研究者类别与研究取向的关系分析表

| 研究者类别 | 外文研究 | | 规划设计 | | 项目分析 | | 规律量化 | | 格局演变 | | 调查研究 | | 总量/篇 |
|---|---|---|---|---|---|---|---|---|---|---|---|---|---|
| | 数量/篇 | 比重/% | 数量/篇 | 比重/% | 数量/篇 | 比重/% | 数量/篇 | 比重/% | 数量/篇 | 比重/% | 数量/篇 | 比重/% | |
| 教授/研究员 | 5 | 31.3 | 2 | 12.5 | 2 | 12.5 | 5 | 31.3 | 1 | 6.3 | 1 | 6.3 | 16 |
| 副教授/副研究员 | 6 | 27.3 | 8 | 36.4 | 5 | 22.7 | 0 | 0 | 0 | 0 | 3 | 13.6 | 22 |
| 高级工程师 | 0 | 0 | 3 | 75.0 | 1 | 25.0 | 0 | 0 | 0 | 0 | 0 | 0 | 4 |
| 讲师/助研 | 4 | 12.5 | 11 | 34.4 | 10 | 31.3 | 1 | 3.1 | 1 | 3.1 | 5 | 15.6 | 32 |
| 助教/实习研究员 | 1 | 25.0 | 1 | 25.0 | 2 | 50.0 | 0 | 0 | 0 | 0 | 0 | 0 | 4 |
| 博士 | 5 | 20.8 | 9 | 37.5 | 2 | 8.3 | 2 | 8.3 | 2 | 8.3 | 4 | 16.7 | 24 |
| 硕士 | 4 | 2.5 | 82 | 51.9 | 7 | 4.4 | 12 | 7.6 | 5 | 3.2 | 48 | 30.4 | 158 |
| 其他 | 3 | 18.8 | 5 | 31.3 | 6 | 37.5 | 1 | 6.2 | 0 | 0 | 1 | 6.2 | 16 |
| 统计 | 28 | 10.1 | 121 | 43.8 | 35 | 12.7 | 21 | 7.6 | 9 | 3.3 | 62 | 22.5 | 276 |

表格来源:依据纳入考察范围的 276 篇文献整理

3）知识层面的信息特征　体现在研究视角、研究方法和研究对象三个方面：

(1) 研究视角由单一视角向多视角发展。研究者不再局限于试图建立一个“大而全”的理论体系或者提出“导则式”的规划设计要点，研究内容更为发散，切入点更多。276 篇文献涉及的领域从早期的建筑学、城市规划学、城市地理学扩展到了风景园林学、生态学、艺术设计学、环境工程学、社会学、经济学、旅游学等众多领域。随着不同领域的研究者陆续地加入到开放空间研究的行列中，研究视角从最初的功能视角扩展到了生态环境、环境美学、文化保护、公共安全、社会公平、以人为本、价值评估、日常生活等多重视角，为全面、系统地研究开放空间奠定了理论基础。

(2) 研究方法总体上以定性分析、静态研究为主，定量研究呈现递增的趋势(表1.8)。十多年来,研究方法有较大的突破:由早期以经验总结、思辨性研究为主发展到定性和定量研究相结合;由简单的图示表达、数理统计来获取结论发展到采用GIS、RS、SPSS、多元回归方法、因子分析方法等较为先进的工具和复杂的统计手段来揭示规律。但从整体上说,以定性研究为主的文献仍占据多数。相比之下,国外十分注重社会调查(问卷、访谈、电话、网络等)、量化分析、数学模型、GIS、RS、航片等研究方法的使用[27]。从研究跨越的时间限度看,大部分的研究着眼于横断的静态研究方法,即在某一时间点研究和观察开放空间,采用纵向动态研究方法的文献较少。

**表1.8 研究方法相关统计数据**

| 文献信息 | | 研究方法 | |
|---|---|---|---|
| 年代 | 数量/篇 | 定性/篇 | 定量/篇 |
| 1996—2000 | 5 | 5 | 0 |
| 2001—2005 | 59 | 53 | 6 |
| 2006—2010 | 143 | 107 | 36 |
| 2011 | 33 | 28 | 5 |
| 2012 | 17 | 9 | 8 |
| 2013 | 19 | 12 | 7 |
| 合计 | 276 | 214 | 62 |

表格来源:依据检索后纳入考察范围的276篇文献整理

(3) 研究对象以开放空间本体为主。在276篇文献中,除去介绍国外相关研究的文献28篇,按研究对象划分,文献数量的分布极不均衡(表1.9):以开放空间本体为研究对象的文献占文献总量的90%,其中研究整体意义上的开放空间的文献占大部分比例;针对开放空间的主体——人的研究仅占文献总量的9%,以动物为主要研究对象的研究更是为零,仅1篇文献的内容因研究开放空间的“声景”而涉及对动物的讨论。

**表1.9 按研究对象划分的文献数量分布统计**

| 研究对象 | 开放空间本体 | | | | | | 开放空间主体 |
|---|---|---|---|---|---|---|---|
| | 整体意义上的开放空间 | 绿地 | 街道 | 广场 | 住区 | 其他 | 人 |
| 篇数 | 141 | 33 | 12 | 9 | 10 | 18 | 25 |

表格来源:依据检索后纳入考察范围的276篇文献整理

### 1.1.3 研究中存在的问题与建议

首先,定义不够清晰。在国内,“开放空间”尚不是一个行政法规性的名词,法律或法规都未对开放空间做出明确的界定,其使用仍然停留在学术、规划文本中。对于开放空间的定义,现有的文献存在三种态度:(1)将其作为一个常识性的词语;(2)罗列已有的各种定义;(3)结合自身学科特点及研究目的,提出或引用他人的定义。目前核心期刊论文给出的定义有 23 条之多,依据被引用的频率,其中 3 条定义具有一定的认可度(表 1.10)。综观 23 条定义,对“开放”一词的理解不尽相同:大多数研究者将其理解为“建筑实体之外”[19]“室外”[13]“未被建筑物覆盖”[14];部分研究者则认为“开放”是指空间具有“免费”[15]“公共”[16]“可进入”[17]或“行为自由”[18]的特性。前者强调开放空间的“外部”特性,后者则包含了室内空间,这就造成诸多定义所涵盖的空间类型差异较大。还有的研究者将开放空间理解为非建设用地[20]、公共空间[38],这不免使人质疑引入“开放空间”这一概念的必要性。“开放空间”定义的不清晰导致了研究对象、目的、意义的不明确。

**表 1.10 认可度较高的开放空间定义**

| 序号 | 定　　义 | 第一作者 | 时间 | 文献 |
| --- | --- | --- | --- | --- |
| 1 | 城市或城市群中,在建筑实体之外存在着的开敞的空间体 | 余　琪 | 1998 | [19] |
| 2 | 可供全体市民免费使用的空间,是用于休闲、集会、娱乐等活动的场所 | 付国良 | 2004 | [15] |
| 3 | 城市边界范围内的非建设用地空间,其主体是绿地系统 | 王绍增 | 2001 | [20] |

表格来源:依据检索后纳入考察范围的 276 篇文献整理

第二,研究对象不够明确。由于定义的模糊和研究者学科背景的差异,开放空间所涵盖的内容游移不定。研究对象的分类方法大致有三种:(1)按用地性质划分,如“绿化空间、广场空间、运动空间”[13];(2)按空间的公共属性划分,如“自然环境、公园、广场、街道、绿地、水体及室内公共使用空间”[16];(3)按空间的“开敞”属性划分,如“绿地、江湖水体、待建与非待建的敞地、农林地、滩地、山地、城市的广场和道路”[19]等。研究对象的不明确致使开放空间的量化标准研究难以进行，对理论和实践的进一步发展构成了阻碍。

第三，缺乏实证研究。城市规划学、风景园林学领域中的研究活动本质上属于实证研究，即研究“是什么”的问题。58.8%的文献只提出观点，缺乏验证过程，重点研究“怎么做”的问题，带有较大的主观色彩，不能揭示开放空间规划设计所需要的“客观规律”。当专业人员面对各种从不同角度建构的理论体系而又缺乏可供运用的规律（规划设计工具）时，将面临无所适从的困境。

对于以上的问题建议：①可在充分探讨开放空间作用的基础上，梳理、辨析开放空间与公共空间、游憩空间、休闲空间等相近概念的关系，结合国内城市规划相关实践的现实情况（用地分类、规划流程、行政管理等），提出适用于国内城市建设的开放空间定义；②在此基础上将开放空间涵盖的内容落实到具体的城市用地上，进而为实证研究和量化研究提供确定的研究对象；③定性和定量研究相结合，定性研究揭示开放空间作为一个复杂系统时的本质问题，定量研究重在揭示客观规律、设计量化模型与指标体系、开发规划设计工具；④加强对开放空间中的人以及动物的研究。

从 20 世纪 90 年代至今，国内的研究者们做出了大量的贡献，开放空间理论及实践水平也得到了较大的提高。但从以上的问题来看，国内的开放空间研究仍处于起步阶段，做出“研究体系日趋完善”[39]的结论为时尚早。

## 1.2 国外开放空间研究进展分析

以“Open Space”为检索词，限定“Title or Keyword”对 Science Direct 数据库进行检索，1888 年至 2013 年期间发表的相关期刊论文共 123 篇。以“Open Space”为标题检索词对 ProQuest 学位论文检索平台进行检索，除去文学领域、图书馆领域以及政治领域中的“Open Space”，1971 年至 2013 年期间，硕、博士学位论文分别为 23 篇和 11 篇。期刊论文与学位论文共 157 篇文献纳入研究文本。

### 1.2.1 主要的研究方向分析

就研究内容而言，可归纳出开放空间的功能与价值、开放空间对城市空间的影响、开放空间的保护与评价、开放空间的规划与设计、开放空间的供给与管理、开放空间的调查与认知六个主要的研究方向，文献信息见表 1.11。

**表 1.11　国外文献主要研究方向的统计数据(单位:篇)**

| 文献信息 | | 主要研究方向 | | | | | |
|---|---|---|---|---|---|---|---|
| 年　代 | 数量 | 功能与价值 | 对城市的影响 | 保护与评价 | 规划与设计 | 供给与管理 | 认知与调查 |
| 1888—1907 | 7 | 1 | 0 | 0 | 0 | 0 | 6 |
| 1969—1979 | 7 | 0 | 1 | 2 | 1 | 1 | 2 |
| 1980—1989 | 9 | 1 | 0 | 1 | 4 | 2 | 1 |
| 1990—1999 | 15 | 4 | 1 | 1 | 5 | 2 | 2 |
| 2000—2009 | 73 | 14 | 5 | 20 | 7 | 12 | 15 |
| 2010 | 7 | 1 | 0 | 2 | 2 | 0 | 2 |
| 2011 | 8 | 2 | 1 | 3 | 1 | 1 | 0 |
| 2012 | 16 | 6 | 0 | 3 | 1 | 4 | 2 |
| 2013 | 15 | 4 | 2 | 2 | 3 | 3 | 1 |
| 合计 | 157 | 33 | 10 | 34 | 24 | 25 | 31 |

表格来源:依据检索后纳入考察范围的 157 篇文献整理

1）开放空间的功能与价值　国外研究者对开放空间的功能和价值的研究主要集中在两个方面(表 1.12)：一是自然、环境方面的功能与价值；二是社会、经济方面的功能与价值。开放空间的自然、环境功能与价值多在生态、生物、林学等视角下进行研究[27]，重点关注的是生物多样性和栖息地的保护，以及调节气候、改善环境卫生等方面的研究。随着其社会、经济价值的显现，开放空间的相关研究迅速增加，如开放空间在促进社会健康(身体、心理)、提高生活质量、增进社会交往、防灾减灾等方面，以及提升财产经济价值、美化景观、发展都市农业等方面。其中，围绕着开放空间的市场属性，通过 HP 模型(Hedonic Pricing)、房产交易调查数据进行的研究十分广泛[40][41]。

表 1.12 “功能与价值”类文献的数量统计

<table>
<tr><th rowspan="2">研究内容</th><th colspan="3">自然、环境功能与价值</th><th colspan="7">社会、经济功能与价值</th></tr>
<tr><th>生物多样性与栖息地</th><th>气候</th><th>环境卫生</th><th>社会健康</th><th>生活质量</th><th>社会交往</th><th>防灾减灾</th><th>景观</th><th>财产价值</th><th>都市农业</th></tr>
<tr><td>篇数</td><td>2</td><td>2</td><td>2</td><td>4</td><td>1</td><td>2</td><td>2</td><td>5</td><td>12</td><td>1</td></tr>
</table>

表格来源：依据“功能与价值”类文献整理

2) 开放空间对城市空间的影响　开放空间对城市空间格局产生重大影响源于以“田园城市”(the Garden City)模式中“绿带”(Green Belt)手法阻止大面积建成区的无限制蔓延[42]的实践，如英国的绿带政策和大伦敦规划。此后，人们开始意识到开放空间在阻止城镇的合并、阻止对乡村环境的入侵、保护城镇的环境和历史城镇的特别属性以及推动城市衰退区更新方面所具有的功能，并在开放空间与城市增长、城市结构、城市肌理、城市形态、城市个性等方面进行了研究(表 1.13)。另外，当今日趋得到认同的“精明增长”“精明保护”和“紧凑城市”等控制城市空间的理论也与开放空间有关。

表 1.13 “对城市空间的影响”类文献的数量统计

| 研究内容 | 城市增长 | 城市结构 | 城市肌理 | 城市形态 | 城市个性 |
| --- | --- | --- | --- | --- | --- |
| 篇数 | 2 | 5 | 1 | 1 | 1 |

表格来源：依据“对城市空间的影响”类文献整理

3) 开放空间的保护与评价　开放空间的保护和评价是国外研究者关注的两个重点问题(表 1.14)。保护问题涉及开放空间保护的系统总结、政策研究、程序研究、方法和技术研究以及影响因子研究等。系统总结包括以实例研究为主，如 Eric Koomen 等分析 1995 年至 2004 年间荷兰的土地利用、空间保护政策和执行情况[43]，类似的实例还有美国、德国等。政策研究包括开放空间的保护政策[44]及经济、空间增长政策对开放空间保护的影响[45]两个方面，研究成果反映了开放空间与城市发展之间关系的相互作用。在方法和技术方面，运用了 GIS 分析技术和显示性偏好法等带有明显的量化特征的方法或工具。在影响因子方面，研究者发现开放空间自然条件以及人们对开放空间的主观态度会影响开放空间的保护效果[46][47]。开放空间的评价研究包括总体评价、质量评价、景观评价及其他方面的评价，如固碳效益、声学舒适性等。总体来说，这些开放空间评价研究文献侧重于展示作者研究时所采取的评价方法和技术，如GIS分析技术、变化跟踪技术、谷歌地球测量法、HP模型、地理场地模型、住宅排序模型等。很显然，定量化、模型化是评价研究的主要特点。

**表1.14 “保护与评价”类文献的数量统计**

| 研究内容 | 开放空间的保护 | | | | | 开放空间的评价 | | | |
|---|---|---|---|---|---|---|---|---|---|
| | 系统总结 | 政策 | 程序 | 方法与技术 | 影响因子 | 总体评价 | 质量评价 | 景观评价 | 其他 |
| 篇数 | 4 | 8 | 1 | 7 | 2 | 4 | 3 | 2 | 3 |

表格来源：依据“保护与评价”类文献整理

4）开放空间的规划与设计　与国内的同类研究相比，国外研究开放空间规划、设计的热度并不高，研究内容较为零散，但呈现出多视角的状态[48]（表1.15）。开放空间保护政策的研究已经从法规、政策等宏观视野下解决了开放空间规划与城市规划之间的关系问题。研究如何规划开放空间本体的文献数量不多，但研究视角发散，涉及野生动物保护、公共设施规划、系统规划、规划模式、空气卫生、可持续优化等。开放空间的设计研究大致呈现自然生态化、人性化、人文化、系统化四个特征：首先，开放空间的设计研究一直保持着对自然生态的重视[49][50]，特别是在调节气候方面；第二，不同人群如低收入者、成人、儿童、大学师生对开放空间的不同需求、认知及感受得到研究者、设计者的关注；第三，一些研究者探讨了不同文化背景或人文环境下的开放空间设计；第四，可持续性、多样性、关联性等带有系统化特点设计思想被运用到实践中。

**表1.15 “规划与设计”类文献的数量统计**

| 研究内容 | 开放空间规划 | | | | | | 开放空间设计 | | | |
|---|---|---|---|---|---|---|---|---|---|---|
| | 野生动物保护 | 公共设施规划 | 系统规划 | 规划模式 | 空气卫生 | 可持续优化 | 自然生态化 | 人性化 | 人文化 | 系统化 |
| 篇数 | 2 | 3 | 2 | 1 | 1 | 1 | 4 | 5 | 1 | 4 |

表格来源：依据“规划与设计”类文献整理

5）开放空间的供给与管理　由于土地权属的问题，国外的开放空间存在着公共和私有之分。开放空间的供给研究也主要围绕这两个方面展开，具体包括供给的投票制度[51]、公平性[52]、土地来源等[53]（表1.16）。开放空间的管理研究与“规划设计研究”相似，内容较为零散，但大致的脉络依然可循：一是土地监管[54]，如土地转换方式、土地收购等；二是开放空间的使用管理[55]，如居民参与、停车场使用、农药播撒、噪音问题等；三是管理技术[56]，如开放空间的资源分布检测、遥感技术等(表 1.16)。

**表 1.16 “供给与管理”类文献的数量统计**

<table>
<tr><td rowspan="2">研究内容</td><td colspan="3">开放空间供给</td><td colspan="3">开放空间管理</td></tr>
<tr><td>投票制度</td><td>公平性</td><td>土地来源</td><td>土地监管</td><td>使用管理</td><td>管理技术</td></tr>
<tr><td>篇数</td><td>2</td><td>4</td><td>6</td><td>4</td><td>7</td><td>2</td></tr>
</table>

表格来源：依据“供给与管理”类文献整理

6）开放空间的认知与调查　现代意义上的开放空间概念随着 1877 年英国伦敦《大都市开放空间法》(*Metropolitan Open Space Act*)的颁布而诞生。此后，人们对于开放空间的认知随着实践和理论研究的发展不断地在发生变化，从起初将开放空间作为控制城市无序蔓延、改善城市卫生条件和保护自然环境的工具发展到现今追求多元价值的阶段，经历了 100 多年。在认知过程中，调查是必要的手段。与国内开放空间调查研究类文献不同，国外的此类文献除了少量现状调查外，如建设现状、实践现状和技术现状等，研究侧重于通过调查发现开放空间的规律(表 1.17)，如开放空间与人的体力[57]、行为[58]、视听[59]、需求[60]、经济地位[61]等因素关系以及开放空间与动物的关系。

**表 1.17 “认知与调查”类文献的数量统计**

<table>
<tr><td rowspan="3">研究内容</td><td rowspan="3">开放空间认知</td><td colspan="7">开放空间调查</td></tr>
<tr><td rowspan="2">现状调查</td><td colspan="5">与人的关系</td><td rowspan="2">与动物的关系</td></tr>
<tr><td>体力</td><td>行为</td><td>视觉与听觉</td><td>需求</td><td>经济地位</td></tr>
<tr><td>篇数</td><td>13</td><td>6</td><td>2</td><td>3</td><td>3</td><td>2</td><td>1</td><td>1</td></tr>
</table>

表格来源：依据“认知与调查”类文献整理

### 1.2.2 国外开放空间研究的特点

与国内相比，国外的开放空间研究具有以下特点：

(1) 文献数量少，但研究深度与广度优于国内。从 1888 年至 2013 年间国外发表以“Open Space”为题的期刊论文和学位论文总数为 157 篇，平均每年发表 1.2 篇。而国内 1996 年至 2013 年间以“开放(敞)空间”为题的核心期刊论文与学位论文的总数为275篇，平均每年发表15.3篇，这一结果还不包含非核心期刊论文。但是从研究历程来看，国外的研究从最初规划的“随机安排”开始，先后经历了环境美化的公园运动、田园化城市、有机疏散、城郊城市化、生态保护的控制手段、追求多元价值阶段，已形成“随机型模式”“定量空间标准模式”“公园系统模式”“田园城市模式”和“形态相关模式”等较为完善的发展脉络。从2000年起，文献数量大幅上升，研究热度不断增加。

(2) 研究视角多，且注重规律的量化研究。国外的开放空间研究涉及环境科学、社会科学、经济学、农业与生物科学等众多领域，研究视角多元化，不仅关注开放空间的本体，也注重对开放空间主体(人、动物)的研究。研究者较少关注如何做开放空间规划设计的问题，也很少介绍项目实践，大量的研究集中在对规律的量化研究上，社会调查(问卷、访谈、电话、网络等)、数学模型、GIS、RS等是常用的研究方法。这一特点可能与国外比较注重纯理论研究的习惯有关，如美国将城市规划领域中的理论分为“规划的理论”与“规划中的理论”①。“规划的理论”是指“纯规划理论”；而“规划中的理论”是用以指导规划实践的，更接近于教科书。很显然，本章所考察的157篇外文文献大部分类似于“规划的理论”，其发展脉络也显示出研究经历了“工具理性”“价值理性”及“集体理性”等阶段。相比之下，国内的研究绝大部分停留在“规划中的理论”和“工具理性”阶段。

## 1.3 与本书直接相关的研究进展分析

从前两节的国内外开放空间研究综述来看，将开放空间看作一个整体系统研究旧城开放空间问题的文献极少。除了开放空间的使用后评价研究之外，与“旧城开放空间重构”直接相关的研究散落在以下两个方面。

### 1.3.1 规划程序反思：日常生活视角下的规划问题

亨利·列斐伏尔的日常生活批判理论引发了西方学术界的广泛关注，对20世纪80年代欧洲的规划政策产生了重要的影响。依据张庭伟教授的分析，西方的“规划的理论”[62]发展分为三个阶段(表1.18)：第一

① 张庭伟教授在《梳理城市规划理论——城市规划作为一级学科的理论问题》一文中将西方的城市规划理论分为“规划的理论”与“规划中的理论”，具体内容可详见文献[62]。

阶段注重工具理性，认为规划工作必须建立在科学理性的基础上，规划师是城市规划的主角；第二阶段强调人民在规划中的参与及拥有权，规划师虽然仍然编制规划，但规划的内容是由居民决定而非规划师决定；第三阶段“规划由人民来制定”（planning by people），而不是由规划师来做规划，规划师的角色是交流的组织者、共识的协调者和沟通的推动者。从第二阶段开始，规划工作转向社会问题，以“人和人”的关系为中心，规划程序由少数人决定逐步发展为由集体决定，从规划师单方面的“理性”转向多元化的客观现实，规划也因此贴近人们的日常生活。

**表 1.18　规划的理论的演变**

| 分类 | 第一代理论：理性模型 | 第二代理论：倡导性规划，公众参与理论 | 第三代理论：协作性规划 |
| --- | --- | --- | --- |
| 时代 | 1940—1970 年代 | 1960—1980 年代 | 1990 年代至今 |
| 理论基础 | 工具理性 | 价值理性、程序理性 | 新的价值理性——集体理性 |
| 主要内容 | 规划工作的科学性，分析工具及方法 | 规划及其过程的公平性，弱势群体的问题 | 规划的调停功能，建立共识 |

表格来源：引自文献[62]

在国内，日常生活视角下的城市规划开始于对城市规划技术化倾向的批评，有的研究者提出城市规划应“回归生活世界与提升人文精神”[63]。从 2004 年开始，华中科技大学以武汉汉正街居民的自发性实践为切入点，对日常生活视角下的城市规划问题进行了持续的探索，获得了国家自然科学基金的资助，形成了一批期刊论文和学位论文，如汪原教授关于日常生活和城市规划的系列论文[64][65][66]、王晖的《城市的非正规性：我国旧城更新研究中的盲点》[67]、王刚、郭汝的《城市规划的“日常生活”视角回归》[2]、马振华的博士论文《日常生活视野下的都市空间研究——以武汉汉正街为例》[3]。这批成果具有两个特点：一是从日常生活视角、城市非正规性视角（自发性实践）理解和把握城市空间结构与生成法则；二是批判了自上而下的规划方法，倡导一种由下往上、以人为本的学术理念和价值取向。这些学术观点虽然还未成为国内城市规划领域中的主流观点，但为城市规划及开放空间的研究开辟了新的视角和途径。

除了城市规划领域的研究之外，在日常生活视角下，国内的研究者对某些类型的开放空间进行了零星的探索，如罗华提出将与生活相关的上海非物质文化遗产融入到绿地中[68]，赵鹏等人研究了西湖的繁华与市民生活的关系，认为“公共属性是开放空间活力的保证”[24]。苑军提出城市广场设计应把“多元价值”作为一种积极健康的追求，在设计中时刻把握生活和生命意义的关怀[69]。除了关于西湖的研究外，其余文献中的“生活”或“日常生活”是一种抽象的概念，并未真正与具体的生活细节发生关联，与列斐伏尔的“日常生活”概念无关，采取的视角仍是从城市管理者及专业技术人员出发，只是强调在开放空间的规划设计中需更多地考虑人的要求，属于对开放空间人性化的宽泛研究。

### 1.3.2 规划价值反思：规划中的社会公平问题

由表 1.18 看出，西方的第二代“规划的理论”已经开始强调规划程序的公正、规划的社会公平问题，发展出了“联络性规划”“新城市主义”和“公平城市”等理论[70]，其中“联络性规划”倡导公众参与，“新城市主义”和“公平城市”则强调资源配置和决策的社会公平性。除了从整体层面上研究城市规划的社会公平问题，西方的学者们还将研究细化、落实到具体的对象上，如城市公共服务的公平性研究[71]、公园绿地的社会分异研究[72]等。前者经历了地域均等（1970 年代以前）、空间公平（1970—1990 年代）和社会公平（20 世纪末至 21 世纪初以来）三个主要阶段，后者对公园供给具有社会空间差异性和不平等性、分异的影响因素与形成机制、实现公平配置的途径等进行了深入研究。

国内对规划的社会公平问题研究始于对城市规划决策过程的思考。早在 1994 年，孙施文就认为：改革开放前，我国长期处于计划经济体制下，城市规划的编制基本上是一个“自上而下”的过程，是政府单方意志的表达[73]，提出“城市规划坚持的是社会利益高于个体的或局部的利益的原则”。当前，随着城市化进程的加快，城市规划的领导意志化、目标的经济化和效率化、主体的单极化、利益错置和问责机制缺位[74]，导致了社会公正问题日益突出，公众对公共资源“私有化”“贵族化”等问题反映强烈[75]。研究主要集中在公共利益[76]、规划公正[77]、公共政策[78]、公共资源配置[75]等方面。开放空间的社会公平研究以城市绿地和滨水空间的社会分异研究为主，包括这些开放空间的公共属性[24]、资源配置的公平性问题[79][80][81]，此类研究零星涉及街区[82]和广场[83]，但缺乏将开放空间视作整体的研究。

## 1.4 本章小结

本章对国内外开放空间的研究进展和与本课题直接相关的文献进行了系统的分析，总结了国内外研究动态，明确前人的工作水平，介绍了目前存在的问题，说明了本研究的主攻方向。通过对国内外开放空间研究进展分析及与本书直接相关的研究述评，可以归纳出以下几点：

(1) 差距　从国内外开放空间研究进展分析来看，国内外研究存在差距。首先，国外的研究注重规律量化，而国内的研究重项目实践轻规律研究。第二，国外建立了较为完整的开放空间概念、法规，而国内既无明确的概念，也无与开放空间直接相关的保护性法规，大部分文献未将开放(敞)空间(Open Space)视作整体进行研究。第三，国外文献数量少但研究的工作量饱满，深度、广度比较理想，而国内文献数量巨大，但往往蜻蜓点水，许多观点是在调查分析不充分的情况下建立的。

(2) 趋势　在认知上，开放空间是一个社会经济、环境、生态的复杂系统已得到国内外研究者的共识；在研究手段上，定量化是一个明显的趋势，新的技术、手段和方法会得到更多的应用；在研究内容方面，除了学术界仍将会重点关注开放空间在控制城市蔓延，满足人的生态、景观、环境需求等功能之外，经济、社会视角下的研究热度将会持续，开放空间与日常生活的关系将越来越受到重视。

(3) 问题　首先，由于土地权属、相关法律、管理方法和规划程序等方面的差异，国外的研究成果在某些方面能提供有益的借鉴，但不能直接套用；第二，国内的城市规划及开放空间规划设计实践基本停留在西方规划理论的第一个阶段，即在自上而下的规划程序中强调“工具理性”；第三，以开放(敞)空间或 Open Space 为题且与本论文方向相关的文献数量较少，研究多针对某些具体的开放空间类型，系统的研究框架尚未建立。

从上述分析可以看出，本书的选题从世界范围来讲符合开放空间研究及实践的发展趋势，存在研究的必要性。在国内旧城更新过程中开放空间建设存在诸多问题的背景下，具有较强的现实意义。研究将着重于从问题入手，建立日常生活视角下开放空间的研究框架，借助数学工具揭示规划设计中存在的客观规律，结合国情与现实提出实施策略，对选题进行较为深入的探索，以期起到抛砖引玉的作用。

# 2 研究方法、数据来源及处理方法

## 2.1 研究方法的构成与特点

拟采用以实证研究为主导，定量与定性分析相结合，跨学科研究为特色的综合研究方法，包括：

（1）实证研究　总体上采取“确定研究对象”“设定假设条件”“提出理论假说”和“验证”四个步骤开展研究，即重点研究对象“是什么”的问题。本书的核心部分重在揭示日常生活视野下的旧城开放空间在功能、布局、文化等方面的客观规律，并以南京、无锡、常州等地的旧(老)城区开放空间为样本进行实证分析。

（2）定性分析和定量分析结合　定性分析主要是解决研究对象“有没有”“是不是”的问题，从“质”的方面分析日常生活视野下旧城开放空间的基本问题——价值体系的重构问题，从根本上明确旧城开放空间价值重构的基点、目标、路径等，为旧城开放空间的重构研究制定基本的理论框架和发展方向。定量分析是依据统计数据，建立数学模型，并用数学模型计算出分析对象的各项指标及其数值的方法。利用统计学、图解分析技术、GIS空间分析技术对旧城开放空间进行定量分析，提出以数学模型、图示分析模型为主的定量分析模型，并使分析结果指标化、图形化。对旧城开放空间进行整体研究时穷尽所有细节和案例，既无此必要也不具有可操作性，因此设计具有方法论意义的定量分析模型是本书的重要研究内容。

（3）跨学科研究法　城乡规划学、风景园林学、社会学等学科相互结合、相互渗透，从整体上对本选题进行综合研究。

## 2.2 数据来源、采集与处理

### 2.2.1 文献数据来源

（1）期刊与学位论文　以中国期刊全文数据库（CNKI）收录的论文

为中文期刊和学位论文文献的来源。在选择参考文献时优先考虑发表于中文核心期刊的论文和博士论文，其次为硕士论文，再次为会议论文和一般期刊论文。以“Science Direct”为引擎搜索外文期刊，少量需付费下载的文献通过在线阅读其摘要获取信息。在“ProQuest 学位论文全文检索平台”中检索国外学位论文。

(2) 专著　中文专著主要为国内出版的各类中文学术专著，尤其是东南大学出版社出版的“博士文库”。外文专著主要为译著。

(3) 国家规范与标准　包括：

《城市用地分类与规划建设用地标准》(GB 50137—2011)

《城市绿地分类标准》(CJJ/T 85—2002)

《公园设计规范》(CJJ 48—92)

《居住区环境景观设计导则》(2006 正式版)

《城市道路工程设计规范》(CJJ 37—2012)

(4) 网络　在互联网上搜索的信息来源包括三个方面：一是各城市的统计、规划、园林、旅游、文物等部门的官方网站；二是某些网站的统计栏目如“网易数读”；三是报刊。

### 2.2.2 实验数据来源

书中的实验主要集中于第三章、第五章、第六章和第七章，实验数据来源的细节如下。

1) 第三章实验数据来源　第三章“日常生活视野下的旧城开放空间问题分析”中对无锡清名桥历史文化街区空间的形成机理采取了图示分析的方法，总结出了当地居民自发性空间实践的图示模型。数据来源包括：

(1) 背景资料，包括：

无锡市古运河清名桥地区复兴与保护规划设计(2007，清华大学)(来源：无锡市规划局)

无锡市古运河清名桥沿河历史文化街区保护规划(2009，无锡市规划设计研究院)(来源：无锡市规划局网站)

大运河(无锡段)遗产保护规划(2010，东南大学)(来源：东南大学)

现场调查所得数据(2012 年 1 月—2013 年 3 月，作者)

(2) 计算数据，包括：

160 份问卷及 200 位居民的访谈记录(2013 年 2 月 21—23 日，作者)

2）第五章实验数据来源　第五章“日常生活视野下的旧城开放空间功能重构”通过实验设计出三个模型：旧城开放空间满意度分析模型、旧城开放空间功能评价模型和旧城开放空间设计模型。这三个实验主要以南京主城区开放空间为研究样本，样本点绝大部分在旧城区（城墙以内），由于少数几个对南京具有重大意义的历史文化资源，如玄武湖、紫金山在城墙外部，因此将研究范围放大为主城区。选取南京主城区为主要的典型案例的原因是南京主城区绿地系统完善，各类开放空间类型较为完备，而且近年来南京也迎来了城市的大规模扩张，具有较强的代表性。数据来源包括：

（1）背景资料，包括：

南京老城控制性详细规划（鼓楼、下关、白下、玄武、秦淮片区）（公众意见征询稿）（来源：南京市规划局网站）

南京市绿地系统规划（2013—2020）（公众意见征询稿）（来源：南京市规划局网站）

南京统计年鉴（2013）（来源：南京市统计局网站）

南京市商业网点规划（2004—2010）（来源：365 地产家居网）

南京园林志（1997，方志出版社）

南京新园林（2003，中国建筑工业出版社）

南京城市规划志（2003，中国建筑工业出版社）

南京街巷名册（1984，南京市公安局）

南京建置志（1994，海天出版社）

（2）计算数据，包括：

满意度数据来源：南京旧城区及城区边缘的 18 个开放空间的满意度有效问卷 541 份。开放空间调研点包括：（1）玄武湖公园、（2）白鹭洲公园、（3）武定门公园、（4）北极阁公园、（5）大钟亭公园、（6）聚宝山公园、（7）明故宫遗址公园＋午朝门公园、（8）钟山体育运动公园、（9）中山陵景区、（10）夫子庙传统步行街、（11）湖南路新型商业街、（12）鼓楼广场、（13）大行宫广场、（14）西华门广场、（15）玄武门广场、（16）南京林业大学校园、（17）锁金村和（18）聚宝山庄居住小区的各类活动场地及宅间绿地。

活动期望数据来源：在南京主城区选取大行宫广场、鼓楼广场、胜利广场、山西路广场、汉中门广场、新街口莱迪广场和南京站站前广场等 7 个不同类型、不同尺度的广场进行活动观察。其中，大行宫广场、鼓楼广场进行了重点调查，两个广场的人流线路观察人次分别为 756 和 599，活动内容观察人次分别为 1 816 和 1 516。

3）第六章实验数据来源　第六章日常生活视野下的旧城开放空间布局重构策略通过实验，利用 GIS 空间分析技术对江苏省常州市老城区的开放空间进行可达性分析。在分析结果的基础上运用该章提出的策略对常州市老城区开放空间进行布局重构研究。数据来源包括：

青果巷东侧地块修建性详细规划（2013 公布）（来源：常州市规划局网站）

桃园路（和平北路——延陵中路）道路规划（2010 公布）（来源：同上）

中心分区 ZX0507 标准地块控制性详细规划（2013 公布）（来源：同上）

常州市青果巷历史文化街区保护规划（2010，东南大学、常州规划设计院）（来源：同上）

常州市城市轨道交通线网规划（修编）[2013，日本中央复建工程咨询株式会社（CFK）、常州规划设计院]（来源：同上）

常州市历史文化名城保护规划（2013—2020）（2014 公布）（来源：同上）

常州市商业网点规划（2011—2015）（2013 公布）（来源：同上）

常州市道路系统及道路红线规划修编（2013 公布）（来源：同上）

常州市老城厢概念性城市设计（2011）（来源：同上）

常州市中心城区总体城市设计（2012）（来源：同上）

常州市城市总体规划（2011—2020）（2013，常州市规划设计院）（来源：同上）

常州市天宁区发展战略规划（来源：常州市规划局天宁分局网站）

常州市统计年鉴（2013）（来源：常州市统计局网站）

常州年鉴（2013）（来源：常州史志网网站）

常州城市建设志（1993，中国建筑工业出版社）

常州街巷（2012，凤凰出版社）

常州古园林（2012，凤凰出版社）

4）第七章实验数据来源　第七章日常生活视野下的旧城开放空间文化重构路径通过实验，以文化地图为工具对南京旧城区的开放空间文化进行量化分析、评价。在分析结果的基础上按照该章中“保育文化关系”的总体构想对南京旧城区的开放空间进行文化重构研究。背景资料除了第五章的来源之外，还包括：

总统府历史文化街区保护规划（2013）（公众意见征询）（来源：南京市

规划局网站)

梅园新村历史文化街区保护规划(2013)(公众意见征询)(来源:同上)

南京市石头城遗址公园概念性规划设计(2013)(公众意见征询)(来源:同上)

朝天宫历史文化街区保护规划(2013)(公众意见征询)(来源:同上)

南京老城白下片区 Mca030—20 地块(中航工业科技城)控制性详细规划调整(2012)(公众意见征询)(来源:同上)

南京市鼓楼区总体规划(2013—2030)(公众意见征询)(来源:同上)

南京市秦淮区总体规划(2013—2030)(公众意见征询)(来源:同上)

南京老城控制性详细规划(玄武片区)Mca030—28 单元图则部分调整公众意见征询(2014)(来源:同上)

颐和路历史文化街区保护规划(2013)(公众意见征询)(来源:同上)

夫子庙历史文化街区保护规划(2012)(公众意见征询)(来源:同上)

南京城墙志(2008,凤凰出版社)

南京历史文化名城保护规划(2010—2020)(来源:中国·南京网)

百度百科

文化地图数据来源:总统府、梅园新村、午朝门遗址、王安石故居、九华山公园、鸡鸣寺、台城、阅江楼、静海寺、绣球公园、古林公园、石头城公园、北极阁公园、白马公园、朝天宫、郑和公园、甘熙故居、瞻园、白鹭洲公园、愚园、中华门、鼓楼广场、水木秦淮、汉中门广场、1912 街区、成贤街、新街口、颐和路、北京西路、瞻园路、老门东、夫子庙、仪凤广场、八字山公园、大方邮票交换市场、南艺后街、东华门广场、东干长巷公园、拉贝故居、南捕厅、东门三条营历史文化街、玄武湖公园、中山陵、大钟亭公园、小桃园、清凉山公园、乌龙潭公园、湖南路商业街、太平南路、东水关遗址、武定门公园、月牙湖公园、进香河路、大行宫广场、珠江路科技街、西华门、和平公园、玄武门、太平北路。其中,玄武湖和中山陵、武定门公园、月牙湖公园等地点与南京旧城区边界相连,因此纳入考察范围。

### 2.2.3 实验数据处理

1)统计学分析　包括相关分析、回归分析和主成分分析。运用统计学的相关分析和回归分析方法分析城市开放空间满意度关系密切的评价因子:在对回收的问卷进行信度及效度分析的基础上,采用 Spearman 秩相关分析对满意度评价因子的相关性进行分析。观察 12 项细分评价因子与“满意度”因子之间的相关关系，在以总满意度为因变量，以细分的评价因子为自变量，进行多元回归分析，建立满意度回归模型，计算出在统计学意义上与满意度关系密切的因子。利用主成分分析法将中观层次的评价因子“降维”成开放空间规划所需的若干宏观因子，并以宏观因子得分为依据对研究样本进行了归类，寻求样本间潜在的联系。

2）简单数理统计　开放空间用地构成指标计算，包括“最小有效活动区域面积”的计算公式（式 5-1）、功能区域面积的评价指标计算公式（式 5-2）、活动丰富性指数计算公式（式 5-3）、坐歇空间内常规座椅最小数量的计算公式（式 5-4）。这些计算公式为作者自行设计，详见第五章“日常生活视野下的旧城开放空间功能重构模型”。第七章中“文化地图”评价中包含了文化面密度和线密度的两个计算公式（式 7-1、式 7-2）

$$S_{最小有效} = (i-f)\% \times S \sim i\% \times S \qquad (式\ 5\text{-}1)$$

$$\left.\begin{aligned} S_{功能1} &= S_{最小有效} \times n_1/N \\ S_{功能2} &= S_{最小有效} \times n_2/N \\ S_{功能3} &= S_{最小有效} \times n_3/N \end{aligned}\right\} \qquad (式\ 5\text{-}2)$$

活动丰富性指数 = 实际活动种类数 / 期望活动种类数（式 5-3）

坐歇空间内常规座椅最小数量计算

$$\frac{S_{最小有效} \times n_1 \times 20\%}{N \times 2 \times k} \qquad (式\ 5\text{-}4)$$

文化面密度 = 文化地点的数量 / 包含文化地点的评价区域的面积

（式 7-1）

文化线密度 = 文化地点的数量 / 一条空间线路单位长度

（式 7-2）

3）图解分析　旧城开放空间设计模型中使用停留规律的研究主要采取图解分析的方法，将观察所得的现象以抽象的图形加以总结和归纳，形成图示模型。

4）GIS 空间分析

基于 ArcGIS 软件平台，选用网络分析法进行旧城开放空间的可达性分析。运用栅格数据来构建网络可达性模型（式 6-1），该模型考虑了三个方面的因素，即开放空间（源）、到开放空间的距离（路网）和空间阻力类型如河流水域等，基本模型公式如下：

$$ACI=\sum_{i=1}^{n}\sum_{j=1}^{m}f(D_{ij},R_i)/V_0 \quad \text{（式 6-1）}$$

其中，$ACI$ 是开放空间的可达性指数，$f$ 是一个距离判别函数，反映了研究区域的空间特征，从空间中任一点到所有源（开放空间）的距离关系。$D_{ij}$ 是从空间任一点到源 $j$（公园绿地）所穿越的空间单元面 $i$ 的距离。$R_i$ 是空间距离单元 $i$ 可达性的阻力值，$V_0$ 是人们从空间任一点到源（公园绿地）的移动速率。

## 2.3 技术路线

技术路线概括如下：

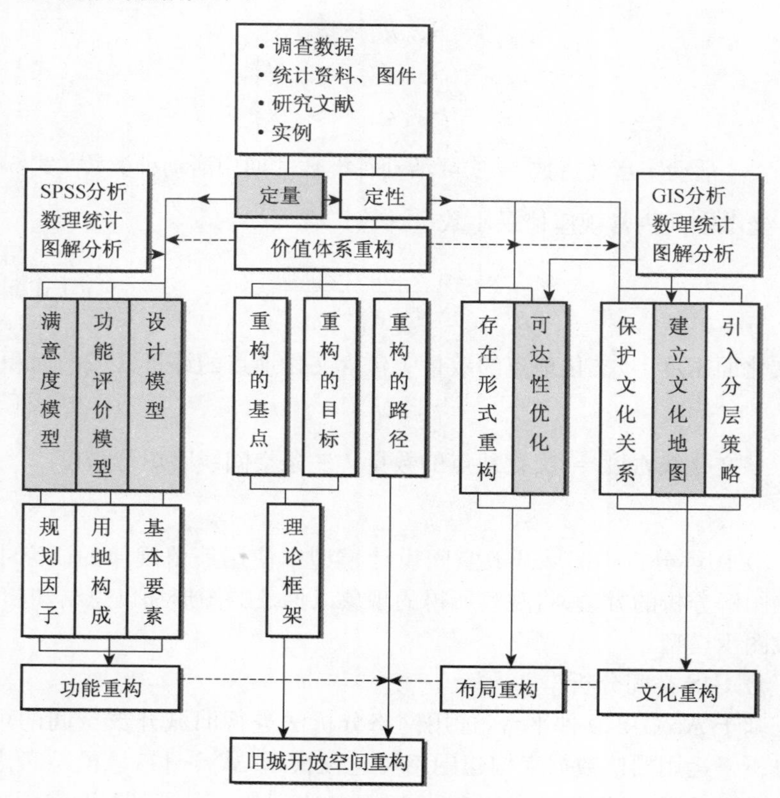


图 2.1 研究路线

## 2.4 本章小结

本章阐述了本书的研究方法是以实证研究为主导，定量与定性分析相结合，跨学科研究为特色的综合研究方法，奠定了研究的基调。在此基础上明确了书中的实验主要集中在南京、常州和无锡的旧(老)城区，交代了研究数据的来源及处理方法。此外，还将旧城开放空间满意度分析方法、用地构成指标计算方法、设计模型进行了细致的介绍。并将数据处理、技术方法等结合文章框架，形成技术路线图，进一步明确了本书的研究思路。

# 3 日常生活视野下的旧城开放空间问题分析

## 3.1 背景和趋势:城市景观的“拟像化”

### 3.1.1 “拟像”的概念与特点

鲍德里亚从符号的能指和所指之间的任意性原则出发,分析了形象与现实之间的二元关系。他认为,形象对现实的反映经历了四个阶段:①它是深度现实的反映;②它遮蔽了深度现实并使现实去本质化;③它遮蔽了现实的缺失;④它不再与任何现实发生关联,它是一个纯粹的拟像[84]。“拟像”是鲍德里亚用以分析后现代社会、生活和文化的一个关键性术语。简单地说,拟像是指后现代社会大量复制、极度真实而又没有客观本源、没有任何所指的图像、形象或符号[85]。这些图像、形象或符号的生产过程被称为“拟真”(Simulation)。“拟像”的特点可以从以下三个方面来理解:

第一,“拟像”可以是对“真实”的逼真再现和精确复制。借助于现代科技,这种精确性超越了“原本”(Original)与“摹本”(Copy)的二元对立关系,消解了“原本”与“摹本”的等级秩序关系及“摹本”之间的差异性,使“摹本”看起来像是客观事物本身。

第二,“拟像”能根据自身的“拟真”逻辑创造出客观世界中并不存在但又极度真实的虚拟现实,即“超真实”。它与任何真实没有联系,不再是对作为“原本”的客观事物的模仿,而仅仅产生于拟像的自我复制与自我生产。

第三,“拟像”能像语言符号一样建立独立的系统,它的产生、运作、演化和生产都可不依赖于客观真实,而根据自身符号系统的“差异性”原则来运行,即其意义和价值不从现实和主体那里去寻找,而是产生于符号的编码规则和结构性规律。

### 3.1.2 城市景观“拟像化”的三种形式

在快速城市化进程中，城市空间已经不再仅仅用于组织人们的日常生活，而是被生产为一种虚拟的图像空间，脱离了社会现实。拟真的东西因为大规模地类型化而取代了真实和原初的东西，这种现象在鲍德里亚的文化理论中被称为“拟像化”，国内有些研究者则以不同的视角称之为“迪斯尼化”[86]“泛视觉化”[87]或“审美泛化”[88]。

1）城市移植：“真实”的精确复制和“拟像先行” 城市移植是再现、复制“中国历史文化中不曾出现过的建筑形式和风格”[86]的城市景观制造方法。这种“拟像”与“真实”的关系存在两种不同的形态：一是对客观世界中真实存在物的逼真再现和精确复制；二是以预设模型或样板使大众相信“拟像”的真实性，再按相应的“拟真”逻辑对“拟像”本身进行重复复制和生产。

第一种移植方式其源头可追溯到20世纪90年代初兴起的“欧陆风”：小到复制希腊雕像、美国白宫，大到“克隆”欧美的小城镇。2001年初，上海市政府下发了《关于上海市促进城镇发展的试点意见》，提出构筑特大型国际经济中心城市城镇体系的战略构想，并将重点放在体现异国风情的“一城九镇”的建设上：松江镇建成英国风格的新城；……安亭新镇则被确立为德式风格[89]。2012年，广东惠州五矿投资60亿元“克隆”奥地利有“世界最美小镇”之称的哈施塔特，引发了广泛的争议。对“原本”的逼真再现和精确复制使远程在场的体验方式替代了直接在场的真实感知。

第二种移植方式创造的“拟像”并不再现真实，而是以一种逼真的预设模型或样板的形式出现，即“拟像先行”。有一段时期，国内曾有100多个城市提出要建国际化大都市[90]。一个普通城市要在短期内达到基础设施、经济、贸易、金融、第三产业、教科文和外语环境等多方面的国际化是绝无可能的，但国际化大都市的“拟像”在现今的技术条件下则完全可以被生产出来。在日常生活领域中，宽马路、大广场、中央商务区、会展中心以及超高层建筑被官方或媒体渲染为国际化大都市的预设模型或样板，同时城市、景观规划设计实践又形成了一整套生产这些模型或样板的“拟真”逻辑。“拟像先行”比逼真再现客观世界已经存在的真实事物的拟真手法更进了一步，创造出与当地客观现实毫无联系的但又极为逼真的拟像。太湖某滨湖新城核心区的城市设计效果图向大众显示了该地区迈向

**图 3.1 电脑虚拟的大都市景象**

图片来源：http://news. 2500sz. com/news/szxw/mcbd/shxw/2012/2/17/1328595. shtml

大都市的未来图景(图 3.1)，当地的管理部门却似乎忽略了该城市沿太湖地区绝大部分是由农村、乡镇转变而来的现实条件。此外，当前普遍存在的规划设计“抄袭”现象也是这种类型的拟真，因为精细复制不是从真实本身开始，而是从另一种复制性开始。

2）文化打造：“超真实”的中国式实践 “拟真”能创造出客观世界中并不存在但又极度真实的虚拟现实，迪斯尼乐园是对这一点的最完美注解：一个虚幻世界充满了各种各样客观世界中并不存在的虚构形象，但它们却显得异常真实。既然现实中不存在的东西能制造得如此真实，那么失去的城市特色必然也能“打造”出来。因此，政府部门普遍相信城市景观的文化特色是可以通过“打造”来实现的。这几年，地方政府的文化工程在资金投入方面堪称数字的盛宴：河南开封欲举债 1 000 亿元，花费 4 年重造北宋“汴京”；山东拟投入 300 亿元建设中华文化标志城；洛阳计划在 5 年内投资 260 亿元打造唐城古镇，复建大唐寺院；西安投资 120 亿元打造唐代大明宫遗址；山西大同耗资 100 亿元再造古城；湖南新晃侗族自治区将斥资 50 亿元打造夜郎古国景区；河北滦县拟投资 50 亿元复建滦州古城；甘肃敦煌拟投资 30 亿元复建敦煌古城；江苏金湖将投资 30 亿元建设尧帝古城，等等。

文化打造的对象多数是现实中已无实物或根本不存在的东西。打造流程一般如下：从地方志、古籍或民风习俗中“挖掘”当地的“城市特色资源要素[91]”，通过直接、模拟、抽象、隐喻和象征等手法将“要素”物化成具体的景观形式，如古城、仿古街、主题公园(或景区)、主题雕塑及各类文化节等等。人们从饮食、影像、音乐、休闲和娱乐等多方面通过丰富的视觉体验去感受被打造出来的世界。这种“超真实”的体验被日常化、大众化，进而模糊了真实和虚拟的界限，“拟像”最终成为客观真实本身，完成了城市特色从“无”到“有”的打造过程，例如当前仍然盛行的仿古景区（图 3.2）。由于摆脱了客观现实的束缚，仅仅操作“拟像”本身，其过程对政府和设计者而言都极为高效，因此这一思路在景观规划、城市绿地系统规划和旅游规划中运用极广，甚至还出现了专门从事“城市主题文化”规划设计的机构。

**图 3.2 “超真实”的拟像——仿古景区**

图片来源：http://www.gxhh.net/scenery/guilin-36.shtml

3）遗产克隆：符号的自我复制与生产　自从上海新天地改造项目成功后，掀起了一股以“新天地”为模式的城市遗产克隆热潮，有的学者称之为“绅士化”[62]景观。杭州、武汉、苏州、南京、重庆等地都推出了打造所谓的“西湖天地”“宁波新天地”“南京 1912”等克隆热潮，天津更是投资 51 亿元将泰安道老街打造为“英式风情区”。与此同时，一大批工业历史建筑因其特有的“工业时代符号”和高大空间而被打造为“文化创意”“艺术仓库”“时尚休闲区”或“城市快捷酒店”的“Loft 热”[92]也日趋盛行。就南京而言，近 50 家创意产业园中有 30 多处与产业遗产的更新改造有关，其中更涉及不少历史悠久的遗产，如晨光 1865 科技创意产业园原址是有着 146 年历史的金陵制造局。

在“新天地”模式中，石库门作为上海里弄的典型代表、一种传统的低层高密度生活空间的现实被完全忽略，原有居民被全部迁出，改造期间还出现了严重侵犯居民权利的事件。改造后的石库门与一般的商业区在功能上并无本质的差异，但石库门的物质形态被利用为一种符号审美的诱发基质，在与时尚符号的相互作用下，将作为居住空间的石库门转变为充满时尚生活气息的空间拟像。改造设计过程即是一个时尚符号在基质

(遗产)表面的自我复制和自我生产的过程,其中符号的编码规则和结构性规律(拟真逻辑)可运用在任何类型的城市遗产上,与遗产的具体特点和亟待解决的社会现实并无关联,遗产仅为这套符号系统提供了某种“差异性”(图 3.3)。事实也证明了这一点:各地的“新天地”、创意产业园采用的均是类似的设计手法。因此,有研究者认为城市遗产克隆热潮制造了城市文化的“同一化”[93]。

**图 3.3　时尚符号在城市遗产表面的自我复制——上海“新天地”、南京 1912、无锡清名桥历史文化街区**

借助鲍德里亚的“拟像”概念揭开了城市景观图像盛宴与狂欢之下掩藏着的城市景观被生产为商品的真实目的。三种景观制造模式是资本逻辑与符号神话共谋的产物,它们在当代中国共同建构了一个全新的城市形态——奇观城市。在这种城市中,空间不再与当地的社会现实相关,而是被生产为各种用于消费的、无处不在的拟像,并且以文化的形式表现出来,使大众沉浸在审美幻觉中而浑然不觉。但当图像和符号的累积过度过量的时候,在单一的视觉感知渠道下,大众对城市的感知必然导向趋同化和麻木化。

## 3.2　现象和成因:开放空间的问题分析

### 3.2.1　问题分析

新中国成立以来,我国采用的是代议民主的城市空间资源配置模式,由国家行使资源配置的权力,政府是公共利益的代言人。但由于这一模式本身存在公共利益的模糊性和分散性等问题,使得公共利益没有得到很好的保证,开放空间建设长期被忽略。

1) 功能脱离日常生活　这一问题可以追溯到新中国成立初期的“苏联经验”。开放空间类型中尺度、规模、数量最大的公园全面模仿苏联的

“文化休息公园”，在公园的自然环境中强调政治教育工作。再如在苏联专家的建议下，当时的居住区绿化形式模仿法国古典式样，具有强烈“形式主义”倾向的几何图形布局使人们不得不反复地左转或数次右转才能到达目的地，造成实际使用上的不便。经过大半个世纪的发展，开放空间的功能再度陷入脱离日常生活的困境。

(1) 功能和用途先入为主　当前的开放空间规划建设往往体现的是城市领导者、开发商的意图或者是技术人员的主观臆断，而不是市民的真实意愿和需求。先入为主的功能和用途划定束缚了市民公共活动的丰富性和多样性，使市民处于履行规划设计意图的被动客体地位[94]。程式化的功能分区不可避免地否定了开放空间中公共生活的多样性和不可预见性，否定了市民在城市公共生活空间中的主导地位，其结果只能导致内容的空洞。国内的开放空间设置了绿地、水面、小品、雕塑、露天音乐场等各种预先设定的用地和设施(图 3.4)，却往往缺乏树阴和坐椅，草坪还不得入内。而欧美的开放空间只是提供了一个简单的空间环境，使用功能和方式则是市民根据需求自己掌握的，为多方位开掘和功能的再创造留下了足够的空间。

**图 3.4　无法使用的设施、小品**

(2) 尺度和形式形而上学　在“拟像”制造模式下，城市管理者热衷于制造“全国最大”“世界最大”的城市奇观以吸引投资和彰显政绩，开发商追求豪华高档的视觉效果以响应“符号消费”需求，设计师强调的则是空间构图艺术和美学效果以满足其理念和技巧的表达。长达数千米乃至几十千米的城市轴线、超常尺度的广场和草坪、图案化的铺装和植被等形式与构图缺乏实际空间、时间尺度的基本概念，形而上学地强调所谓的“联系”与“整体性”。这些巨型尺度的工程使旧城开放空间已经严重脱离市民的日常生活(图 3.5)。

2) 布局出现社会分异　开放空间作为一种公共资源具有稀缺性的特点，存在配置不均衡或不公平使用的问题，产生了所谓开放空间的“社会分异”现象。

(1) 旧城开放空间的内化、私有化　在现实中，由于城市中心人口和

**图 3.5　某城市超常尺度的大广场**

图片来源：http://www.guolv.com/dalian/jingdian/170870.html

建设的高密度性导致城市开敞空间的稀缺性，少数群体与非少数群体之间具有同等可达性的开放空间质量并不均等，优质的开放空间往往向少数人群聚集。旧城开放空间被各种类型的组织、机构和个人划分为大小不同的地盘，城市空间被区隔化[95]。许多具有资源垄断性、历史价值性和环境优美的稀缺空间资源通过权力干预和资本交易被少数有钱人或有权人占有和垄断，留给城市全体成员共同使用的开放空间资源则在各种势力的侵蚀下逐渐萎缩[96]。例如，中心城区的高收入商品房社区大部分是在旧城改造基础上开发的，自然景观条件和人文环境是这些高档住区热销的保障，各类公园绿地也成为不同阶层的居民选择居住地的重要影响因素之一[97]。开发商为了在市场上迎合高收入阶层所谓对品位、环境等方面的追求，不遗余力地“圈环境”“圈资源”[98]，对社会稀缺的开放空间资源进行侵占和蚕食。违规、违法操作使部分优质开放空间被少数人群占有。城市居住空间分异导致了其内部的开放空间随之分异。在大规模的城市住区重建中，“门禁社区”和“超级街区”大量出现，相对于传统街区，其内部的开放空间更加内化、私有化，比“单位大院”更为强硬地将开放空间与城市分隔开来，被广泛认为将分裂城市空间形态，分隔城市内部不同的社会群体[99]（图 3.6）。例如，2003 年在南京莫愁湖畔新建 6 个高层与超高层社区，占据了接近 1/3 的滨水面积，最大日光投影可占据一半以上湖面面积。建成后，莫愁湖公园景观空间品质日益恶化，难以形成融合的城市开放空间。

（2）旧城开放空间的商业化、绅士化　现时期城市中的开放空间按消费群体的社会结构分化，非公益性开放空间发展迅速，公益性开放空间发展相对滞后，存在分布不均和管理不善的问题。人们对空间的利用机

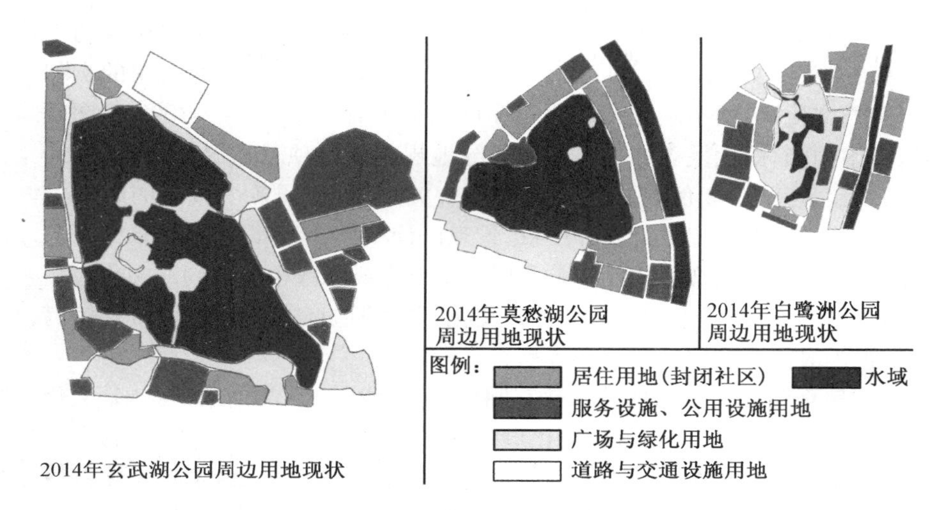


**图 3.6　南京的三个湖泊不同程度地被封闭社区所占据**

会不均衡，如高档次的开放空间多于中低档次的开放空间，或是为游客消费设置的开放空间多于为居民日常生活设置的开放空间。例如，旧城传统居住区的“绅士化”使这些街区按照城市中产阶层的审美品位改造，最后植入中高档消费[100]品牌。原住居民则在房价筛选机制作用下被迫迁出，失去了与街区在生活和空间上的联系。前面所述的“遗产克隆”中各类新天地是这种分异现象的典型代表。再如，在公园、风景区等开放空间中设置高档消费场所（酒店、会所、高尔夫球场等）的现象曾屡禁不止。在互联网上以“高档酒店（或会所）藏身公园”为题名进行搜索，获得的各地关于此类违规现象的新闻不计其数。南京旧城区中部分公园就设有会所、公馆。2013 年 12 月中央纪委、中央教育实践活动领导小组发出了《关于在党的群众路线教育实践活动中严肃整治“会所中的歪风”的通知》。南京的一项关于公园中高档酒店、会所的调查显示，部分藏身于旧城区中公园或风景区内的高档酒店（或会所）改走“平民化”路线，但处于旧城区边缘的武定门公园内仍有高档酒店拒绝对外开放[101]（图 3.7）。

**图 3.7　南京某公园内隐秘的高档酒店**

3）文化缺乏活态传承　现有的以“开放(敞)空间”为研究对象的文献较少关注文化问题，而以园林绿地、广场、滨水空间为研究对象的文献却对“文化”热情不减。有研究者在期刊网上查阅了1994—2009年期间在《中国园林》上发表的105篇介绍绿地规划设计项目概况的文章，统计结果显示其中62例与文化主题表达有关[102]。打开各个城市的政府规划、园林网站，介绍城市设计项目、景观设计项目、园林设计项目如何深入挖掘城市文化的文字比比皆是。但这些研究或实践中所提到的文化大多属于静态保护或“拟像制造”中的“文化打造”“遗产克隆”和“城市移植”，忽视了对活态文化的保护和传承。

具有地方文化特色的开放空间的形成势必包含两个条件：一是文化群体的存在，二是文化透过文化群体作用于景观的过程，文化是动因，空间是载体。静态保护的关注点在那些凝固的历史遗址上，未将文化群体纳入考察的范畴。“拟像制造”将文化从景观中剥离了出来，切断了民众与城市文化传统之间的联系，使城市失去了形成文化内涵所需的文化基础和价值来源：“文化打造”本质上是一种“泛文化”现象，抹杀了文化的原真性；“遗产克隆”迁走遗产所在地的原住民，肢解该处的社会结构，忽略了文化的过程性；“城市移植”将他地的文化强加于本地历史的肌理之上，割裂了文化的延续性。

### 3.2.2　成因剖析

1）宏观经济环境层面　目前，中国已基本完成了从政府命令性经济(计划经济)过渡到政府主导型市场经济的转型过程[103]，但过度依赖以单纯追求增长速度为主、依靠增加要素投入而带来增长的粗放型经济增长模式。转型期间，地方政府通过扭曲劳动力和土地资源等要素价格的方式在短期内获得了高额的生产利润——人口红利和土地红利[104]。从空间资源利用的角度来看，粗放型经济增长模式至少产生了六个方面的问题：首先，过度依赖土地资源；第二，地方政府过度干预了空间资源的配置；第三，追求经济利益成为城市建设中压倒其他一切事情的行为取向；第四，利益协调机制不健全，每一个社会成员和社会群体对空间资源应该拥有的合理利益没有得到一视同仁的保护；第五，社会力量配置结构失衡，社会主要群体呈现弱势化倾向，精英群体之间出现利益结盟的迹象，优质的空间资源向精英群体集中；第六，资源开发的速度过快，注重近期效益，缺乏可持续利用的规划和措施。

2）价值体系及制度层面　随着经济的转型，我国开始了体制转型，首要任务是要创造多样性[105]，但还未完全建立起公平合理的社会发展理念和与之相应的制度。一方面，分权化改革和发展阶段限制迫使地方政府采取“以公平换效率”的发展模式。长期以来的“唯 GDP 论”的政绩考核体系使政府的公共权力更加专注于经济效率，具备了逐利的动机。从权力下放和分税制改革为主的“分权化”改革使得地方政府有了逐利的空间和可能，有了更加灵活的地方发展权，也有了更加明确的政治利益[106]。分权制、全球化和市场化背景下的国内地方政府也已出现了“政府企业化”的倾向，在经济生产、资本积累和城市发展过程中兼具管理者和参与者两种角色。与政府主导方向一致的大型经济组织成为获利集团，弱势群体及与政府主导方向不一致的则受到漠视，在城市空间资源的配置中，城市规划维护公共利益的宗旨受到质疑[96]。另一方面，“市场化”改革下的城市空间资源配置失衡。市场机制是利润驱动的机制，具有明显的趋利特性，特别是在进行旧城改造、环境整治等公益性的开发建设时往往注重短期的经济效益，有时甚至反而为了私人利益而侵蚀开放空间。

在“发展型政府”主导下，经济发展牺牲了社会公平。城市管理者、开发商甚至包括部分专业人员只是在理论上承认开放空间是一种公共资源，尚未建立起以公共性与民主性为价值基点的旧城开放空间价值体系，未将公众作为开放空间的价值主体。自 1990 年代中期以来，在社会严重分化已经造成城市空间分异的背景下，规划师仍然在城市景观和自然景观最好的地段规划“一类居住用地”（主要是别墅）或所谓的“高尚住宅区”，为开发商借开放空间资源谋取超额利润和地方政府以牺牲公共利益获取短期的经济收益提供合法依据。这种物质空间矛盾极易再生产为社会矛盾。

3）社会阶层结构层面　在我国现阶段，社会阶层层面上出现了许多问题，其中有两方面的问题最为明显：一方面，从基础阶层层面上看，是社会主要群体的弱势化趋向；另一方面，从较高位置阶层层面上看，则是精英群体之间出现的某些利益结盟迹象[107]。我国社会弱势群体问题的不同之处在于，不仅仅存在着一般意义上的数量十分巨大的丧失劳动能力的弱势群体成员，而且更为严重的是，社会上的一些主要群体如工人群体（包括身份依然是“农民”的工人），其本身并没有丧失劳动能力，却呈现出一种弱势化的趋向[108]。从某种意义上讲，我国社会主要群体在弱势化的同时，也逐步边缘化了，其社会及政治地位在逐步下降，对于社会和政策的影响力越来越小，发言的声音越来越弱，很少能够有机会参与政策制定等重要的社会活动，已经逐渐丧失社会话语权[109]。然而，中国现阶段精英群体之间开始出现了一种利益结盟的现象。不同精英群体之间越过各自的职业边界，通过非正常的方式如制定带有利益偏好倾向的政策，以损害公众利益为代价，来实现精英群体相互之间的利益互换，增加各自的经济利益[110]。精英群体对优质开放空间资源具有更高的可达性和可进入性就是这一现象的外在表现。

具有经济利益的空间资源掌控在政治精英群体手中，但需经过经济精英群体的开发经营。其通常存在两种做法：一是政治精英群体负责提供空间资源，制定具有倾向性的政策，扭曲资源的价格；二是政治精英群体通过公权进行设租以分得一部分寻租收入。政治精英群体以土地和空间为媒介实现与经济精英群体之间的利益互换，经济精英群体则利用正当或不正当途径获取空间资源，再通过级差地租的形式获取暴利。除了“合谋”之外，政治精英群体还存在以公谋私的“单干”行为，这表现在两方面：其一是管理部门利益化，各级管理部门利用现有的空间资源规划和管理体系的漏洞为本部门谋求利益等；其二是公益事业利益化，本应由政府负责出资举办的公益事业呈现利益化的趋势。

这种利益排他性分享机制的运转还需另外两个精英群体的存在：一是将价值天平偏向于强势群体的专业技术人员；二是空间资源开发的受众——高端消费群体。从事规划设计的专业技术人员原本应是公共利益的代言人，但其利益依附于政治精英群体和经济精英群体的利益之上。在政府部门的专业技术人员手中握有大量的行政资源，特别是规划审批权，而在技术部门或企业单位工作的专业技术人员则掌握着空间资源的部分决策权，客观上也扮演着“准管理者”的角色。在利益的驱动下，部分专业技术人员乐于成为政府部门领导和开发商的绘图员，高效率地完成项目，实现自身利益的最大化。在符号和媒体的指引下，高端消费群体早已认同空间资源的阶层属性，以占有具有资源垄断性、历史价值性和环境优美的稀缺性空间资源为身份的象征。

4）规划和管理层面　在以速度为本，强调近期经济增长的环境下，旧城开放空间在规划和管理层面存在一系列的问题。

（1）操作过程过于单向化　旧城开放空间的规划、设计和建造过程是由城市管理者、开发商、专业技术人员单向操控的。首先，城市管理者和专业技术人员单方面地追求技术理性。“这种无情的理性化”[1]具体表现为技术的纯粹性、形式的均衡性和思维的静态性三个方面。技术的纯粹性令开放空间的建设过程像现代工业生产一样，预先规划设计好它的每一个部分。形式的均衡性强调整体对局部的严格控制，在规划控制过程中形成永恒的、理想的空间形态。静态的思维模式试图以科学技术控制开放空间未来的发展，否定了旧城开放空间发展可能存在的多样性和不可预见性。第二，公共参与缺乏实质性内容。由于我国公众参与制度建设还处于起步阶段，与旧城开放空间相关的规划仍停留在封闭状态，承袭了计划经济体制下政府包揽社会生活的一切方面的传统管理模式，缺乏一个公众参与的常态化运作机制。城市管理者和专业技术人员缺乏与公众保持沟通的传统，只是在理论上承认公众参与的重要性，偏重于把民主看做一种作风，尚未真正落到实处，没有把公众参与上升到决策的最初出发点和最终目的的高度上来。现行的公众参与形式主要为项目公示，仅是一种事后的、被动的参与。图 3.8 南京市城市总体规划修编技术路线图中公众参与的部分主要是项目公示，这种公众参与模式在谢里・阿恩斯坦(Sherry Arnstein)的公众参与阶梯中属于“象征性参与”。虽然有些城市实行城市规划建设项目听证会制度，但多针对重大建设项目，且参与者为专家、工程技术人员以及人大、政协、监察、新闻媒体和社会有关人士，真正的利益相关者——公众依然缺少表达利益诉求的渠道。

(2) 相关规划未能形成体系　与开放空间相关的规划散落在众多规划之中，在内容上存在交叉和重叠。现阶段，国内与城市开放空间相关的学科涉及城乡规划学(城市总体规划、控制性详细规划、修建性详细规划、城市设计)、风景园林学(城市绿地系统规划、城市园林绿地规划)、旅游学(城市旅游规划)和地理学(城市游憩规划)。在城市规划实践中，开放空间处于次要、附属的位置上，决策者更多关注的是交通、居住、产业空间，对城市居民的户外活动与交往关注很少。城市总体规划、修建性详细规划和城市设计虽然均涉及开放空间，但都是大尺度的规划项目，规划精英们主观的宏观前提假设和行而上学的“系统”思维、逻辑常常是这些项目的理论根基，大多忽视“日常生活空间”[111]。城市绿地系统规划旨在对城市各种绿地进行定性、定位、定量的统筹安排，形成具有合理结构的绿色空间系统的规划，但其受制于城市总体规划，且主要以寻求最优的空间布局为目的，以人均绿地为指标，对促进旧城开放空间分布的社会公平、日常生活空间的质量缺乏足够的贡献。至于具体的城市园林绿地规划设

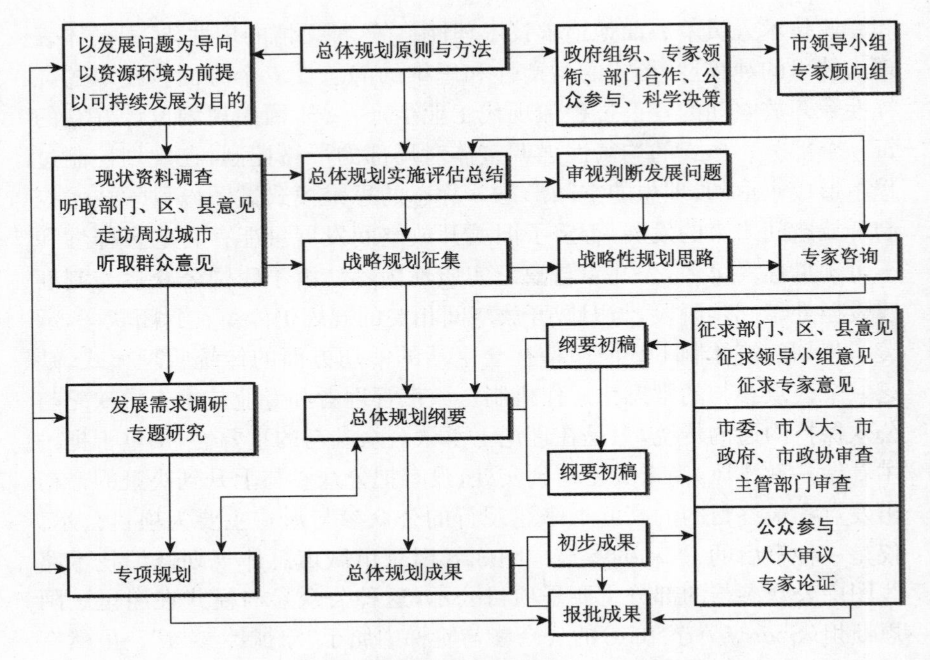


**图 3.8　南京市城市总体规划修编技术路线图**

图片来源：引自《南京市城市总体规划(2007—2020)专题研究报告》(送审稿)，豆丁网，http://www.docin.com/p-92489801.html

计，其同样存在“操作过程过于单向化”的问题，缺少对日常生活的关注。城市旅游规划强调基于游憩需求的地域景观特色提炼、体验规划与可持续服务系统的建立，但其服务对象主要是城市游客，而不是城市居民。城市游憩规划包括闲暇资源开发利用战略、游憩活动计划、游憩空间布局、游憩地规划设计等的规划，目前还没有纳入法定的规划程序中。

(3) 规划管理机制存在诸多问题　首先，决策缺乏远见与目标管理。在谋求政绩的压力下，所表现的政府行为都是短视的[112]。近年来，广场、步行街、景观大道等相继成为国内城市更新及城市形象美化浪潮的速效丸与焦点对象。然而这些项目大多仓促上马，没有经过详细论证和充分调研，规划设计与建设期限短，方案质量和实施效果都得不到必要的保证，与建设可持续的安全与健康的城市公共生活环境目标南辕北辙。第二，决策缺乏稳定性与长期性。一方面，随着政府更替频繁，领导的嗜好变成为决策的标尺，从而反映出我们时代的特征是工具的完善和目标的混乱。另一方面，规划没有变化快，缺乏超前观念，短视效应明显，更重要的是缺乏稳定而长期的坚持。第三，监督检查及反馈制度存在缺陷，缺乏对权力的有效制约以及第三方监督。很多好的规划方案由于得不到严格贯彻和执行，不能实现规划发展目标。第四，管理与维护存在问题。旧城开放空间更新管理与维护基本是由政府城市规划行政主管部门或专设机构负责，从项目投资、设计、施工到管理还没有形成一套完整成熟的体系。

以上从深层面上暴露出国内旧城开放空间的规划研究与实践和社会的需求相背离。旧城开放空间的再发展面临着开放空间拓展与建设用地不足、开放空间布局与城市人口分布不平衡、开放空间分异与建构和谐社会等一系列矛盾。探索如何重构开放空间的价值体系、功能、空间、文化布局，使旧城开放空间回归日常生活，建构满足城市可持续发展的需要、人的需求与公共生活的需要，营造舒适的城市环境及创建和谐社会的需要、城市规划管理体制与方法创新的需要的旧城开放空间是研究的重点和突破方向。

## 3.3 实例研究：无锡清名桥历史文化街区沿河开放空间

目前，国内出现了空前的世界遗产申报热潮。2010 年的统计数据显示：全国约有 200 个申遗项目，其中约 100 个进入预备申遗清单[113]。“申遗”热潮表明国内重视遗产保护，但也出现了“把申报世界遗产当作是获得政绩和取得功利的态度和作法”[114]，导致“重申报，重开发，重旅游设施建设，轻保护，轻科学文化研究”[115]等问题。迁走原住民再植入商业或地产项目的开发模式是常见的做法，这令聚落遗产因“空心化”而失去传统生活氛围和文化活力。遗产的“真实性”和“完整性”反而因申遗遭到破坏。

总体而言，在当前大运河保护与利用的实践和研究多从城市管理者、规划师或设计师的视角出发，很少顾及沿岸居民的真实想法及其自发性空间实践，但依此保护和建设的大运河只能是决策者和专业技术人员理想中或基于自身某种理论实践的大运河，而非“真实”的大运河。

选取大运河无锡清名桥历史文化街区（以下简称“清名桥街区”）沿河开放空间作了重点考察。选择这一研究对象的理由如下：

（1）清名桥街区位于无锡旧城区内，在《大运河（无锡段）遗产保护规划》(2010)中被遴选为重点遗产，现存有大量古桥、古街、古建筑，为典型的古运河水乡传统风貌，市井氛围浓郁，并保存着明清以来各个历史时期的文化印记。

(2) 无锡是较早开展大运河遗产保护工作的城市，2007年底就启动了清名桥街区保护性修复工程①，预备将清名桥街区打造成“中国大运河申遗的标志性节点”，极有必要考察这一工程究竟如何对待清名桥街区原有的日常生活界面。

(3) 无锡正在以标准化的理念和技术打造大运河景观，运河两岸的传统聚落空间正在转变为一种标准化组织的商业空间，令专家称道的“无锡模式”②在向“嘉兴模式”转化。

### 3.3.1 研究方法

采取实证研究的思路，研究过程包括“确定研究对象”“设定假设条件”“提出理论假说”和“验证”四个步骤，并运用以下方法开展研究：

1) 调查方法　采取实地调查法。首先以“城市漫游者”身份在运河沿岸行走，暂时放弃以往对“静态遗产”的描述方法，转而关注人们在利用大运河沿河各种开放空间资源时那种从身体出发，根据自己的经验习惯、需求建立的自发性开放空间。第二，采用问卷调查法对一定数量的当地居民进行一对一访谈，获取该地居民对清名桥历史文化街区沿河开放空间的真实看法及部分清名桥街区保护性修复工程的实施情况。第三，采用现场统计法对研究范围内的建筑及其外部空间进行信息记录与统计。

2) 研究方法　一是以图式分析法将研究对象的共性与特性转化为“图”提取出来，建立运河沿岸人们自发性开放空间实践的解释模型，揭示聚落空间特征形成的内在机制。二是以案例实证法通过剖析保护性修复

---

① “清名桥历史文化街区保护性修复工程”从实施效果来看未参照《无锡市古运河清名桥地区复兴与保护规划设计》(2007，清华大学)。2009年，无锡市规划局委托无锡市规划设计研究院修编了《无锡市古运河清名桥沿河历史文化街区保护规划》，理论上应是对2007版规划的深化，但具体内容不详，缺少公示数据，因此作者只能从2007版的规划、当前的现状、问卷调查结果以及1998、2003及2004年作者在清名桥地区考察所得资料中获取、分析信息。

② 2006年左右，大运河保护有五大模式：一是“杨柳青模式”，借水造景，建造石头栏杆的水道，由其他地方引水过来；二是“扬州模式”，大拆大改，主要区块居民一律搬迁，打造新景观，用现代化的理念搞绿化；三是“嘉兴模式”，拆古建筑再建仿古建筑；四是“南浔模式”，古迹部分整修，格局基本完好；五是“无锡模式”，古城、古桥、古街、古码头基本不动。其中，“无锡模式”向来被专家所称道。2008年后，随着保护性修复工程的实施，“无锡模式”转变为了“嘉兴模式”。

工程对街区造成破坏的作用机理从反面证明运河沿岸人们自发性建筑及开放空间实践是无锡清名桥历史文化街区聚落空间特征形成的根源。

### 3.3.2　清名桥街区自发性开放空间实践的实证研究

1）研究对象的概况　清名桥历史文化街区位于无锡老城南门外古运河与伯渎港交汇处，是《无锡历史文化保护规划》(2004)确定的市区5处重点保护历史地段之一，其范围北起跨塘桥，南抵南水仙庙，东自薛南溟故居，西至王吉元锅厂旧址，总面积45.54 $hm^2$，沿古运河全长1.6 km。清名桥街区在《大运河(无锡段)遗产保护规划》(2010)中被遴选为重点遗产，现存有大量古桥、古街、古建筑，为典型的古运河水乡传统风貌，市井氛围浓郁，并保存着明清以来各个历史时期的文化印记。《无锡市古运河清名桥地区复兴与保护规划设计》(2007)(以下简称《规划》)的调查数据显示，2007年以前清名桥街区由不同历史时期的建筑“拼贴”而成，建筑年代分为四个时段：晚清—1938年；1938—1950年；1950—1980年；1980年以后。街区中大部分建筑为1950—1980年间建造，晚清—1938年的建筑所占比例近20%。无锡是较早开展大运河遗产保护工作的城市，2007年底就启动了清名桥街区保护性修复工程，预备将清名桥街区打造成“中国大运河申遗的标志性节点”。到目前为止，经作者观察，与聚落有关的保护性修复工程进展如下：南长街分为两段，跨塘桥至清名桥段沿街两侧已完工并投入使用，清名桥至南水仙庙段沿街两侧处于启动状态；南下塘街沿古运河一侧基本完工但尚未投入使用；大窑路伯渎桥附近地块处于启动状态(图3.9)。

2）假设条件的验证　以“日常生活”为视野研究大运河沿岸居民的自发性空间实践的根本目的是为了论证当前各种试图规划大运河沿岸居民生活的城市实践对大运河遗产整体性保护所带来的弊端。但前提条件是：大运河沿岸居民确实愿意继续在原地居住，保持原有的生活模式。只有当这一条件成立时，“真实地反映当地普通民众的生活”这一保护原则才具有可行性，研究才能显现出必要性和学术价值。为此，作者于2013年2月21日至23日在研究范围内随机走访了清名桥街区的近200位居民，发放了160份问卷，并与每位受访者进行了交谈。问卷统计结果显示：如果当地政府出资改善居住条件，73.1%的受访者表示愿意继续在老房子里居住，其中59.8%的居民明确表示“习惯了住在这里”。43位选择“不愿意继续居住”的受访者中有29人表示“老房子面积太小，希望通过

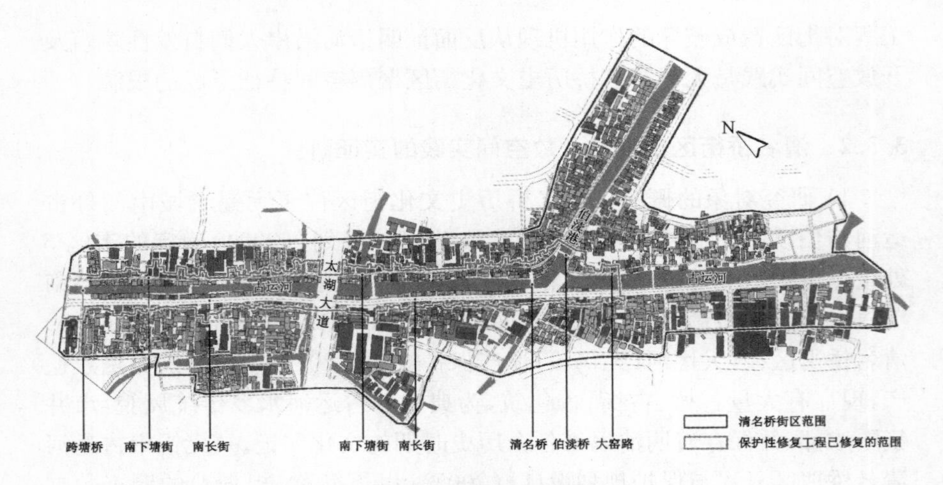


图 3.9　研究对象概况示意图

拆迁获得更大的居住面积”。问卷调查的结果显示:该街区“低层高密度”的居住空间对于大多数居民而言在未来一段时间内仍能满足现代生活的需要。

3）自发性开放空间实践的解释模型　以“城市漫游者”身份在尚未进行“保护性修复”的街区行走,观察街区居民日常生活细节与聚落空间形态,发现居民的建造行为围绕着“争取更多的空间”展开。极为有限的空间资源促进居民进行自发性的创造,形成了六种开放空间实践模型,可归纳为:“升”“展”“挑”“退”“折”和“围”(图 3.10)。其中“升”“挑”和“退”三种为自发性建筑实践,“展”“折”和“围”为自发性开放空间实践。

图 3.10　自发性空间实践模型及实例

(1)“升”　是指居民因建筑占地面积过小而采取向垂直方向争取空间的做法,主要为 1950—1980 年及 1980 年以后的民居所采用。在清名桥街区,民居的层数多为一至两层,三层以上的较少,其中多数因占地面积过小而“升”至三层或四层。尽管室内面积狭小，门口却依然保持一小块户外空间。这些瘦高的建筑打破了居住建筑正常的形体比例关系，却在整个街区内无形中起到了调节沿街、沿河建筑群垂直界面及天际线形态的作用。

（2）“展” 是指居民由于建筑面宽过小而采取向进深方向争取空间的做法，四个时期的民居均采用。运用这一模型的民居面宽最小的竟然只有 2 m。由于进深太长，院落成为组织空间和获取光照的重要手段。建筑的山墙和院落的围墙构成了外部街巷完整而连续的垂直界面。

（3）“挑” 是指居民由于缺少户外晾晒空间而采取悬挑阳台或由于建筑占地面积小而采取一层以上楼面悬挑的做法，主要为 1950—1980 年及 1980 年以后的民居所采用。挑出即凸出，在功能上拓展了使用面积，对下层的门窗进行了遮蔽；在视觉上加强了建筑的立体感和体量感，以阳台细化了尺度，以阴影丰富了立面。

（4）“退” 是指居民因建筑占地面积相对充裕但缺少户外晾晒空间而采取上层房间后退形成阳台的做法，四个时期的民居均采用。需要指出的是，前两个时期的砖混结构民居由于阳台的挑出距离较小，而采取房间后退的方法以获得更大的阳台面积。与“挑”相反，“退”是在建筑体块上做减法，无论对建筑单体或是群体，“退”都增加了建筑体块的层次感。

（5）“折” 是指居民由于缺少户外空间而采取相邻的房屋前后错开建造的做法，四个时期的民居均采用。由此形成的户外空间即为“街场”[116]。“街场”是无锡传统民居中颇具特色的元素——一个不足 3～4 $m^2$ 的半开放空间却极有人情味：首先，它是一个灰空间，是人进入房屋前的心理过渡、暗示；第二，它使街坊空间具有了一个缓冲区域，并且增加了空间的层次；第三，它是户内空间的延伸，通常会放置一个水池或洗衣板，一些家务被移至户外；第四，它具有休闲功能，冬可晒太阳，夏可纳凉；第五，它是交流空间，街坊邻里在此聊天、拉家常。

（6）“围” 是指居民为获得“天井”而采用建筑或墙体围合户外空间的做法，要求民居拥有较为充裕的占地面积，主要为晚清—1938 年和 1938—1950 年的民居所采用。不同于北京的四合院，无锡传统民居中的天井供一户人家独立使用，具有私密性。“围”形成了街区“图底关系”中虚空的部分，是“折”的终极形态。“庭院情结”和昏暗的室内环境迫使居民不得不积极地争取户外空间，“折”所形成的“街场”也可视作一种不完整的“天井”。

以上六种模型体现了街区居民根据自己的经验习惯、需求进行的自发性空间实践的内在规律。在具体操作中,这六种模型往往被居民因地制宜地单独或混合使用。图 3.11 展示了多模型组合下一个民居建筑的形态生成过程。这种介于正规和非正规之间的空间实践最终促成了一种复杂多变、功能含混的低层高密度传统生活空间,并产生了各种空间利用的灵活策略,对解决某些现代城市问题颇具启发意义。

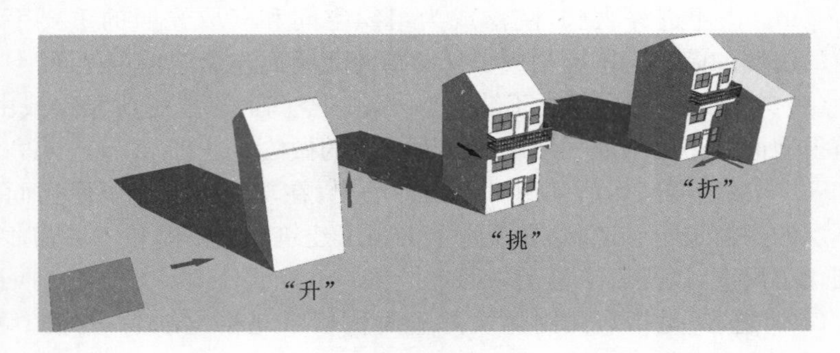


**图 3.11　民居建筑形态的生成过程示意图**

4）自发性开放空间实践的实证研究　与居民创造的形态丰富多样、生活气息浓郁的聚落空间相比,由地方组织的保护性修复工程却呈现出截然相反的面貌:整齐划一、冷清萧条的仿古一条街。虽然作者目前尚不具备条件将居民的自发性空间实践模型用于实践验证,但保护性修复工程的问题却从反面验证了自发性空间实践是清名桥街区聚落特色形成的动力机制。该工程迁走了“文化主体”,切断了“文化联系”,消除了“文化成果”。南长街(跨塘桥至清名桥段)的保护、开发模式完全拷贝了上海“新天地”,即迁走原住民,按照城市中产阶层的审美品位改造历史建筑,最后植入中高档消费[100]品牌(图 3.12)。存在于此地的社会结构被肢

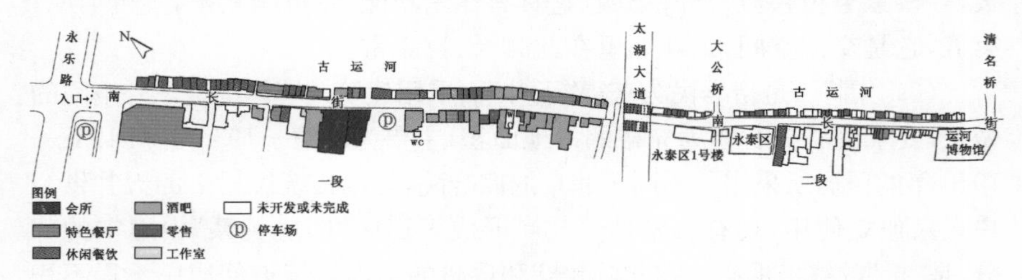


**图 3.12　南长街(跨塘桥至清名桥段)业态分布示意图**

解，长久形成的邻里关系和生活模式消除殆尽。作为文化主体的居民与传统居住文化之间的联系被人为切断。问卷调查表明，70％的受访居民“从未去过改造后的南长街消费”，与“修复”后的聚落几乎没有空间和生活上的联系(图 3.13)。

**图 3.13　保护性修复前后南长街生活界面的对比**

同时，数百年来居民的自发性空间实践成果也为一种标准化的空间制造技术所消除，操作过程分为五步：

(1) 明确功能区划　南长街从跨塘桥至太湖大道区段为中高档时尚消费区，其中包括各种会所、咖啡馆、酒吧、餐馆、画廊和礼品店；南长街从太湖大道至清名桥区段主要为历史文化展览区。很显然，无锡正在朝着将“清名桥古运河景区”打造为“集世界文化、旅游遗产、休闲度假、文博欣赏体验为一体的国际旅游目的地，国家 5A 级旅游区和中国十大历史文化名街”而努力。功能分区化是实现这种开发计划的高效措施。

(2) 拆除原有建筑　除少数文保单位外，大量历史建筑遭到拆除或被彻底的改造。已经被“保护性修复”过的区段变得整齐、统一且焕然一新，与原状出入极大。1950 年至 1980 年内建造且被《规划》确定为“保留”的建筑不见了踪影(图 3.14)。60％的受访者表示在“保护性修复”过程中“大部分建筑被拆除”。

(3) 制造标准形态　被拆除或彻底改造的建筑为一种抽象意义上的传统民居形态所置换，门窗、马头墙等象征传统意象的、标准化的符号和做旧后的墙体被用来强调街区的“真实性”及工程的“合理性”。如图 3.15 所示，红线圈出的部分为同一个历史建筑，建于 1938—1950 年间，

图 3.14　保护性修复前后建筑历史风貌的对比

图 3.15　历史建筑被更改为标准形式的实例

重建后的建筑与原貌相比出入极大，不再与左边的部分构成整体，而是以一个可放置在清名桥街区任意位置的标准形态出现。

(4) 复制时尚符号　在标准化的建筑表面复制可运用在任何类型遗产上的时尚品牌符号，两者重构出一套指引消费者沉浸在感念往昔岁月的小资情调中的消费符号。

(5) 添加景观元素　利用仿古亭廊、硬质铺地、花坛、服务设施、雕塑等景观要素使开放空间公园化、广场化和“新天地”化，用以营造城市时尚消费空间的意境。

### 3.3.3 清名桥街区自发性开放空间实践的启示

通过对比大运河无锡段清名桥历史文化街区居民自发性开放空间实践和地方政府、专业技术人员主导的保护性修复工程，可以得到如下启示：

1）保护观念需要转变　居民的自发性开放空间实践虽然尚未得到官方的认可，但却反映了与大运河相关的人们的真实生活，体现了“活态遗产”的“真实性”，使大运河具有“可读性”[114]。现有的清名桥街区规划文件所反映的核心价值观仍然建立在“历史文化名城、历史街区和文物建筑”三层次保护体系的基础之上，并不认同现代居民的自发性创造。如果不扭转这一观念，经过大运河沿线城市的一番“打造”后，大运河剩下的可能仅是一些零星的文保单位。

2）保护措施需要改变　自上而下的标准化规划技术能制造高效率的现代城市，但用其规划大运河沿岸传统聚落的居民生活则必定会从根本上否定沿岸原有的城市秩序，消解原本功能含混、充满“社会的精神和自组织行为”的传统聚落所具有的空间特质。可采取政府和居民共同保护的方式，以下列措施服务居民：①保障居民的合法权限，帮助和鼓励居民自我更新改善居住条件；②提供技术指导、帮助自发性空间实践达到健康、安全的标准；③完善基础设施，梳理外部空间，改善卫生条件。

3）保护目的需要纠正　在申遗语境下，沿线各城市应重点考虑的是如何对大运河保护付出更多的精力，采取更合理的措施，而不是将大运河作为地方新的经济增长点，借机发展地产和商业，彰显政绩。否则，那些历经数百年积淀而成的各类多样化的聚落空间最终必将被一种标准化组织的消费空间所替代，导致此地与采取相同方式开发的他地同类遗产共同构成“千景一面”的旅游怪圈。

## 3.4 本章小结

本章在分析城市景观建设宏观背景和趋势的基础上，详细阐述了旧城开放空间功能脱离日常生活、布局出现社会分异和文化缺乏活态传承的三大问题。从价值体系及制度层面、社会阶层结构层面、规划和管理层面深入剖析了问题的原因。

在城市景观拟像化的背景下，不合理的价值体系、精英群体的利益结盟、理性而静态化的规划与管理令旧城开放空间的建设陷入了功能脱离日常生活、布局出现社会分异和文化缺乏活态传承的三个误区。这些本是城市开放空间共有的问题，但旧城开放空间因其具有独特的区位、自然和文化优势而显得尤为突出。问题的深刻剖析为旧城开放空间的重构建立了清晰的目标点和行动方向。

无锡清名桥历史文化街区沿河开放空间的实例研究证明放弃“宏大叙事”和精英角色，以“城市漫游者”的身份从“小事件”和细节入手认识大运河聚落空间的多样性以及复杂性是准确理解大运河聚落遗产“真实性”和“完整性”的一种新的途径，从案例实证的角度论证了旧城开放空间所面临的问题，以及“日常生活”视野对于重构旧城开放空间的重大意义。

# 4 日常生活视野下的旧城开放空间价值体系重构

在未放弃宏大叙事或“拟像制造”的空间生产方式，回到大众日常生活的界面上之前，旧城开放空间建设体现的价值观必然是混乱的。重构旧城开放空间价值体系是当务之急，因为它决定了开放空间的发展走向和最终品质。

价值体系一般应由价值主体、价值体系的基点、价值目标、实现价值目标的途径以及价值制约机制等要素构成。毫无疑问，必须从这几个方面入手，才能真正建立起日常生活视野下的旧城开放空间价值体系。

## 4.1 相关文献的回顾

国外研究者从功能价值、公共服务的供给理念等方面围绕“公平性”等对“城市公共服务”和“绿地”进行了长期而深入的研究。“城市公共服务”公平性研究经历了“地域均等观”[117]“空间公平观”[118]和“社会公平观”[119]三个阶段。这些成果为开放空间价值体系的基点、价值目标建立宏观层面的理论基础。在“城市公共服务”公平性研究的框架下，绿地规划的研究在功能和价值认识上经历了景观化、生态化、人文化和社会化四个发展阶段[79]，在规划理念和方法上经历了按标准配置[120]、生态规划[121]、地理空间均衡性规划[122]和社会空间公平性规划[123]四个时期，形成了供给思路和需求思路两大类规划思路，发展出了机会主义、公园系统[124]、空间标准、花园城市、形状模式、景观模式、生态决定论、保留生物圈、公平配置和保护景观等十种规划模式。

国内与本项研究相关的文献分为四大类。第一类是以“开放空间”或“开敞空间”为题的文献，研究主要集中在开放空间的价值主体上，具体包括：①规划设计中的“以人为本”问题，如人性化设计、通用设计、导向系统、步行适宜性等；②建成开放空间的宜人性、公共性、社会性、休闲性和可达性调查；③开放空间使用状况的研究，包括使用后评价、活动期望、认知及使用效度等。少量文献论及开放空间价值体系的基点，如公共属性[24]、市民精神[13]、社会分异[125]等问题。第二类是以某种开放空间类型(公园、广场、滨水空间)为研究对象的文献,视角放在了这些开放空间的公共性、公平性问题上[79][80[83]。第三类是以“公共资源”为题的文献,此类文献深入探讨了“公共资源”的配置模式[75]、安全问题[126]。第四类是城市规划文献,研究重点在社会公平问题上,如城市规划或城市设计的公共利益[76]、公共政策[78]、规划公正[77]等。

总结当前国内外的相关成果,可归纳出:(1)国外的研究重点已转向社会公平性,国内的研究仍停留在景观、生态问题上,在价值观方面仍处于以“寻求最优的空间布局为目的”[4]的“空间公平”阶段;(2)国外已形成完整的开放空间价值体系,对价值主体、价值体系的基点、价值目标、实现途径以及制约机制等要素进行了系统的研究,而国内仍处于对各要素零星探索的阶段。这些问题构成了研究的突破点和价值所在。

## 4.2 旧城开放空间价值重构的基点

开放空间的利益涉及众多利益主体,包括政府、开发商、专业技术人员(专家、规划师、设计师)、公众等。其中政府官员、开发商由于政治和经济上等因素成为决策的强势群体,公众则为弱势群体。专业技术人员常由于立场而偏向强势群体,其结果极易导致开放空间的价值体系建立在“少数人群①受益”的基点之上。由于旧城开放空间极具消费价值,其商业化、私有化的现象日益突出,重构旧城开放空间价值体系的基点是当务之急。

首先,旧城开放空间价值体系的基点是公共性与民主性。土地国有决定了开放空间应属于全体社会成员共同享有,因此开放空间是一种公共资源而非商品,而政府部门代替全体社会成员行使管理和规划这种公共资源的职责。一个物品是公共资源,必须有以下几点特点:一是公共性,物品的所有权不属于某个人,而是属于部分成员和全体成员所有;二是资源的不可分性,具有整体性;三是公共资源价值具有社会性和间接性;四是公共资源具有一定的外部性;五是公共资源还有非排他性,一个使用者使用公共资源不会引起另一个使用者的效用的减少[126]。公共性

① 这里的少数人群是指那些在经济上具有消费优质空间资源的能力或比多数人更易享有优质空间资源的人群。

必然要求民主性,即旧城开放空间的项目策划、投资、设计、管理的过程应是一个民主决策的过程,其间公众应拥有表达利益诉求和参与决策的渠道。

第二,旧城开放空间的价值主体是当地市民。从一般意义上来说,开放空间公共性的主体是公众。但在日常生活的视野下,旧城开放空间公共性的主体应是当地市民,他们既是旧城开放空间的需求者同时又是最直接的使用者和评价者,是真正的利益相关者。从这个意义上说,开放空间必须以当地市民的生活需求为基础,体现当地市民的价值观。当前旧城开放空间的各类问题的症结是城市管理者将强势群体视作了价值主体,将强势群体的价值观强加于本地市民,或者将外来的参观者、旅游者作为主要的服务对象。特别是后者以一种预设的视觉感知方式使旧城开放空间体验"博物馆化"。对城市空间的感知过程如同在博物馆参观一般,沿着"他人"(主要为设计者)预先设置的路径展开体验。这种博物馆式的体验并不考虑个体的意境,而是强调强烈的视觉冲击,一种瞬时的审美以及由此带来的新奇的感官享受和刺激。这种为旅游者、参观者而做的设计使当地人成为生活空间建设的局外人,失去了设计和建构自己的生活空间的权力与渠道,这显然是与旧城开放空间的属性相背离的。

## 4.3 旧城开放空间价值重构的目标

开放空间成为一种公共资源需要经历生产、供给两个阶段。在这一过程中,为保障和实现公共利益,还需构建一个多元参与和民主的渠道,提供高质量的公共服务。

1) 生产强调质量,重构旧城开放空间的社会、经济和文化价值　从城市整体发展的角度理解,开放空间建设和经营的目标是追求社会、经济和文化整体效益最大化。在日常生活视野下,这一目标包括:

(1) 促进和谐的社会氛围　市民社会在世界范围的兴起已经成为一种不可阻挡的趋势。有学者认为,"中国式的市民社会已在中国兴起了"。市民社会的发育和成长,在其外在形态上势必表现为公共交往和活动的活跃和需求的增长[94]。开放空间容纳公共交往和活动的载体,理应充当市民文化的孵化器。尽管旧城开放空间大多处于城市的黄金地段,拥有极高的商业价值和土地价值,但其大众化和市民化是必然的要求,也将成为社会发展、进化、和谐的象征。在寸土寸金的美国纽约，中央公园被纽约的报纸称为“一座人民的公园，城市的绿肺，男女老少、各阶层人民的休闲场所，是一个给任何人以同等机会的游乐场所，是一个浪漫极致的创造，也是一杯提神的饮料”(图 4.1)。

**图 4.1 美国纽约中央公园实景**

图片来源：http://www.7niuyue.com/detail-16180.html

**图 4.2 美国纽约高线公园实景**

图片来源：http://www.cpa-net.cn/news_detail101/newsId=1195.html

(2) 着眼于长远的经济效益　旧城开放空间周边城市用地的开发及开放空间本身的利用应保障开放空间具有充分的共享性，以保持空间的活力、多元价值和发展潜力，从而拉动城市经济：一是以良好的生活、休闲环境引来“人气”，促进多层次的、稳定的消费；二是以良好的城市形象吸引投资。例如，美国纽约高线公园(High Line)原是位于美国纽约曼哈顿西区的一段废弃了近 30 年的高架铁路，正是在两位热心市民的倡议和努力下，最终说服了政府部门将其改造为向公众开放的公园(图 4.2)，形成了一个游憩、生态和历史保护三结合的开放空间系统。高线公园为复兴曼哈顿西区做出了卓越的贡献，成为当地的标志，有力刺激了私人投资，促进了周边地区的再度更新，为地区注入经济活力，构成良性循环。

(3) 实现文化的活态传承　除了保护旧城开放空间中那些凝固的历史遗址，更要延续当下正在发生的活态文化。文化是人的文化，是人创造了旧城开放空间。具有地方文化特色的开放空间的形成势必包含两个条件：一是文化主体的存在，二是文化透过文化主体作用于空间的过程，文化是动因，空间是载体。从文化关系的角度来看，遗址的文化主体已经不复存在，只剩下载体和结果，而活态文化则具有完整的文化关系。保持市民与旧城开放空间在空间和生活上的联系，是维持两者稳定的文化关系、保证文化发生过程不间断的必要条件。文化主体和文化结果之间稳定的关系是活态文化传承的必要条件。

2）供给强调公平，重构旧城开放空间资源供给、配置的公平性 《城市规划编制办法》(2005)总则第五条规定：编制城市规划，应当考虑人民群众需要，改善人居环境，方便群众生活，充分关注中低收入人群，扶助弱势群体，维护社会稳定和公共安全。这说明政府已经注意并重视城市规划对不同社会群体可能造成的影响，并在工作指导方针上提出了维护社会公平的明确要求[127]。开放空间作为一种公共资源具有稀缺性的特点，存在配置均衡或公平使用的问题。政府应保障城市居民不论贫富、性别和年龄，平等、自由地共享开放空间的权利，体现供给和配置的社会公平性。

3）服务强调民主，重构旧城开放空间建设、规划和设计价值观 政府部门、开发商、专家和专业技术人员控制着的旧城开放空间规划、设计和建设的过程。从旧城开放空间属于公共资源的角度来看，这三个群体所做的工作是使旧城开放空间满足市民的日常使用的需要，本质上属于向市民提供的一种公共服务。

(1) 以实现公共利益为价值取向 首先，政府部门做好利益协调工作。政府部门是使旧城开放空间资源获得合理配置和使用的管理者，是利益的协调人，应承担起防止旧城开放空间资源被强势利益集团占有的责任，做好旧城开放空间的保护与更新工作。第二，专家和专业技术人员是公共利益的代言人，确认并坚持公共利益是开放空间规划设计的目的价值和职业根基，并在综合性规划过程中应用原理和技术，以专业技术保障政府部门决策的公平性和公共性。此外，开发商应强化公众观念，在实现自身经济利益的同时应为公众多留出点公共资源。

(2) 规划、设计和建设过程强调民主 市民作为旧城开放空间的价值主体、利益的直接相关者理应参与规划设计的决策，表达利益诉求，监督建设过程。美国、加拿大在这方面拥有成熟的经验。例如，加拿大公众参与已成为众多规划和大型建设项目必须经历的一个程序，环境保护等NGO(Non-Government Organization 非政府组织)逐渐把公众参与作为一项业务或者项目使之程序化[128]（图 4.3）。国际公众参与协会在其培训手册中提供了一套公众参与影响程度的目标矩阵(表 4.1)。这些实践经验和成果对于我国的旧城开放空间规划、设计和建设的公众参与问题具有重要的借鉴价值。

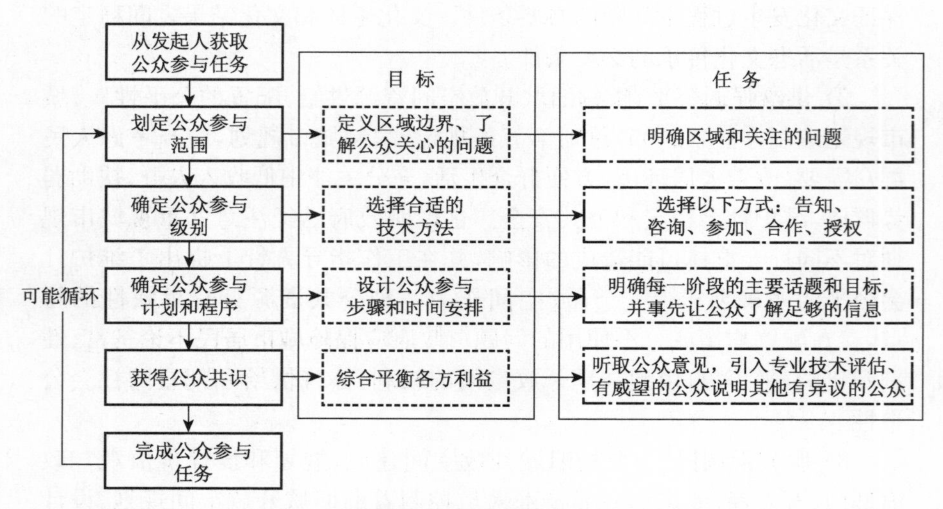


**图 4.3　加拿大 NGO 的公众参与程序设计**[129]

**表 4.1　公众参与影响程度的目标矩阵**[129]

| | 告　知 | 咨　询 | 参　加 | 合　作 | 授　权 |
|---|---|---|---|---|---|
| 公众参与目标 | 为公众提供客观的信息，协助他们理解问题、机遇和解决方法 | 获得公众对分析和决策的反馈 | 全程与公众一起工作，确保他们的顾虑和期望被有效考虑 | 在整个决策过程中(包括最终方案的确定)与公众建立伙伴关系 | 给予公众最终决策权 |
| 对公众的允诺 | 他们将被告知尽可能多的相关信息 | 他们的意见将被听取，并被告知其对决策结果的相关影响 | 他们的顾虑和期望将被直接反映在备选方案中，并被告知其对决策结果的相关影响 | 他们的建议和创新将成为最终方案的一部分，他们的建议将被最大程度采纳 | 他们的一切决定都将被执行 |
| 典型的技术 | 材料手册、网站、公共开放日 | 公众意见收集、小组讨论、民意调查、公众会议 | 研讨会、审议式投票 | 公民咨询委员会、共识构建会议、参与式决策 | 公民评审团、公众投票、公民代表决策 |

表格来源：依据文献整理

## 4.4　旧城开放空间价值重构的路径

### 4.4.1　目标决策：从“拟像制造”回归“日常生活”

“文化打造”“遗产克隆”和“城市移植”等三种城市景观“拟像”制造模式将城市空间生产为一种用于消费的、虚拟的图像空间，脱离了真正的日常实践和集体记忆，不再用于组织人们的日常生活[4]。日常生活视野下的旧城开放空间规划设计价值观应从这种“拟像制造”回归对市民“日常生活”的关照，具体从尺度、功能和文化三个方面来体现。

1）开放空间的尺度贴近市民生活　城市管理者热衷于制造“全国最大”“世界最大”的标志性景观，开发商追求豪华高档的视觉效果，设计师强调的则是空间构图艺术和美学效果。

（1）重视小、中尺度开放空间的建设与优化　首先，优先关注市民生活最为贴近的小型广场、街旁绿地、带状绿地等小、中尺度开放空间建设的数量和质量（图4.4）。作者问卷调查数据显示，这类开放空间与使用者的日常生活密切相关，使用频率高（详见第六章）。2009年，南京市规划设计研究院有限责任公司在进行“南京市城市总体规划（2007—2020）专题研究”时回收的15 965份问卷显示：在绿化系统完善方面，街头绿地（44%）和道路绿地（36%）是受访者最为关心的①。2013年，南京市园林局在南京市园林工程建设行业管理大会上表示2014年南京园林建设项目包括“创建50条林阴道，建设100公里绿道，新建20个游园绿地”②。这一举措可看作对市民需求的及时回应。第二，严格控制与旧城规模不相符合的大尺度开放空间的建设，特别是大型广场（图4.5）。第三，大尺度开放空间如各类城市绿地依据市民的户外生活内容进行合理的空间尺度划分，并增加可进入性，避免旧城开放空间“只可远观而不可亵玩”。美国纽约中央公园占地约341 $hm^2$，尺度庞大，但公园开放性强，游客行走没有负担，且活动内容丰富，从多个角度介入人们的生活——游客可以滑旱冰、跑步、

---

①　数据来自《南京市城市总体规划（2007—2020）专题研究报告》（送审稿），资料来源：豆丁网，http://www.docin.com/p-92489801.html

②　数据来自南京市园林局网站，http://ylj.nanjing.gov.cn/yldt/gzjb/201312/t20131225_2345534.html。

就餐、在夏天看免费的演出，或者只是在巨大的草坪上晒晒太阳[130]。

图 4.4　常州人民公园的尺度宜人

图 4.5　国内某地的大尺度广场

（2）重视开放空间细部设计的尺度控制　能营造开放空间日常生活气息的细部尺度不应来源于教条。不少文献中关于开放空间的尺度研究均参考芦原义信的《外部空间设计》，将 20 m×20 m 的尺度单元作为“金科玉律”。这种思路仍未摆脱技术理性和自上而下的规划方法的影响。亨利·列斐伏尔的日常生活批判和空间理论启发我们从市民日常户外生活的细节入手认识城市生活的多样性以及空间的复杂性，其中蕴涵了开放空间细部设计的尺度控制的秩序。这就要求城市管理者、开发商转变观念，放弃以往对巨型尺度、豪华尺度的偏好，规划师、设计师舍弃对构图的过度追求，从具有生活气息的户外场所中提炼、归纳贴近市民生活的开放空间细部尺度（图 4.6）。

图 4.6　具有生活气息的开放空间

2）开放空间的功能体现市民意愿　当前的开放空间规划建设往往体现的是城市领导者、开发商的意图或者是技术人员主观臆断的市民需求，而不是市民的真实意愿和需求。先入为主的功能和用途划定束缚了市民公共活动的丰富性和多样性，使市民处于履行规划设计意图的被动客体地位[94]。

（1）尊重市民的活动传统，维护空间功能的复杂性和多功能性　经过时间沉淀，人们在使用旧城开放空间时，往往形成了某些活动传统。例如，苏州市中心的大公园的晨舞在国外是出了名的，很多外国游客点名要参观大公园的露天舞场，许多外国游客兴致勃勃地进入舞场和人们共舞[130]。人们在利用开放空间时从自身出发，根据自己的经验习惯、需求建立自发性的空间利用模式使开放空间具有了复杂性和多功能性。例如，在南京朝天宫活动的市民都有一部分属于自己的空间，有游戏的、聊天的、做古董生意的、旧货买卖的，生动地展示出一个古老城市里普通市民的生活界面[131]（图 4.7）。旧城开放空间的功能重构必须格外地关注这些活动传统、空间的复杂性和多功能性，维护旧城开放空间市民生活的界面。

**图 4.7　南京朝天宫容纳了附近居民丰富多彩的户外生活**

（2）重视市民的满意度调查，作为开放空间的规划、更新的依据　将市民对开放空间的满意程度作为衡量开放空间品质的决定性指标是开放空间建设从“拟像制造”回归“日常生活”的必然要求。国外的开放空间研究和实践十分注重社会调查（问卷、访谈、电话、网络等），强调人性化（人的使用、感受等）[27]。科学的满意度调查结合统计学分析至少可为开放空间的规划、更新提供三方面的依据：一是在宏观层面上对开放空间整体发展具有决策指导意义的宏观因子；二是在中观层面上对规划设计、维护、管理等工作具有实践指导意义的影响因子；三是开放空间特征和优势分析，即从满意度的角度对开放空间进行了归类，找出了开放空间之间潜在的联系，有助于城市管理者和规划技术人员从整体层面上把握旧城开放空间的特点。

（3）满足市民的活动期望，体现市民在开放空间生活中的主导性设计之前应做好社会学调查，弄清楚使用者的需求。社会学学者郑也夫在谈及城市广场的规划设计时，提出了“二次建设”[132]的办法，即第一次是留出空间并且完成绿化，而后观察当地人如何使用它，经过一定时间在确认了当地人的使用方式之后，再做出与之符合的第二次建设。在进行空间规划设计时为多方位开掘和功能的再创造留下足够的空间，市民根据需求自己掌握开放空间的功能和使用方式。此外，市民理应拥有“要求的权利和变更的权利”。例如，国外有的公民们对公园提出要求，要求椅子是可以活动的，不要定住，可以分坐，也可以用来聚会(图 4.8)。

**图 4.8　可移动的座椅提供了使用的灵活性**

图片来源 http://www.gooood.hk/_d270809011.html

3) 开放空间的文化反映市民文化　无论从中国市民社会的发展趋势还是古代开放空间的文化特征来看，市民是文化主体，多样的市民文化是开放空间形成性格、魅力的根本之所在。

(1) 反映多数市民的生活方式　开放空间展现的应是不同阶层群体在开放空间中活动的景象，以生活化、多样化的活动界面展示城市的生活气息和活力。有着 94 年历史的武汉民众乐园是“老武汉”非常显著的标志之一。这个标志不仅在于建筑本身，更在于它所承载的文化样态和生活样态。民众乐园是包罗万象的文化演出之地，有戏剧、曲艺、电影、杂耍和皮影，是与上海大世界①、天津劝业场②齐名的大众性

① 大世界游乐中心至今已有 90 余年的历史，它始建于 1917 年，创办人是黄楚九。“大世界”曾经是旧上海最吸引市民的娱乐场所。

② 1905 年，在天津市河北区的中山路落成了天津第一个由政府修建的公园——劝业会场，是中国近现代由国人自己建造的最早的公园之一，1907 年改为天津公园。

综合游乐场所。从历史上看，民众乐园的价值和魅力，就在于它的市民性，就在于它的草根味道[133]。杭州旧城的开放空间较好地保存着深厚的城市记忆，并且开放程度高，成为延续、培育和展现杭州市民文化的容器(图 4.9)。

**图 4.9　杭州的南宋御街、花港观鱼公园、西湖承载了丰富的城市记忆**

(2) 保护正在发生的文化过程　对旧城中的历史街区、老公园、风景区等年代久远、富含城市记忆的开放空间实行活态保护，其蕴含的文化应由与该开放空间密切相关的市民延续下去。保持市民与开放空间的时空关联性是必然的途径。对于历史街区保护问题，东京大学亚洲建筑史家包慕萍认为，从世界其他城市的旧城改造经验来看，原居民在拆迁后回到原地居住是一个基本原则，旧居住区经过改造后，不管怎样都不能是一个空壳，应该由原住民把这个地方原有的社区文化、民风民俗传下去[134]。

### 4.4.2　规划管理:从“社会分异”回归“社会公平”

社会公平概念涉及主观认定和价值评判的层面，它包含了人们对于社会资源与利益分配合理性与否的反应或评价。与开放空间的“社会分异”问题对应，开放空间的公平配置包括谁应该受益、社会公正的本质以及政治舆论的界定等多重价值判断[71]，落实到管理上主要体现在两个层次上:资源分布的均衡性和利用的公平性。

1) “地的公平”　旧城开放空间分布的均衡性　从空间分布差异性特征来考察，开放空间属于“定点设施服务”[135]，具有效益随距离增加而衰减的特点，其非均质空间分布将导致服务的差异性和不公平性。在这一问题上体现的公平性本质上属于“空间公平”，具体指:开放空间在不同空间单元均衡分配，即居民离开放空间具有平等的空间分离度或空间接近度。可达性是衡量这一公平性的主要指标，也是近年来地理学视角下的开放空间研究热点问题之一。

空间公平考虑的是开放空间最小标准的同等性问题，即向给定区域“平均”指定开放空间的数量和服务供给，本质上是一种地理空间（地）的公平，不考虑社会空间的分异和社会群体的分化。尽管如此，空间公平比仅考虑人均开放空间占有量的做法要进了一步，是实现开放空间的“社会公平性”的基础条件。

2）“人的公平”　旧城开放空间利用的公平性　“地的公平”解决了地域公正的问题，但未考虑公民群体特征的有效、公正分配。这一问题包含三个层次：首先，终极目标是开放空间在少数群体与非少数群体之间具有同等的可达性，甚至应该在空间分布上提供给低收入居民更高水平的可达性；其次，以不同人群、不同地区、不同需求和利用模式（时空限制）为基础，有针对性地配置开放空间，并适当考虑特殊群体的需求，而不是标准化的分配；再次，开放空间应向所有人开放，不应设置任何经济、身份方面的门槛。

开放空间的分配和利用实现社会公平已成为趋势。2005 年底颁布的新版《城市规划编制办法》明确指出城市规划要实现从市场本位到公平本位的转型，充分发挥城市规划在维护社会公平中应当且必须发挥的作用。但实现这一目标还需要加强社会公平观指导下的规划实践以及发展相应的评价方法。

### 4.4.3　实施技术：从“单向操作”回归“多元共存”

城市管理者、开发商和专业技术人员采取自上而下的规划方法对城市进行一种单向度的操作，生产出的必然是一种标准化组织的空间。

1）旧城开放空间规划设计和管理模式的多元　当前，旧城开放空间规划的决策权主要掌握在官员、评审专家和专业技术人员手中，决策过程基本处于一种封闭状态，缺乏一个民主决策机制。相比较而言，前两者更为强势，专业技术人员在官员的主观臆断和评审专家的强势话语面前也常常显得束手无策，而公众则完全处于弱势地位。在技术理性统治下，要改变由城市管理者、开发商和专业技术人员对城市进行单向度操作的模式，不仅要求城市管理者、开发商转变思路，同时也需要专业技术人员转变观念，依据开放空间的特点发展多元的开放空间规划模式。

（1）政府主导、市民主动参与的模式　从专业的角度来看，对于旧城中绝大多数类型的开放空间，特别是一些大型开放空间，如综合性公园、风景区等，其规划应由政府主导、专业技术人员负责规划设计，市民主动参与其中。规划毕竟是一门专业技术性很强的工作，不可能完全由“基本上是门外汉”的决定来代替[136]。但是，这一模式应使规划由政府行为转向市民的角度，由理论性、专业性和集中的权力转到感性、具体、由下至上的参与。其中的“主动参与”是对开放空间的项目策划、投资、设计、管理等具有一定决策权的参与（表 4.2），有别于以往的“假参与”和“象征性”参与。从国外的一些实践来看，许多创意正是来自公众。

**表 4.2　多渠道公众参与途径的构建要素**

| 参与阶段 | 参与内容 | 参与形式 | 组织形式 | 结果处理 |
|---|---|---|---|---|
| 可行性论证 | 对项目的可行性（如项目选址、资金投入和公众利益等）提出意见 | 1）讨论会：参与者对每条讨论内容进行集体表决<br>2）户外问卷访谈 | 1）主管部门网上发布信息，市民上网预约<br>2）张贴告示，主管部门设立报名处 | 结果作为前期决策参考，并写入规划文本，作为规划依据 |
| 规划设计 | 对项目的定位、建设内容和功能等提出意见 | 讨论会：参与者对每条讨论内容进行集体表决 | 同上 | 结果写入规划设计文本，作为主管部门的审核指标 |
| 成果审核 | 对规划设计文件是否切实体现公众利益和意志进行监督、核实 | 1）网络参与<br>2）信件投递 | 1）规划局网上发布信息，市民上网参与<br>2）项目建设单位设立户外公共信箱 | 结果以附件形式作为主管部门的审核指标 |

（2）市民自主、政府提供支持的模式　可细分为两种情况。首先，旧城内传统街区、历史街区、年代久远的居住区（小区、组团）等仍由原住民使用，应保持其“活态”，维持其原有开放空间利用模式，以保持活力、文脉和城市特色的延续。专业技术人员对现状情况的理解不可能做到像长期生活在其中的居民那样深刻。在这一模式下，市民是开放空间的主体，鼓励市民依据自身的生活经验和需求进行自发性实践，政府和专业技术人员仅提供相应的技术支持，帮助居民改善生活环境，不干涉或打断正在发生的文化过程。第二，社区公园、街旁绿地、小游园等与周边居民日常生活密切相关的小型开放空间的设计可由居民主导、决策和自主管理。鼓

励和引导居民组成志愿者参与公园的各种管理活动，组织各类活动等。政府提供资金支持，专业技术人员（志愿者）提供一定的技术帮助，促成公园、市民、政府之间形成互动，进而形成以公众为主的开放空间运营模式，在释放政府精力的同时，使市民成为开放空间的文化主体。

（3）单位自主、政府提供奖励的模式　在旧城更新时，在高密度的区域，临街的单位尽可能多地出让些空间，形成可供行人或周边居民休憩的小型广场或线型空间。常州老城内的商业设施常采取扩大入口空间并使其与内部院落空间连接，形成外部空间、灰空间、室内空间相互穿插、交错的空间形态。这种近似于美国购物中心的设计手法看似牺牲了部分营业空间，却以流动空间的形式激发了内外空间的活力，并在无形中为建筑外部的城市增加了开放空间（图 4.10）。政府可考虑在进行控制性详细规划或城市设计时对向城市提供更多开放空间的单位在建筑高度上予以一定限度的补偿。

**图 4.10　常州老城内建筑退让形成的开放空间**

2）旧城开放空间存在形式的多元

基于城市常态理解中的各类开放空间，如城市绿地、广场、街道、运动空间等，可称为常态型开放空间。在当前旧城更新模式下，旧城内的常态型开放空间在总量上扩展的余地有限，难以满足市民日益增长的户外游憩需求。因此，突破单一对常态型开放空间的理解，实现旧城开放空间存在形式的多元化成为必要。

(1) 间歇型开放空间　间歇性地向公众开放的旧城开放空间，如部分单位的广场、附属绿地等。间歇型开放空间能有效缓解旧城内开放空间总量不足的问题并营造和谐的社会氛围。例如，自 2012 年 7 月 1 日起海宁市行政中心对市民免费开放其外部空间，包括行政广场、绿化、道路、地面停车场和网球场等，开放时间为每天早上 5 点至晚上 10 点。有部分间歇型开放空间已经实现全天候开放，有望向常态型开放空间转化，如 2012 年梅州全市机关单位拆围墙释放约 20 万 $m^2$ 绿色空间，市人大、市政府、市政协、市行政服务中心等 15 家单位率先实施了拆违建绿工程，拆除围墙以后种上了灌木、花乔约 1.5 万株，并形成了 7 个小广场。在这些实例中，市民眼中神秘的机关大院变成了休闲游乐的好去处。

(2) 临时型开放空间　是相对于常态型开放空间长久或永久使用而言，以城市土地的过渡性使用满足市民临时性的游憩与活动需要的开放空间。这种“临时性”强调“开放空间不局限于规划法规中对于用地性质的永久性用途的限制，而立足于对现状与未来建设之间的过渡使用进行灵活安排”，如联邦德国在莱比锡与柏林两个城市成功推行了“临时使用”策略拓展开放空间以复兴城市。

(3) 自发型开放空间　是指公众以改善自身生活环境为目的，自发性建造或利用的开放空间。这种自发性不是无目的的、偶然的，而是群众共同参与设计、建造或利用，自主决策开放空间的选址、形式或投资，以生活经验代替法规成为建造的依据。它通常以实用功能为出发点，尽可能地利用场所现有条件，是一种潜意识的自主营造活动[137]。

## 4.5 实例研究 1：杭州西湖的综合保护工程

杭州西湖，又名西子湖，位于浙江省杭州市西部(图 4.11)，其南、北、西三面环山，面积约 6.39 $km^2$，南北长约 3.2 km，东西宽约 2.8 km，绕湖一周近 15 km。西湖平均水深 2.27 m，水体容量约为 1 429 万 $m^3$。西湖是世界文化遗产，江南三大名湖之一，首批国家重点风景名胜区，首批全国文明风景旅游区示范点，中国十大名胜古迹，入选《中国国家地理》发起的“选美中国”中“最美的五大湖”之榜[138]。但西湖之美除了其众所周知

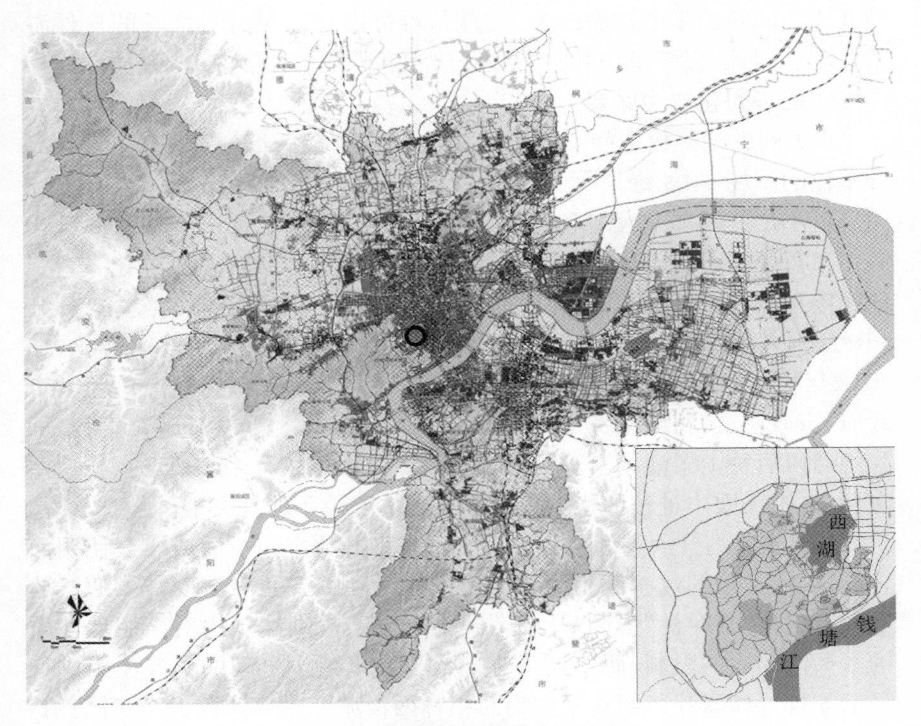


**图 4.11　西湖在杭州的位置图**

图片来源:http://www.hzplanning.gov.cn/ghjgshtml/plan.html

的秀美的自然景观、深厚的历史文化之外,更重要的是西湖与历代杭州市民休闲生活的关系及其所体现出的公众属性[24]。发起于 2001 年底,2002 年开始实施的综合保护工程取得极好的效果。对这一工程的研究旨在揭示日常生活是旧城开放空间保持活力的根本保证。

研究主要采用文献分析法,首先回顾历史,梳理西湖风景与市民日常生活的关系;第二陈述、分析杭州西湖综合保护工程各方面的信息,揭示日常生活是旧城开放空间保持活力的根本保证。

### 4.5.1　历史考察:西湖风景与市民日常生活

除了大唐芙蓉园,西湖是中国古代真正意义上的公共空间。自古以来,其公共属性长期支持着人们的日常休闲生活。古代的杭州西湖虽然在格局上“一半西湖一半笆,筑笆都是官宦家”,但湖边、路边、山上为当时的市民留下了较多的户外休闲空间,而且湖区的核心部分还是开放的。

公共属性使西湖极具活力，具体表现为以下两个方面：

第一是西湖风景与市民文化相得益彰。古代西湖的服务对象具有大众化、市民化的特点。苏东坡当年在杭州曾感叹："西湖天下景，游者无愚贤。"《武林旧事》生动地描述了古代西湖的市民生活场景："苏堤一带，桃柳浓阴，红翠间错，走索，骠骑，飞钱，抛球，踢木……纷然丛集。又有买卖赶集，香茶细果，……在在成市。"[139]市民因西湖风景而聚集，形成市民文化，市民文化反过来使西湖更具活力。

第二是西湖风景与传统风俗相映成景。开放化的西湖与杭州风俗的定型有着密切的联系。《西湖志》记载："西湖风景区内之山水园林、寺观堂庵、名胜古迹，与杭州风俗之定型，有着不可分割之关系，不少杭州风俗均牵连着西湖"[140]。杭州许多传统风俗以西湖为空间载体，如西湖香市、西湖庙会、吴山庙会、元宵灯会、西湖灯谜、西湖竞渡、西湖夜游、西湖鸟会、钱塘观潮、西湖茶俗、月老卜婚等。传统风俗因西湖而获得了优美的背景，同时也以丰富的活动内容为西湖添加了日常气息浓厚的人文景观。

### 4.5.2　属性回归："以民为本，还湖于民"

由于各种原因，过去的300年，西湖水域面积成倍缩小，环湖周边的部分公共资源成了单位资源甚至个人资源，人们只能在湖上欣赏湖光山色。为此，杭州西湖的综合保护工程树立了"以民为本，还湖于民"的理念，确立了"西湖周边地区的所有资源都是公共资源，要努力实现公共资源最大化、最优化，让广大市民和中外游客共享西湖每一寸岸线、每块土地"[141]的定位。

综合保护工程的实施对象不仅是西湖本身，而是整个西湖风景名胜区（图4.12）。西湖风景名胜区的总面积为9.04 $km^2$，1982年被评为国家重点风景名胜区，2007年被评为"国家AAAA级旅游景区"。范围东起松木场、保俶路转少年宫广场北，经白沙路、环城西路、湖滨路、南山路、万松岭路、铁冶路接四宜路，河坊街、大井巷，至鼓楼；南自鼓楼沿十五奎巷、丁衙巷、瑞石亭、大马弄、太庙巷、中山南路、白马庙巷、市第四人民医院西北面围墙、严官巷、杭州卷烟厂西面围墙、万松岭路、中河高架桥路、馒头山路、规划凤凰山脚路至天花山沿西湖引水渠道连接钱塘江北岸，向西经九溪至留芳岭（不包括之江旅游度假区0.98 $km^2$范围）；西自之江旅游度假区北端（留芳岭）、竹杆山、九曲岭、石人岭至美人峰、北高峰、灵峰山至老和山山脊以东；北自老和山山麓（浙江大学西围墙）转青芝坞路北

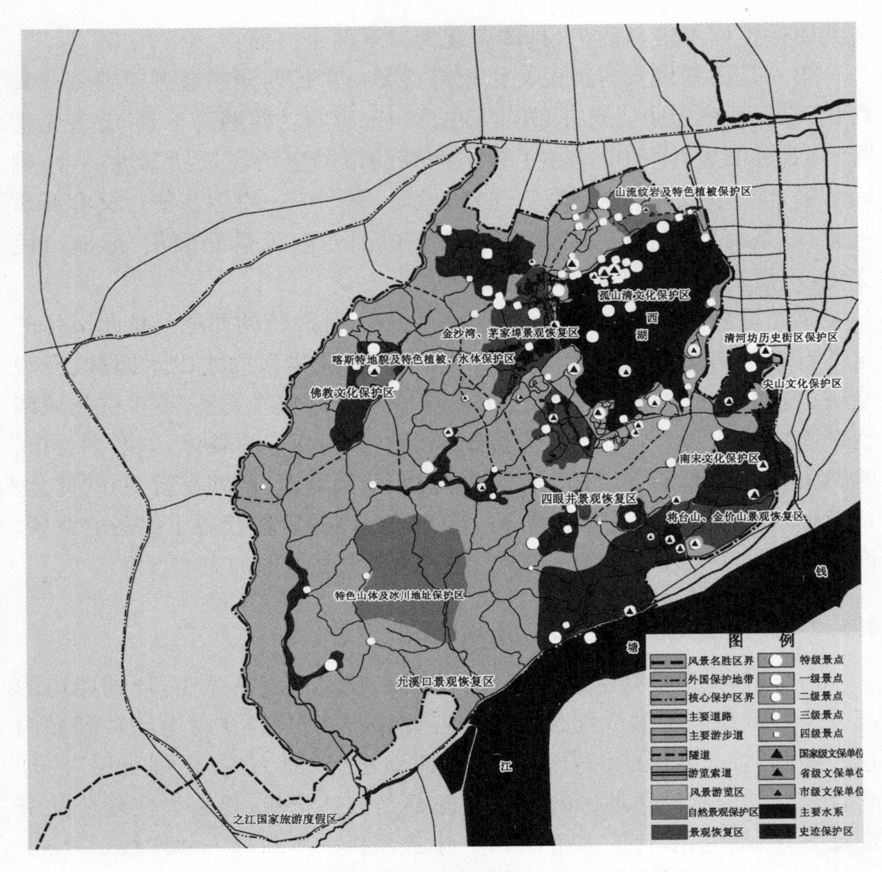


**图 4.12　西湖风景名胜区范围及重要景点分布图**

图片来源：http://www.zjjs.com.cn/yggh/ghpqgs_new.aspx? id=1253&state=1

侧 30 m，接玉古路、浙大路、曙光路至松木场以南。西湖风景名胜区包含九大景区、一百二十二处景点(群)(表 4.3)。其中，环湖景区是综合保护工程的重点及前期启动的部分。

综合保护工程从 2002 年的南线景区(环湖景区南部)整合工程开始至 2008 年共有七个批次的综合整治工程[142](表 4.4)，实行了两大“还湖于民”的举措：一是把那些单位资源和个人资源还原为公共资源①；二是

① 截至 2005 年底，累计拆除违法、有碍观瞻和无保留价值的建筑 45 余万 $m^2$；共拆迁住户 2 500 多户，单位 200 余家；减少景区人口 7 000 多人；新增公共绿地 100 余 $hm^2$；恢复水面 90 $hm^2$。

**表 4.3 西湖风景名胜区的风景子系统**

<table>
<tr><td rowspan="10">西湖风景名胜区</td><td>环湖景区</td><td>西湖十景荟萃之区，风景名胜区的核心主体与代表</td><td rowspan="10">一百二十二处景点(群)</td></tr>
<tr><td>北山景区</td><td>城景结合景区，以历史街区、登山观湖及名人文化为特点</td></tr>
<tr><td>吴山景区</td><td>城景结合景区，以襟江带湖之景及城市民俗文化为特点</td></tr>
<tr><td>凤凰山景区</td><td>南宋、吴越文化积聚区</td></tr>
<tr><td>虎跑龙井景区</td><td>以龙井茶、虎跑水为代表的西湖山林文化区和龙井茶保护区</td></tr>
<tr><td>植物园景区</td><td>以植物多样性和植物资源保护为代表的杭州西湖休闲型生态景观区</td></tr>
<tr><td>灵竺景区</td><td>佛教文化积聚区</td></tr>
<tr><td>五云景区</td><td rowspan="2">登高览胜，一望汇流云天，与寻涧访幽，竹径、清溪相结合的钱江文化积聚地</td></tr>
<tr><td>钱江景区</td></tr>
</table>

表格来源：《西湖风景名胜区总体规划》(2002—2020)

免费开放沿湖的公园和博物馆。这两个举措增强了西湖的可达性和服务的公平性，市民和游客因此能共享西湖每一寸岸线，更好地亲近西湖，使西湖成为一个全民共有的大公园。此外，通过综合保护，保护修缮、恢复重建了 160 多处自然和人文景观，恢复西湖水面 0.9 $km^2$，“一湖两塔三岛三堤”的西湖全景得以重现，实现了“还西湖以历史、还西湖以真实、还西湖以本来面目”的目标。

**表 4.4 七次综合整治的内容与成效**

| 时间 | 内　　容 | 成　　效 |
|---|---|---|
| 2002 | 南线景区整合工程，北起湖滨一公园、南至长桥公园，涉及西湖岸线 3.5 km，整合面积 50.38 $hm^2$ | 把沿湖数十个景点连成一片，恢复历史文化景观 18 处，形成“十里环湖景观带”，更好地体现杭州“三面云山一面城”的城市特色 |
| 2003 | “三大景区”建设工程。主要包括杨公堤景区、湖滨新景区和梅家坞茶文化村三大景区 | 恢复了茅家埠、乌龟潭、浴鹄湾、金沙港等水面共计 70 $hm^2$，挖掘出历史文化景观 36 个，基本复原了 300 年前西湖的原貌 |
| 2004 | 对“一街、二馆、三园、四墓、五景点”等 15 个历史文化景点进行了整治改造 | 形成了集自然与人文景观为一体的历史文化景观 |

**续表 4.4**

| 时间 | 内　　容 | 成　　效 |
|---|---|---|
| 2005 | 实施8个项目，分别为两堤三岛、西湖博物馆、龙井村、龙井寺、韩美林艺术馆、北山街部分景点、灵隐头山门牌坊、西湖学研究院等 | 实现了“一湖映双塔”“湖中镶三岛”“三堤凌碧波”等景观 |
| 2006 | 灵隐景区综合整治、吴山景区环境综合整治、“龙井八景”恢复整治等3个重点项目 | 灵隐景区推出“灵隐三十二景”；吴山景区整修历史民居，开辟民俗休闲活动区，保护古树名木，恢复山林景观，完善了基础设施及旅游配套设施；恢复整治再现了“龙井八景”风貌 |
| 2007 | 灵隐景区二期、吴山景区二期、八卦田遗址整治、南宋官窑博物馆二期、高丽寺文化陈设、虎跑公园保护整治、满觉陇区块整治等重点工程 | 恢复景区古貌、保留传统民俗 |

表格来源：依据文献[142]整理

当然，在“还湖于民”的过程中也存在一些问题，截至2009年，西湖相继冒出近40个会所[143]。浙江在线的记者做了粗略的统计，绘制了各类会所的分布图(图4.13)。尽管西湖管委会要求这些会所必须向公众开放，但这些会所仍以各种方式间接地“谢绝”普通民众。2013年底，中央纪委、中央教育实践活动领导小组发出通知，严肃整治“会所中的歪风”。在这一态势下，杭州出台了一系列政策和措施，彻底关停西湖景区内的30家高档会所①。这些会所被要求整改、转型，并向普通民众开放。

自2002年杭州市政府提出“还湖于民”口号以来，西湖对游客免费开放已近十年，按免费开放前杭州西湖每年2000多万的门票收入来计算，西湖损失的门票收入已逾两亿元。但免费西湖的概念已深入人心，同时还避免了西湖优质资源被小众会所抢占的权贵割据现象。游客因免费而增多，不仅促进了整个杭州旅游收入的增加(10年来旅游总收入增长4倍)，也提升了城市形象：杭州先后获得“联合国人居奖”“国际花园城市”“东方休闲之都”“中国最佳旅游城市”等称号，并连续五年蝉联“中国最具幸福感城市”，还为西湖的成功申遗赢得了不少分值。

① 数据引自“时代在线”，http://www.time-weekly.com/html/20140220/23925_1.html。

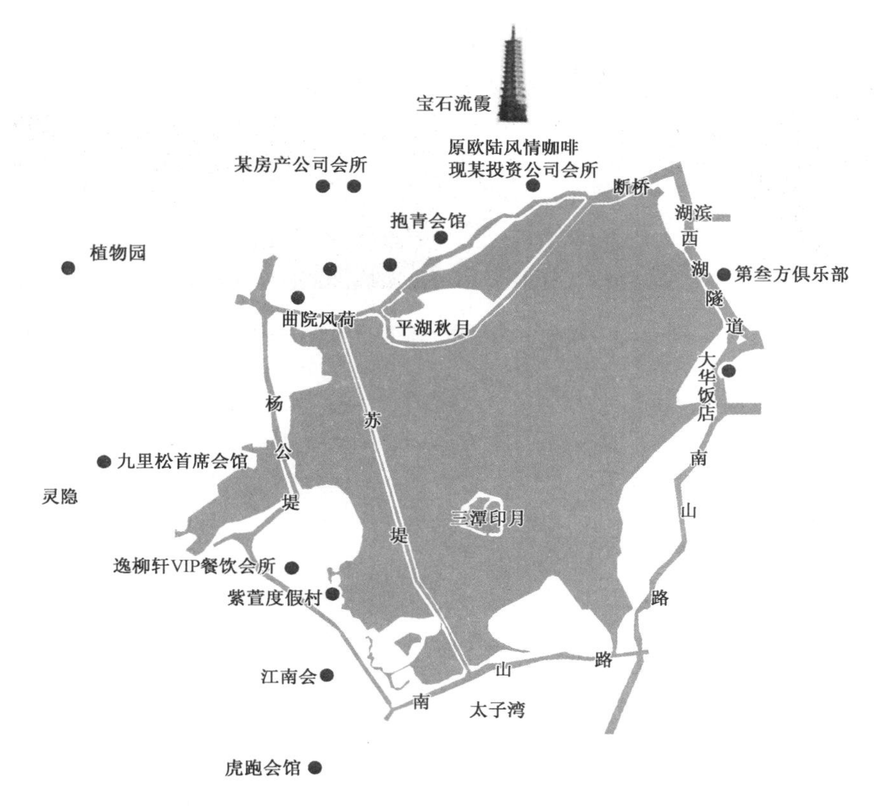


**图 4.13　2009 年西湖边各类会所的位置图(不完全统计)**[143]

## 4.6　实例研究 2:美国纽约高线公园(High Line)

高线原本是位于纽约曼哈顿西区的一段废弃了近 30 年的高架铁路，经过近 20 年的筹备和改造，于 2009 年 6 月 9 日以一个线性公园的姿态向公众开放(图 4.14)。自开放以来，公园获得了行业、学术界及公众的高度肯定，其成功源于三个方面：首先，公众具有强烈的参与意识；第二，决策部门充分尊重公众的意愿和利益；第三，针对高线的立地条件采取了恰当的开发程序。在政府部门、公众和设计师的共同努力下，通过景观设计和环境修复发掘出了被废弃的基础设施潜在的公共性特征，并成功地将它转化为旧城生态系统的一环与公共系统中的平民场所，引发公众关注，带动周边区域，促进旧城的复兴，使生态与经济共同获益。

**图 4.14　高线公园项目一期投入使用后的实景**

研究主要采用文献分析法和实地调查法。通过文献收集与综合分析获得对美国纽约高线公园的整体认知，形成基本观点。再结合实地调查法对观点进行验证及修正。

### 4.6.1　成功的缘起：公众倡导

高线发展经历了近 80 年的兴衰，在改造为公园前经历了两个时期："交通生命线"和"荒草地涂鸦"。1930 年代至 1980 年为"交通生命线"时期。高线于 1934 年建成使用，铁轨从地块中央上空穿行，连接工厂和仓库的上层楼面，使火车可以直接将原料或成品送入或运出工厂内部，是工业区的"交通生命线"，直至 1980 年停止使用。1980 年代至 1990 年代为"荒草地涂鸦"时期。这一时期，高线运输开始荒废，高线上遍布自生植物(由自落的或偶尔落下的种子生长出的植物)，成了流浪艺术家的创作天堂(图 4.15)。

**图 4.15　处于"荒草地涂鸦"期的高线实景**

图片来源：http://www.iarch.cn/thread-9713-1-1.html

1980年铁路运输停止后，高线一直处于“拆与不拆”的争论之中。拥有高线下方产权的人和很多开发商都希望拆除它来建造商业房产，而一些社区团体却希望把它保留下来。1999年，一个叫“高线之友”(Friends of the High Line)的非营利团体积极倡导保护高线并把它重新开发为向公众开放的公园，还做了专项研究，证明如果对高线进行再开发，产生的税收将高于开发所需的费用，以此表明项目在经济上是可行的[144]。“高线之友”积极与政府联系，获取政要的支持，还举办各种聚会、展览、接受采访，走访名人，呼吁更多的关注。经过不懈的努力，最终促使纽约市议会在2002年3月发布了一个决议号召纽约市政府重新开发利用高线，形成了一个以开放空间为主导的旧城更新项目。“高线之友”不仅全程参与了高线公园的设计和开发过程，还经由纽约市政府的允许，取得了管理公园的执照，负责公园的维护和管理。可以说，没有“高线之友”就没有今天的高线公园。

### 4.6.2 成功的基点：公众利益

在拆与留的博弈中，“高线之友”、相关部门、民众的努力最终让高线公园成为一个由公众倡导的公共开放空间设计的典范。成功的关键在于这一项目与商业房产相比突出了公众的利益，以高线为媒介、以公众为主体激发了空间活力。

1) 建立了公共的开放空间系统　以一个满足公众户外休闲、体验城市历史的公共开放空间系统项目代替了地块的简单更新是高线项目活动成功的基点。将高线拆除后转换为商业房产的更新思路仅仅关注了地块本身的土地价值和税收，未来将与地块产生关联的人群也极为有限。希望保留高线的人们倡导将高线作为人们日常休闲的公共场所，并用其连接周边的城市空间，形成一个公共开放空间系统(图4.16)，这无疑是极有远见的。虽然高线公园作为公益项目需要投入大量的资金①，但高线吸引人气的能力及其作为廊道的连接功能(尤其第三段与纽约哈德逊商圈的滨河开放空间连接，图4.17)带来周边地区的联动效应是不可估量的。截至2011年，高线公园已经为纽约政府创收了10亿美金。

① 高架公园总体设计和建设投资为15 300万美元。开放的公园部分投资为6 680万美元。总投资中有11 220万美元由纽约市拨款，2 070万美元由联邦政府拨款，70万美元由州政府拨款。其余资金由“高架之友”募集或由西切尔西特区的房地产开发商提供。数据来源：http://baike.baidu.com/view/6789763.htm? fr=aladdin。

**图 4.16 高线公园连接周边的城市空间**

图片来源：http://www.iarch.cn/thread-9713-1-1.html

**图 4.17 高线与哈德逊商圈的连接示意图**

图片来源：自绘，底图来自 http://www.hydc.org/html/about/about.shtml

2）建立以公众为主的运营模式 “高线之友”发展了志愿者项目、艺术项目、展览项目等有意思的活动吸引游客，让社区重新焕发生气。“高线之友”还建立了网站为市民和游客提供各种信息查询服务，帮助其了解高线公园的历史和最新动态（图 4.18）。公众在享受高线这一城市中的绿丝带的同时融入了这一项目的发展和运营中。公众出于对高线公园的喜爱，自发注册成为志愿者，参与高线公园的各种管理活动，如锄草，养护植物，给游客做导览，帮助开发与高线公园相关的纪念品，等等。一些赞助商与纽约艺术类的机构一起组织很多免费的艺术活动，比如舞剧、交响乐演出、歌剧、艺术展等等。因高线公园积聚了大量的人气，使得商业机构、文化机构逐步进入高线公园的周边区域。公园、“高线之友”、居民、游客、政府、开发商之间的关系进入了良性的互动。

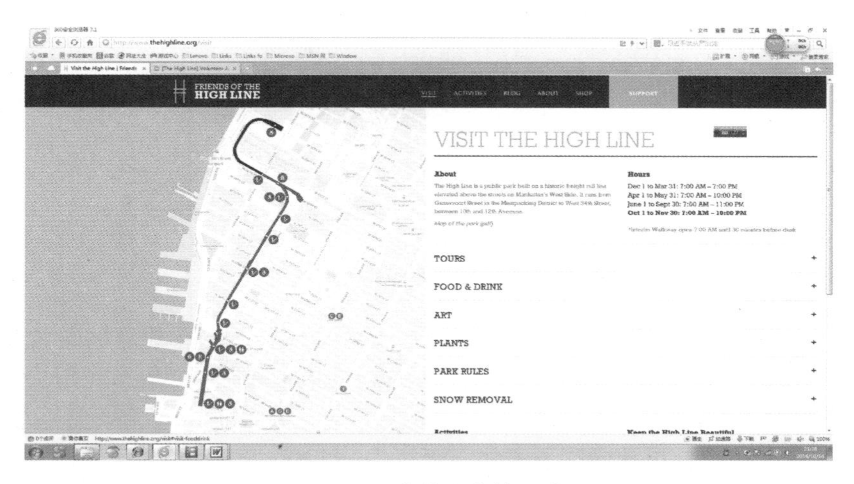


**图 4.18　高线之友的网站**

图片来源：http://www.thehighline.org/visit

### 4.6.3　成功的路径：历时性保护

从 20 世纪 90 年代开始，高线进入“保护再利用”时期。这一时期，当地政府开始对高线进行保护和再利用，实行周边区域的保护与更新先行，高线公园再开发随后开展的策略。20 世纪 90 年代末，高线周边区域的保护和再利用大规模展开：历史街区被成片保护，旧厂房内部功能被置换成餐饮店、夜总会、潮流服饰店及设计和摄影工作室等。

1）周边环境保护与更新先行　对高线周边历史街区和工业遗产的保护为高线提供了良好的外部支撑。对建设先行控制，以确保高线公园能成为市民共享的舒适空间。曼哈顿其他规划区目前都呈连续的“街—墙”模式，与此不同的是，在邻近高线的新规划区内，新修建筑将以错列式样进行排列，在特定建筑中，建筑物地面以上部分至多会有 40％的部分在高度上超过公园（图 4.19）。

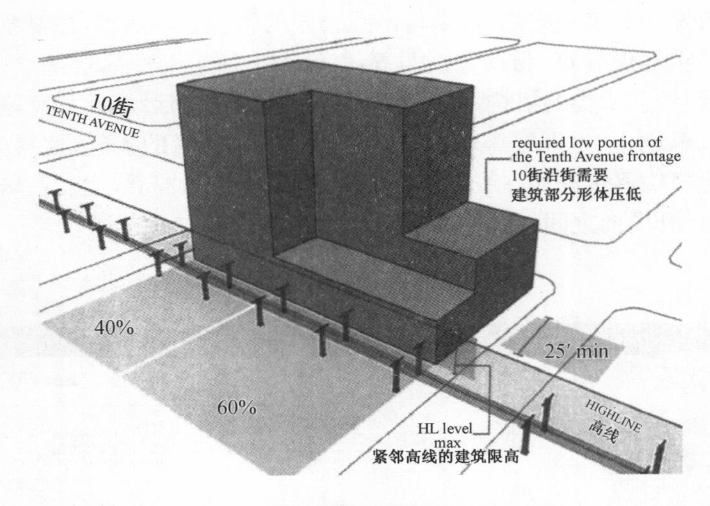


图 4.19　紧邻高线的建筑形态控制[144]

2）游憩、生态和历史保护三结合　高线公园作为一个媒介将前期保护下来的历史街区、工业厂房等连成一体，形成一个游憩、生态和历史保护三结合的开放空间系统[145]。

（1）游憩　设计师利用高线与老厂房、仓库的紧邻、跨越和穿插关系创造出可提供展览、健身、观景和休憩功能的开放空间（图 4.20）。

图 4.20　支持人们开展游憩活动的各种设施

（2）生态　公园“建立了一个栖息地、野生动物和人共用的城市走廊”。设计师保留了原有的大约 20 种植物及其原生生态系统，去除了蔓延生长而侵犯他类植物生长的物种；引入本地物种，扩展为共 210 种植物，在设置景观设施时尽量维持植物原有的生长环境。设计师创造了一种铺装与植物结合的步行系统：从高用途空间（100％硬质铺装），到单一的植物群落（100％软质景观），两者之间还有许多不同的梯度[146](图4.21、图 4.22)。

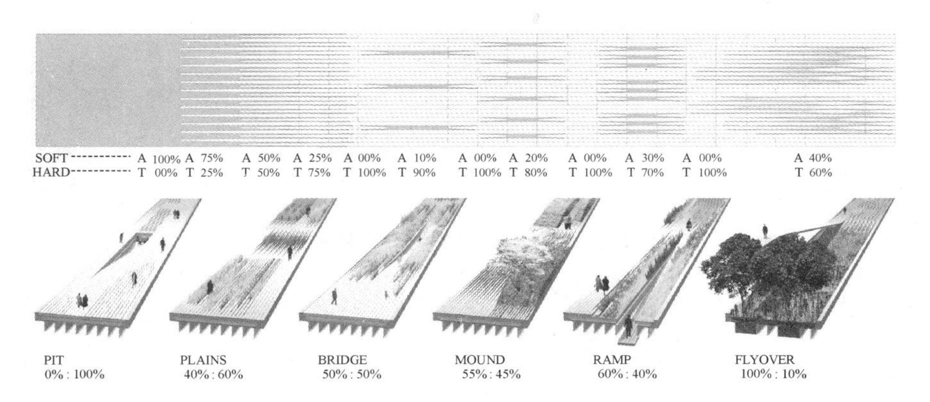


**图 4.21 路面植被比例的变化**

图片来源:http://www.yuanliner.com/2012/0325/2501.html#p=4

**图 4.22 路面的实景**

(3) 历史保护 公园几乎保留了三个主要历史时期的代表性元素和特征,野草、涂鸦、铁轨、工业建筑以及它们在不同历史时期形成的景观特征(图 4.23),让各个历史时期的特征同处于一个空间内,表现出对历史的尊重。

正如高线公园的设计者[James Corner Field Operations (project lead) and Diller Scofidio + Renfro, New York City USA]所述:高线公园是一个回收利用高架铁路建成新的城市公园的案例,促进了生态可持续发展,以及城市更新和改造再利用的适时发展。除了为纽约市提供宝

**图 4.23　公园保留的铁轨、建筑与野草**

贵的开放空间外，高线公园已成为邻近地区的经济发电机，吸引了新文化机构、商业和住宅开发方面的投资。

## 4.7　本章小结

针对旧城开放空间存在的问题，本章从旧城开放空间的价值主体、价值体系的基点、价值目标、实现价值目标的途径等方面重构了旧城开放空间价值体系，为旧城开放空间重构建立基本的理论框架。

随着国内旧城更新的不断加速，不恰当的更新方式令开放空间的本体和周边环境面临着各种形式的侵蚀，开放空间蕴含的文化信息不断在丢失和被置换，开放空间的质量不容乐观。重构旧城开放空间的价值乃是我国旧城复兴、可持续发展的当务之急。旧城开放空间必须适应市民社会发展的要求，在坚守旧城开放空间是公共资源的核心价值立场的基础上，认真审视旧城更新中开放空间出现的问题，以价值体系为脉络重构开放空间研究的理论框架。杭州西湖综合保护工程的成功充分说明了西湖的公共属性是西湖保持活力的根本保证，事实证明西湖的开放带动了宾馆、饭店、购物、交通等其他服务行业，对周边县市的旅游也起到了巨大的带动和辐射作用。美国纽约高线公园以其空间的共享性、活力、多元价值和发展潜力带动了城市更新，从而拉动城市经济，并造就了新的城市地标。西湖模式、高线模式与那些以开放空间资源谋取超额利润和地方政府以牺牲公共利益获取短期的经济收益的做法相比，触及了问题的本质，抓住了成功的核心要素——公众利益和平民的日常生活。

# 5 日常生活视野下的旧城开放空间功能重构模型

长期以来，城市管理者、规划设计工作者比较重视开放空间的规划设计，但对开放空间的认知大多停留在自上而下的观察和构想层面。开放空间的规划、设计和建设以政府部门、开发商、专业技术人员的一套主观的宏观前提假设和行而上学的"系统"思维、逻辑为理论根基，导致旧城开放空间的功能存在脱离市民日常生活的现象。为了避免这种"先入为主"的规划、设计与管理的模式，本章采取实证研究的方式，以研究"是什么"的问题为主，而不强调"如何做"的问题。尝试在价值重构的框架下，以市民的意愿和活动期望为依据，以实验的形式揭示旧城开放空间功能的重构规律。实验以南京主城区①开放空间为取样对象。

## 5.1 功能重构的实验总体设计

### 5.1.1 实验设计思路：信息的提取与表达

实验的设计遵循下列思路：

首先，按实验提取的信息层次来看，实验分别从宏观、中观和微观三个层次进行，希望从规划、管理及设计等不同层次上获得旧城开放空间的功能重构模型，形成规划设计工具，可供城市管理者、规划设计工作者在开展工作时应用。

第二，在数据的获取方式方面，实验分三个类型进行：①直接获取型，即主要通过问卷调查直接获取有关开放空间使用者意愿的数据；②直接获取型＋专业观察型，即问卷调查与专业人员的观察相结合；③专业观察型，即数据主要通过专业人员的观察所得。

---

① 样本点绝大部分在旧城区（城墙以内），由于少数几个对南京具有重大意义的历史文化资源，如玄武湖、紫金山在城墙外部，因此将研究范围放大为主城区。

第三,从研究结果的形式来看,实验分为:①数学模型,即数据分析方法以数学计算为主;②数学+图示模型,即数据分析方法以简单数学计算和图示分析相结合;③图示模型,即数据分析方法以图解为主。研究过程和结果均具有一定的抽象性,略去主观性强的规划设计细节,旨在保证开放空间满足使用者需求的底限,但不会限制城市管理者、规划设计工作者对开放空间的定位和创造。

### 5.1.2 实验设计内容:活动期望与规律的解析

实验以市民的"意愿和活动期望"为研究依据,分三个阶段进行,共计四个实验。

第一阶段:旧城开放空间的满意度分析实验。以统计学工具进行的满意度测试能较为客观地反映使用者的意愿。满意度分析包括"基于主成分分析的宏观因子分析"和"基于相关性分析的中观因子分析"两个实验,目的在于透过"满意度"认知旧城开放空间以及获取宏观、中观层面与满意度相关的影响因子。这一阶段实验的数据获取方式属于"直接获取型",实验结果为纯数学模型。

第二阶段:旧城开放空间的功能评价实验。通过对旧城开放空间中人群活动种类的观察、活动期望问卷调查,设计出以最小有效活动区域面积及其内部各功能区域的面积为考核指标,以活动的丰富性指数与丰富性评价得分为验证指标的开放空间功能量化评价模型。这一阶段实验的数据获取方式属于"直接获取型+专业观察型",实验结果为"数学+图示"模型,实验提取的信息的层次介于中观和微观之间。

第三阶段:旧城开放空间使用者的行为规律观察实验。该实验是第二阶段实验的深化,通过观察使用者的行为规律,总结出开放空间中的空间利用规律,在第二阶段功能评价模型的基础上设计出属于微观层次的设计模型,以最低的限度保证旧城开放空间的空间布局和形态能满足市民日常生活的需求。这一阶段实验的数据获取方式属于"专业观察型",实验结果为图示模型。

### 5.1.3 实验设计框架:从宏观到微观

实验设计框架如下图所示:

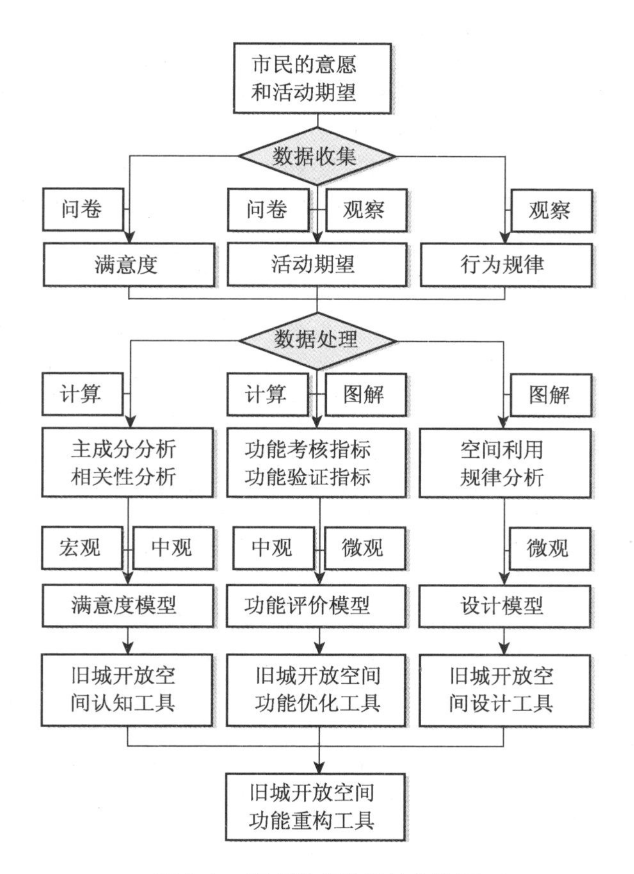


**图 5.1　第五章实验设计框架图**

## 5.2　旧城开放空间的满意度分析模型

### 5.2.1　文献回顾

国外与开放空间满意度研究直接相关的文献较少。以“Open Space”和“Satisfaction”为检索词,限定“Title or Keyword”对 Science Direct 数据库进行检索,1823 年至今的文献仅有 1 篇。相近的研究主要集中在以旅游为主题的“游客满意度”研究方面,包括游客满意度的内涵、影响因素及游客满意度测评等三个方面[147],其中游客满意度测评研究主要包括“顾客满意度指数模型”和“游客满意度模型”两个方向,计算方法以复杂统计为主，结构方程模型是主流的数据分析方法[148]。

自 20 世纪 80 年代引入“Open Space”的概念[22]至今，国内在开放空间规划设计理论研究和实践方面已有了相当的积累，但从中国期刊全文数据库(CNKI)收录的核心期刊论文和学位论文来看，在使用者满意度评价方面缺乏深入和系统的研究。1996 年①至今以题名或关键词同时包含“开放(敞)空间”和“满意度”的文献仅 1 篇。以“开放(敞)空间”为题名且与满意度问题有关联的文献不足 20 篇，包括使用后评价[149]、环境行为[150]、活动期望[151]、认知[152]及使用效度[153]等。这类不涉及满意度的测定问题，研究方法以简单的图示表达与数理统计为主。以“满意度”为题名且研究对象属于开放空间某一类型的研究文献主要为旅游、管理等领域中关于旅游地(地质公园[154]、湿地公园[155]、国家森林公园[156]、主题公园[157]、历史街区[158]等)游客满意度测定方法的研究。其余成果散落在风景园林学、地理学、城乡规划学领域中关于公园绿地[159][160]、附属绿地(居住区[161]、校园[162])、广场[163]、历史街区[164]、雕塑环境空间[165]的使用满意度或视觉满意度研究文献中。这些文献采用了先进的工具和复杂的统计手段，如主成分分析法[149]、灰色系统模型[154]、模糊综合评价法[157]、结构方程模型[158]、层次分析法[159]、可拓评价法[160]、回归分析法[149][161]、语义差异法[165]等。

综上所述，可归纳出：①研究对象多为特定类型的开放空间，缺乏对“Open Space”的整体研究；②研究角度主要为旅游和管理，缺少以日常生活为视角探讨开放空间满意度的研究；③主要成果集中在测定满意度数值的方法上，何种方法更为科学，尚无定论；④评价结果比较微观化，仅适用于样本调研点，难以从评价结果中获取有助于从整体层面认识开放空间的信息。这些问题促成了本节研究的方向和突破点：

首先，创新一个以满意度认知开放空间的视角，立足于市民的日常生活，尝试以使用者的满意度为媒介，从整体层面上对开放空间进行自下而上的研究，探寻具有规律性的内容。例如，哪些主要因素影响了满意度值？开放空间在满意度方面是否存在某些特性或潜在联系？以往在自上而下的规划中强调的一些理念和原则在以满意度为视角时是否具有实效性等？

第二，设计一种方法，能在下列要求下获取反映使用者意愿的信息：

① CNKI 上以“开放(敞)空间”为题的首篇文献发表于 1996 年。

一是方法本身具有普适性和开放性，能在样本总体情况不同时（如在不同的城市进行实验）仍具有适用性；二是回避探讨满意度值精度的问题，满意度值只是中间媒介而不是目的；三是评价因子能反映市民的日常生活和开放空间的特点，能对开放空间的规划、优化或管理产生指导意义。

### 5.2.2 抽样方案与数据来源

1）抽样方案　运用统计学方法对城市开放空间进行整体研究时，抽样是一个难题。这里的抽样针对的不是“满意度”的评价主体，而是其客体——城市开放空间。而且，样本总体并不是一个属性单一的对象，类型较复杂，数量规模较大。如果以城市用地性质、功能构成和服务范围为分类依据，城市开放空间可划分为存在明显差异的若干大类，如公园绿地、附属绿地、广场、街道等。同一大类内部的各小类在功能、尺度、服务范围方面也存在一定的差异，但其程度小于大类之间的差异，如“公园绿地”中包含的综合性公园、社区公园、专类园、带状公园、街旁绿地等。上述分析表明研究不适合采用随机抽样、系统抽样或整群抽样等方法，样本总体特点较为符合分层抽样的适用条件。抽样方案如下：

（1）分层　将城市开放空间分成互不交叉的层。国内的“开放空间”尚不是一个行政法规性的名词，法律或法规都未对开放空间做出明确的界定。绿地、广场和街道是目前公认的开放空间主要类型。绿地中可用于日常游憩的种类主要为公园绿地和附属绿地。这两类绿地的数量和面积在开放空间总体中占据了极大的比例，且存在较大的差异。综合考虑，将样本总体分为公园绿地、附属绿地、广场和街道四个次级总体（层），再从各层中抽取一定数量的个体。在本研究中，南京主城区范围内所有公园绿地、附属绿地、广场和街道形成研究的全集。

（2）抽样　按一般对分层抽样的理解，设样本总体数量为 N，各层中样本数量为 N1、N2、N3，样本容量为 n，则各层的抽样数量分别为：N1×n/N、N2×n/N、N3×n/N。但是，这种以数量为依据的抽样比例确定方法适合对单个开放空间进行满意度评价的实验，因为抽样对象是评价者。而以开放空间为抽样对象时，各层在地位上并不是均等的，如附属绿地的数量虽然最大，但游憩功能与公共性不如公园绿地和广场。如果按照 n/N 的比例来抽，会导致评价结果存在偏差，附属绿地的“便利”

“频率”“认知”等指标可能会被放大，影响开放空间整体的属性判断。相比之下，各层的面积较能反映各层的功能以及其与总体的关系。因此，以公园绿地、附属绿地、广场和街道的面积比值为依据确定抽样比例。

以公园绿地、附属绿地、广场和街道的面积比值为依据确定抽样比例，依据邵大伟[36]的统计，南京主城区公共绿地①面积为 3 382.94 $hm^2$，附属绿地面积为 1 117.09 $hm^2$，广场为 36.55 $hm^2$。从《南京市商业网点规划》(2004—2010)可知，南京主城区主要的步行街为新街口商圈，湖南路商业街，夫子庙美食街，太平北路、太平南路名品街，珠江路科技街，瑞金路、热河路商业街和中央门商业中心，街道(包含行车路面)面积共计约 69.96 $hm^2$。

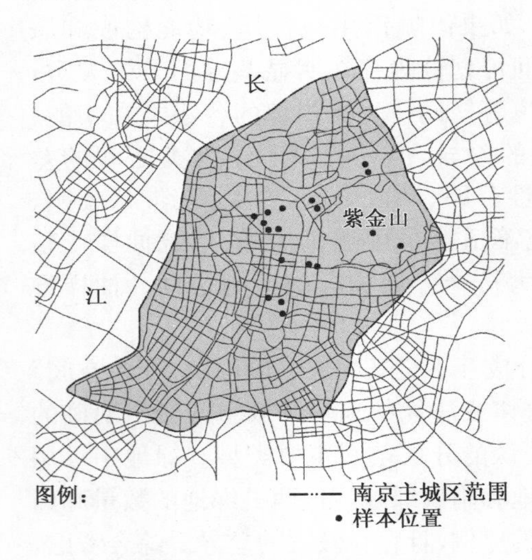


**图 5.2　样本位置示意图**

南京主城区公园绿地、附属绿地、广场和街道的面积比值大致为 93∶31∶1∶2。这一比例符合城市开放空间在内容构成上以绿地特别是公园为主的特点。按照上述开放空间面积比值选取 18 个开放空间(图 5.2、表 5.1)。公园绿地样本中涵盖了综合性公园、社区公园、专类园等类型；附属绿地的样本选择以大学、居住区中的活动场地和小游园为主；街道样本包括了传统步行街和新型商业街；广场样本选取了交通广场和游憩集会广场。这些样本的选取考虑了城市的基本功能：居住、工作、交通和游憩。此外，为了结合南京历史文化名城的特点，尽量选取具有历史文化资源的样本，以考察开放空间满意度是否与其历史文化环境有关。

① 在《城市用地分类与规划建设用地标准》(GB 50137—2011)颁布之前，城市规划领域长期使用“公共绿地”的概念，其内容与《城市绿地分类标准》(CJJ/T 85—2002)中的“公园绿地”基本一致。因《南京市绿地系统规划》(2013—2020)的公众意见征询稿未公布南京主城区绿地的统计数据，且南京统计局发布的《南京统计年鉴》(2013)中仅有全市的公园绿地统计数据，故采用了邵大伟 2011 年的研究数据。

表 5.1 样本的信息

| 类型 | 样 本 | 数量（个） | 面积（$hm^2$） |
|---|---|---|---|
| 公园绿地 | ①玄武湖公园 ②白鹭洲公园 ③武定门公园 ④北极阁公园 ⑤大钟亭公园 ⑥聚宝山公园 ⑦明故宫遗址公园＋午朝门公园 ⑧钟山体育运动公园 ⑨中山陵 | 9 | 414.25 |
| 附属绿地 | ①南京林业大学校园 ②锁金村居住小区的各类活动场地、宅间绿地 ③聚宝山庄居住小区的各类活动场地、宅间绿地 | 3 | 110.15 |
| 广场 | ①鼓楼广场 ②大行宫广场 ③西华门广场 ④玄武门广场 | 4 | 4.62 |
| 街道 | ①夫子庙 ②湖南路 | 2 | 8.66 |

2）定点调查　在选定 13 个评价因子的基础上，采用五级等距的李克特量表设计满意度调查问卷。发放问卷时采取在调查点随机发放的方式，保证受访者是该调查点比较固定的使用者或对调查点有一定的了解。这种方式可以避免因受访者完全不了解样本或生活在离样本较远的地段而导致样本评价因子得分偏差较大的现象。共发放问卷 550 份，回收有效问卷 541 份，回收问卷有效率达 98.4%，每个样本点的有效问卷超过 30 份①。有研究表明：对于满意度调查而言，通常顾客总体都很大，这时可以认为调查样本量的多少和顾客的总数已经没有必然的联系了，只要样本量超过 30 个顾客，样本均值将服从正态分布[166]。当受访者填写完问卷时，研究小组对其进行简单的访谈。问卷调查共涉及 541 名市民及游客，其性别、年龄和受教育程度的基本信息如图 5.3 所示。职业调查采用了开放式的指标（图 5.4）。

### 5.2.3 评价因子

评价因子的选取对于分析模型和调查结果至关重要。依据以下原则设计满意度调查问卷中的评价因子：首先，评价因子不宜过多，因子多虽然能提供丰富的信息，但也会增加数据采集的工作量和分析过程的复杂

① 作者在开展本项研究之前曾做过预调查，在大连、淮安、滁州 3 个城市选取了 9 个开放空间样本，每个样本点发放有效问卷 100 份，共回收有效问卷 900 份，研究结果却显示各因子与满意度的相关性差异不显著。依据两次研究的结果，结合统计学领域的研究文献，作者推测样本点数量的增大可能会增加研究结果准确性，在保证问卷总量充足的情况下，每个样本点发放问卷 30 份能满足实验要求。

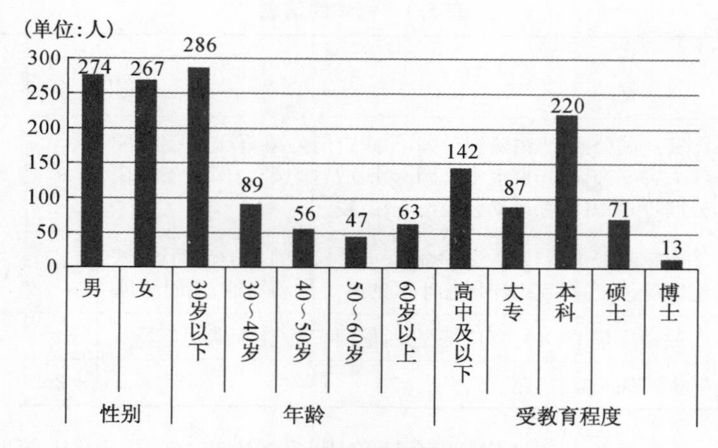


图 5.3 受访者的基本信息

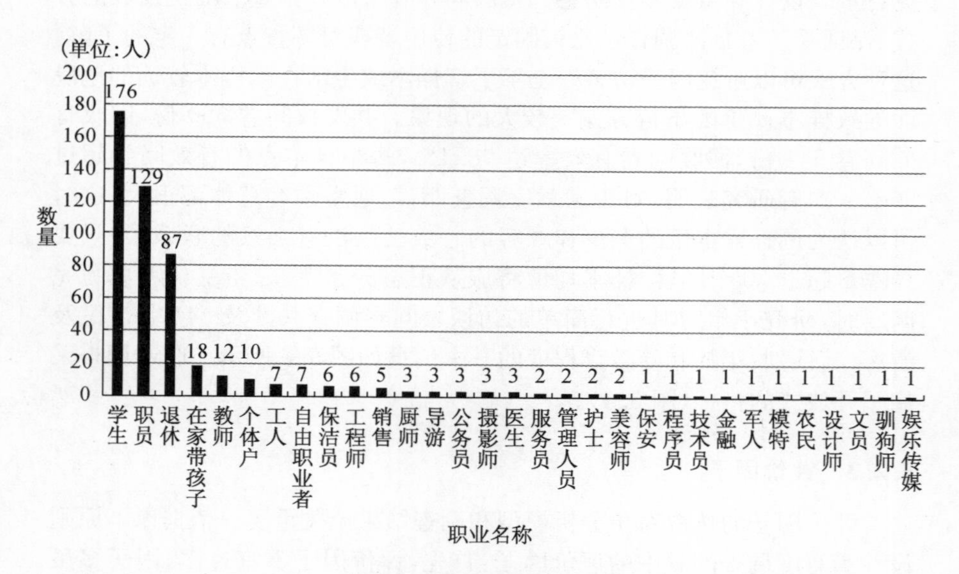


图 5.4 受访者的职业信息

性;第二,评价因子不宜细节化,所描述的内容应属于中观层次,有一定的概括性和抽象性;第三,评价因子能覆盖开放空间满意度评价的基本信息。

在石坚韧等人研究的基础上[167],依据世界卫生组织(World Health

Organization，简称 WHO）对人居环境质量提出的四个基本要求①，结合南京主城区开放空间的特征，立足于市民的日常生活，归纳出 12 个中观层次的评价因子，分别是安全、健康、便利、实用、美观、交往、繁华、整洁、历史文化、认知、频率、吸引力。“满意度”这一因子作为总的评价结果（表 5.2）。在有的文献中，“吸引力”等同于“满意度”，但在某些情况下，开放空间虽然未能令使用者满意，却仍具有吸引力②。因此，作者加上“吸引力”作为评价因子，以考察其与“满意度”及其他因子之间的关系。

**表 5.2 开放空间的主观评价因子表**

<table>
<tr><th>指标</th><th>打分说明</th><th>含义</th></tr>
<tr><td>安全</td><td rowspan="9">非常不满 （1 分）<br>不满 （2 分）<br>普通 （3 分）<br>满意 （4 分）<br>非常满意 （5 分）</td><td>治安、秩序、防灾</td></tr>
<tr><td>健康</td><td>防噪、防臭、防污</td></tr>
<tr><td>便利</td><td>来此地很方便</td></tr>
<tr><td>实用</td><td>满足人的使用需求</td></tr>
<tr><td>美观</td><td>街景、建筑或风景美</td></tr>
<tr><td>交往</td><td>促进人际交往</td></tr>
<tr><td>繁华</td><td>人气旺、热闹</td></tr>
<tr><td>整洁</td><td>干净、整洁</td></tr>
<tr><td>历史文化</td><td>历史文化氛围浓郁</td></tr>
<tr><td>认知</td><td>非常陌生 1 分……非常熟悉 5 分</td><td>对此地的熟悉程度</td></tr>
<tr><td>频率</td><td>从不来 1 分……每天来 5 分</td><td>来此地活动的频率</td></tr>
<tr><td>吸引力</td><td>不想来 1 分……很想来 5 分</td><td>来此地活动的意愿</td></tr>
<tr><td>满意度</td><td>非常不满 1 分……非常满意 5 分</td><td>对此地的满意程度</td></tr>
</table>

### 5.2.4 基于主成分分析的宏观因子分析模型

以实践经验和相关文献判断，开放空间的满意度评价是个复杂的问

---

① 1961 年，世界卫生组织（WHO）对人居环境质量提出的四个基本要求：安全、健康、便利和舒适，该体系为世界各国广泛采用。

② 作者在 2010 年曾对玄武湖游客发放 500 份问卷，结果表明，虽然玄武湖设施略显陈旧，但由于其开阔的水面，对游客仍具有吸引力。

题，涉及多层次、多方面的影响因素，必然属于多指标（变量）的综合评价。既可在规划层次（宏观层次）选取若干抽象的评价因子（如安全、健康、美观[167]等）进行满意度测定，也可在设计层次（微观层次）选取若干细节化的评价因子（如地面铺装、树木、活动设施[163]等）进行满意度测定。考虑到本研究希望避免直接测定满意度值的条件设定，以及利用评价结果对选取的开放空间样本进行客观属性判断的研究目的，初步认为如果希望透过满意度从宏观层面上认知开放空间，那么主成分分析法是一种较为合适的数据分析方法。原因如下：

首先，不同评价指标之间往往有一定的相关性，会造成统计过程中的变量出现多重共线性，这势必会增加分析问题的复杂性，而主成分分析法可以消除评价指标间的相关影响，将原始变量重新组合成一组新的互相无关的综合变量，并尽可能多地反映原始变量信息，从而有助于研究者抓住问题的主要矛盾；

第二，这种评价方法不直接在满意度值上读取信息，从而减少了人为的主观因素可能导致的误差；

第三，主成分分析是一种“由表及里”的数学分析方法，可以通过少数潜在因子（若干主成分）考察数量较多的外显因子（评价指标）在“内里”是如何相互联系的，而这种联系以其他方法难以观察到。

1）分析方法　将调查问卷数据录入 EXCEL，再次核查问卷完整性及是否存在逻辑错误，核对无误后导入 SPSS21.0 进行问卷统计。分析过程包括如下步骤：

首先，对回收的问卷进行信度及效度分析。信度分析检验量表观测的可信度，即稳定性、一致性和再现性；效度分析衡量问卷的准确性和有效性。

第二，对问卷数据进行主成分分析。主成分分析是将原始变量重新组合成一组新的互相无关的几个综合变量，同时可以根据实际需要从中取出几个较少的综合变量尽可能多地反映原始变量信息的统计方法，也是数学上用来降维的一种方法。本项研究利用主成分分析将中观层次的原始变量降维到少数几个潜在因子，提取开放空间规划阶段需要在宏观层面考虑的信息。

第三，对各指标（主成分及满意度总分）分性别进行独立样本 T 检验，对各指标分年龄、分教育程度进行单因素方差分析，选择 99％及 95％的置信水平，检验不同层次或不同类别人群在主成分及满意度总分上的差异是否存在显著性。

第四，以主成分得分为依据对样本进行归类分析。计算各样本的主成分得分，按降序排列，选出同一成分得分高的样本归为一类，分析每一类样本的共同点，为整体把握某个城市开放空间的特点和品质提供统计学意义上的依据。

2）数据分析　包括信度与效度分析、主成分分析、主成分模型结果的方差分析和调查样本的归类分析，具体过程如下：

(1) 信度与效度分析　信度分析采用 α 信度系数（Cronbach's Alpha）进行评价，分析显示问卷的 16 个项目（职业除外）α 系数为 0.724，大于 0.7，问卷信度好。效度分析采用 KMO（Kaiser-Meyer-Olkin Measure of Sampling Adequacy）（检验统计量）度量和 Bartlett（巴特利）球形检验法。一般认为 KMO 大于 0.9 效果最好，0.7 以上可以接受，0.5 以下不宜作因子分析。本例 KMO 抽样适度测定统计值为 0.799，大于 0.7，可进行主成分分析。Bartlett 法球形统计量 $P=0.000$，提示各变量将存在显著的相关性（表 5.3），有必要进行因子分析研究各变量之间的共性。

**表 5.3　KMO and Bartlett's Testa（检验统计量和巴特利球形检验）**

| 取样足够度的 Kaiser-Meyer-Olkin（检验统计量）度量 | | 0.799 |
|---|---|---|
| Bartlett（巴特利）的球形检验 | 近似卡方 | 2 266.578 |
| | df | 120 |
| | Sig. | 0.00 |

(2) 主成分分析　利用相关性矩阵经最大方差法旋转的途径来抽取主成分，其中最大收敛性迭代次数 4 次，并且输出时将旋转因子显示设置为降序排列，以便于观察因子在各主成分中的载荷量。取特征根大于 1 的前三个主成分，前三项主成分累计贡献率为 56.19%，即总体大约 56.19%的信息可由前三个主成分解释（表 5.4）。旋转的因子载荷矩阵显示（表 5.5）主成分包括：

主成分 1：整洁、健康、美观、安全；

主成分 2：繁华、交往、便利、实用、历史文化；

主成分 3：频率、认知、吸引力。

**表 5.4 解释的总方差**

| 成份 | 初始特征值 | | | 提取平方和载入 | | | 旋转平方和载入 | | |
|---|---|---|---|---|---|---|---|---|---|
| | 合计 | 方差的% | 累积% | 合计 | 方差的% | 累积% | 合计 | 方差的% | 累积% |
| 1 | 3.667 | 30.558 | 30.558 | 3.667 | 30.558 | 30.558 | 2.579 | 21.488 | 21.488 |
| 2 | 1.918 | 15.983 | 46.542 | 1.918 | 15.983 | 46.542 | 2.198 | 18.318 | 39.806 |
| 3 | 1.158 | 9.648 | 56.190 | 1.158 | 9.648 | 56.190 | 1.966 | 16.383 | 56.190 |

**表 5.5 旋转因子载荷矩阵**

| 评价因子 | 因子 Component | | |
|---|---|---|---|
| | 1 | 2 | 3 |
| 整洁 | 0.792 | 0.15 | −0.041 |
| 健康 | 0.756 | 0.139 | −0.01 |
| 美观 | 0.713 | 0.271 | 0.067 |
| 安全 | 0.672 | 0.182 | 0.014 |
| 繁华 | 0.078 | 0.793 | −0.085 |
| 交往 | 0.23 | 0.679 | 0.173 |
| 便利 | 0.078 | 0.628 | 0.22 |
| 实用 | 0.303 | 0.553 | 0.096 |
| 历史文化 | 0.273 | 0.46 | −0.143 |
| 频率 | −0.053 | −0.008 | 0.878 |
| 认知 | −0.094 | 0.068 | 0.851 |
| 吸引力 | 0.421 | 0.208 | 0.591 |

第一主成分代表开放空间的环境评估属性，整洁、健康、美观、安全四个要素的集合可解释为“感知度”，是使用者从感官的角度对开放空间的理解，除了对开放空间视觉形态的要求之外还涉及治安管理、日常维护、环境保洁等多个方面。第二主成分代表开放空间的社会文化属性，繁华、交往、便利、实用、历史文化五个要素的集合可解释为“活力度”，是开放空

间能否满足使用者开展公共生活、组织事件时所需物质条件及其品质的反映。第三主成分代表开放空间的日常化属性，频率、认知、吸引力三个要素的集合可解释为“需求度”，是开放空间与使用者日常生活的密切程度的体现。

经过主成分分析，12 个评价因子降维成了 3 个潜在的宏观因子（表 5.5），并得到因子得分系数矩阵（表 5.6）。透过 3 个宏观因子可观察 12 个评价因子是如何联系的。对 12 项指标进行编码，分别为：便利（X1）、美观（X2）、安全（X3）、健康（X4）、交往（X5）、繁华（X6）、整洁（X7）、历史文化（X8）、实用（X9）、认知（X10）、频率（X11）、吸引力（X12）、满意度（Y），同时 3 个主成分分别为 Z1、Z2、Z3，建立主成分模型如下：

**表 5.6　因子得分系数矩阵**

| 评价因子 | 因子 Component | | |
|---|---|---|---|
| | 1 | 2 | 3 |
| 便利 | −0.133 | 0.348 | 0.06 |
| 美观 | 0.292 | −0.036 | 0.014 |
| 安全 | 0.295 | −0.075 | −0.006 |
| 健康 | 0.350 | −0.123 | −0.015 |
| 交往 | −0.069 | 0.341 | 0.031 |
| 繁华 | −0.18 | 0.476 | −0.115 |
| 整洁 | 0.366 | −0.123 | −0.032 |
| 历史文化 | 0.012 | 0.222 | −0.115 |
| 实用 | 0.003 | 0.249 | 0.003 |
| 认知 | −0.064 | −0.007 | 0.44 |
| 频率 | −0.022 | −0.068 | 0.461 |
| 吸引力 | 0.161 | −0.04 | 0.294 |

$$Z1=(X1\times -0.1331)+(X2\times 0.2921)+(X3\times 0.2954)+(X4\times 0.3503)+(X5\times -0.0692)+(X6\times -0.18)+(X7\times 0.3656)+(X8\times 0.0122)+(X9\times 0.0032)+(X10\times -0.0636)+(X11\times -0.0217)+(X12\times 0.1612)$$

$$Z2=(X1\times 0.3476)+(X2\times -0.0361)+(X3\times -0.0748)+(X4\times$$

$-0.1227)+(X5\times0.3408)+(X6\times0.4763)+(X7\times-0.1229)+(X8\times0.2219)+(X9\times0.2494)+(X10\times-0.0074)+(X11\times-0.068)+(X12\times-0.0405)$

$Z3=(X1\times0.0596)+(X2\times0.0138)+(X3\times-0.0058)+(X4\times-0.0145)+(X5\times0.0314)+(X6\times-0.1147)+(X7\times-0.0316)+(X8\times-0.1148)+(X9\times0.0026)+(X10\times0.44)+(X11\times0.461)+(X12\times0.2936)$

$Y=0.3056\times Z1+0.1598\times Z2+0.0965\times Z3$

(3) 主成分模型结果的方差分析　包括性别、年龄、教育程度三个方面：

分性别　对各指标分男女进行独立样本 T 检验。检验显示，不同性别在满意度主成分模型的 3 个成分及总分上的差异检验 $P>0.05$，差异不具有显著性(表 5.7)。

**表 5.7　主成分模型结果的方差分析(分性别)**

| 序号 | 指标 | 男 | 女 | $t$ | $p$ |
|---|---|---|---|---|---|
| 1 | Z1 | 3.7±0.92 | 3.57±0.97 | 1.589 | 0.113 |
| 2 | Z2 | 4.36±0.9 | 4.46±1 | −1.217 | 0.224 |
| 3 | Z3 | 3.41±1.1 | 3.37±1.17 | 0.42 | 0.674 |
| 4 | Y | 2.16±0.33 | 2.13±0.35 | 0.947 | 0.344 |

注：* $p<0.05$，* * $p<0.01$

分年龄　对各指标分年龄进行单因素方差分析。检验显示，不同年龄段在满意度主成分模型的第 1、2 成分上的差异检验 $P>0.05$，差异不具有显著性，而在第 3 成分及总分上的差异检验 $P<0.01$，差异具有显著性(表 5.8)。

**表 5.8　主成分模型结果的方差分析(分年龄)**

| 序号 | 指标 | 30 岁以下 | 30～40 岁 | 40～50 岁 | 50～60 岁 | 60 岁以上 | F | Sig. |
|---|---|---|---|---|---|---|---|---|
| 1 | Z1 | 3.59±1 | 3.78±0.91 | 3.66±0.93 | 3.43±0.89 | 3.78±0.82 | 1.611 | 0.17 |
| 2 | Z2 | 4.39±0.95 | 4.35±0.88 | 4.41±1.09 | 4.57±0.93 | 4.51±0.91 | 0.585 | 0.674 |

**续表 5.8**

| 序号 | 指标 | 30 岁以下 | 30～40 岁 | 40～50 岁 | 50～60 岁 | 60 岁以上 | F | Sig. |
|---|---|---|---|---|---|---|---|---|
| 3 | Z3 | 3.07±1.1 | 3.4±0.95 | 3.71±1.06 | 4.07±1.12 | 4.05±1.03 | 18.67 | 0.000** |
| 4 | Y | 2.09±0.36 | 2.18±0.28 | 2.18±0.37 | 2.17±0.29 | 2.26±0.27 | 4.098 | 0.003** |

注：* $p<0.05$，** $p<0.01$

分教育程度　对各指标分教育程度进行单因素方差分析。检验显示，不同教育程度在满意度的主成分模型的第 1 成分及总分上差异检验 $P>0.05$，差异不具有显著性，而在第 2、3 成分差异检验 $P<0.01$，差异具有显著性(表 5.9)。

**表 5.9　主成分模型结果的方差分析(分教育程度)**

| 序号 | 指标 | 高中及以下 | 大专 | 本科 | 硕士 | 博士 | F | Sig. |
|---|---|---|---|---|---|---|---|---|
| 1 | Z1 | 3.59±1 | 3.77±1.05 | 3.6±0.89 | 3.66±0.97 | 3.49±0.67 | 0.667 | 0.615 |
| 2 | Z2 | 4.52±0.99 | 4.59±1.07 | 4.35±0.88 | 4.28±0.84 | 3.98±0.92 | 2.556 | 0.038* |
| 3 | Z3 | 3.72±1.12 | 3.44±1.14 | 3.14±1.08 | 3.22±1.11 | 4.14±0.75 | 8.057 | 0.000** |
| 4 | Y | 2.18±0.37 | 2.22±0.37 | 2.1±0.32 | 2.11±0.32 | 2.1±0.21 | 2.584 | 0.036 |

注：* $p<0.05$，** $p<0.01$

(4) 调查样本的归类分析　按照主成分模型中的计算公式算出 18 个样本的 3 个主成分(Z1、Z2 和 Z3)得分。按主成分得分降序排列，选取前 6 位，制成表 5.10。在所选取的样本之中，主成分 1“感知度”得分较高的有玄武湖公园、聚宝山公园、中山陵景区、大钟亭公园、白鹭洲公园和钟山体育运动公园。这些样本的共同特点是拥有优良的自然景观或人文景观。主成分 2“活力度”得分较高的有玄武门广场、中山陵景区、大行宫广场、大钟亭公园、湖南路新型商业街和夫子庙传统步行街。这些样本的共同特点是交通便利、城市环境繁华。主成分 3“需求度”得分较高的有南京林业大学校园、聚宝山庄居住小区的各类活动场地与宅间绿地、锁金村居住小区的各类活动场地与宅间绿地、钟山体育运动公园、武定门公园和鼓楼广场。这些样本的共同点是与使用者的日常生活密切相关，使用频率高。

**表 5.10　样本的主成分得分**

| 样　　本 | Z1 | | Z2 | | Z3 | | Y | |
|---|---|---|---|---|---|---|---|---|
| | 平均值 | 标准差 | 平均值 | 标准差 | 平均值 | 标准差 | 平均值 | 标准差 |
| (1) 玄武湖公园 | 4.213 | 0.792 | 4.544 | 1.013 | 3.268 | 1.004 | 2.329 | 0.340 |
| (2) 白鹭洲公园 | 4.040 | 0.738 | 4.257 | 0.944 | 3.279 | 1.220 | 2.231 | 0.325 |
| (3) 武定门公园 | 3.460 | 0.991 | 4.429 | 0.935 | 3.610 | 1.209 | 2.114 | 0.362 |
| (4) 北极阁公园 | 3.994 | 0.603 | 3.808 | 0.859 | 3.137 | 0.818 | 2.132 | 0.280 |
| (5) 大钟亭公园 | 4.064 | 0.985 | 4.818 | 0.865 | 2.782 | 0.895 | 2.280 | 0.388 |
| (6) 聚宝山公园 | 4.206 | 0.750 | 4.016 | 0.914 | 3.439 | 1.244 | 2.259 | 0.320 |
| (7) 明故宫遗址＋午朝门公园 | 3.596 | 0.841 | 4.641 | 0.653 | 2.682 | 1.056 | 2.099 | 0.261 |
| (8) 钟山体育运动公园 | 4.023 | 0.842 | 3.821 | 0.668 | 3.641 | 0.834 | 2.191 | 0.191 |
| (9) 中山陵景区 | 4.120 | 0.789 | 4.963 | 0.642 | 3.107 | 0.794 | 2.352 | 0.278 |
| (10) 夫子庙传统步行街 | 3.002 | 0.993 | 4.760 | 0.846 | 2.685 | 1.091 | 1.937 | 0.335 |
| (11) 湖南路新型商业街 | 3.564 | 0.775 | 4.784 | 0.804 | 3.302 | 1.121 | 2.172 | 0.302 |
| (12) 鼓楼广场 | 3.445 | 0.791 | 4.609 | 0.754 | 3.588 | 1.140 | 2.136 | 0.308 |
| (13) 大行宫广场 | 3.850 | 0.634 | 4.851 | 0.737 | 2.804 | 0.975 | 2.222 | 0.279 |
| (14) 西华门广场 | 3.411 | 1.000 | 4.433 | 0.597 | 3.395 | 1.318 | 2.078 | 0.334 |
| (15) 玄武门广场 | 3.348 | 1.234 | 5.156 | 0.937 | 3.347 | 1.119 | 2.170 | 0.377 |
| (16) 南京林业大学校园 | 3.666 | 0.669 | 4.187 | 0.584 | 4.567 | 0.733 | 2.230 | 0.270 |
| (17) 锁金村居住小区的各类活动场地及宅间绿地 | 2.568 | 0.819 | 4.087 | 1.078 | 3.687 | 1.119 | 1.794 | 0.343 |
| (18) 聚宝山庄居住小区的各类活动场地及宅间绿地 | 3.422 | 0.930 | 3.354 | 0.983 | 4.159 | 0.793 | 1.983 | 0.315 |

注：* $p<0.05$，** $p<0.01$

3）分析结论　本次实验以“降维”为突破点，提取了开放空间规划所需的宏观层次的信息，并设计了以满意度为视角整体认识城市开放空间的方法，为开放空间的量化研究开辟了新的思路，并以南京主城区 18 个开放空间为研究对象进行了实证研究。实验结果表明该模型可靠，在统计学意义上得出了以下结论：

（1）降维处理使南京主城区开放空间规划与管理应着重考虑的宏观因素集中在感知度、活力度和需求度三个方面，指明了规划和管理的主要方向，而主成分及其内部中观因子的排序则显示了规划和管理工作的侧重点。

（2）归类分析表明了三个问题　首先，以满意度为媒介认知开放空间有助于发现开放空间之间的共同点、差异性及各自的优势条件；第二，开放空间获得南京市民认同的途径是多元而非唯一的，并不需要开放空间满足所有中观因子的要求才能获得市民的认同；第三，以主成分得分为依据，南京主城区开放空间大致可分为三类：自然景观或人文景观良好型、交通便利或城市环境繁华型和日常生活型。这启发专业人员在从事开放空间规划和管理工作时，应从整体上把握研究范围内开放空间的特点，分类对待，突出优势。本研究为此提供了相应的数学工具。

本研究的实验结果有以下三点值得进一步讨论：

1）关于分层抽样的问题　因受制于开放空间的概念、内容的不确定性，本研究所提供的分层抽样方法不尽完善。开放空间分类有多种方法（详见第一章），本次实验按开放空间的绿色和灰色属性进行分类，但未涵盖所有类型。公园绿地、附属绿地、广场和街道之间的取样比例依据它们的面积比值确定，其中街道的面积缺乏官方数据，为作者估算，难免存在误差。此外，数据统计上的一些细节也值得进一步探讨，如统计人车混流型街道的面积时是否仅考虑步行空间。这些问题的解决需要学术界提出明确的开放空间定义，将其涵盖的内容落实到具体的城市用地上，并统一各种设计规范的统计口径。

2）关于主成分模型　其他城市均可采用本模型进行开放空间满意度宏观因子的提取，分析结果可能因城市各自的特点而存在差异。确定中观因子前，可以先做预调查和测试。本研究对本次实验的数据先进行了 Spearman 秩相关分析，结果表明评价因子与满意度在 0.01 范围内呈显著相关，在此基础上才确定可用 12 个中观因子进行主成分分析实验，过程详见“5.2.5 基于相关性分析的中观因子分析模型”。

中观因子可以依据城市的具体特点添加、减少或修改。此外，需要指出的是，可以按照主成分模型测定满意度值，但由于本研究未作对照研究，因此尚不能证明按此方法计算出的满意度值的精确度优于其他方法的计算结果。至于何种方法测得的满意度值更精确不在本研究的讨论范围之内。

3）关于南京主城区开放空间的分析结果　主成分模型和归类分析的分析结果对当前模式化、样板化的城市景观制造方法[168]构成一种具有说服力的批判。此外，南京是国家级历史文化名城，18 个样本绝大部分具有历史文化资源，但历史文化因子并未成为“感知度”要素而进入第一主成分；市民在接受访谈时也未对历史文化表示出浓厚的兴趣，这一点与本研究预先的设想有较大差距。这在某种程度上说明自上而下制定的规划所强调的一些理念和原则未必在现实中获得使用者的认同，这一问题正是从日常生活的角度研究旧城开放空间的价值所在。

### 5.2.5　基于相关性分析的中观因子分析模型

“基于主成分分析的宏观因子分析模型”将中观层面的 12 个评价因子降维成了 3 个潜在的宏观因子，揭示了 12 个评价因子产生联系的内在规律，在回避直接读取满意度值的条件下，揭示了宏观层面上旧城开放空间在满意度方面存在的规律。按照相同的思路，回避满意度值，从“关系”入手，考察属于中观层次的 12 个评价因子与满意度的关系，发现它们与满意度之间也存在某些规律。

实验采用相关性分析和多元回归分析。相关性分析是研究随机变量之间的相关关系的一种统计方法，本实验利用这一方法研究 12 个评价因子与满意度之间是否存在某种依存关系，并对具体有依存关系的现象探讨其相关方向以及相关程度。在相关性分析的基础上，再采用“一对多”回归分析法，即一个因变量（满意度）对多个自变量（12 个评价因子）的回归分析，以之对共同影响满意度的多个因子进行排序，找出哪些因子是重要因素，哪些是次要因素，这些因素之间又有什么关系。

1）分析方法　调查问卷的数据录入检查工作在 5.2.4 基于主成分分析的宏观因子分析模型中已完成。分析过程包括如下步骤：

首先，问卷的信度及效度分析在 5.2.4 中已完成，分析结果见该小节。

第二，采用 Spearman 秩相关分析法对满意度评价因子的相关性进行分析。观察 12 项细分评价因子与“满意度”因子之间的相关关系。

第三，在相关性分析的基础上，以总满意度为因变量，以 12 项细分评价因子为自变量，进行多元回归分析，建立满意度回归模型，计算出在统计学意义上与满意度关系密切的因子。

2）数据分析　包括信度与效度分析、相关性分析和多元回归分析，具体过程如下：

（1）问卷信度及效度分析　分析结果提示各变量将存在显著的相关性（表 5.3）。

（2）评价因子的相关性分析　开放空间使用者满意度的 13 项评价因子采用“1—5”分等级变量，经正态检测后发现数据不呈正态分布，因此采用 Spearman 秩相关对因子间相关性进行分析（表 5.11），结果显示多个因子间存在相关性，且相关系数具有显著性的均为正相关：频率与认知相关系数为 0.634，满意度与吸引力相关系数为 0.598，健康与安全相关系数为 0.464，满意度与美观相关系数为 0.461，健康与美观相关系数为 0.440。由相关性检测可以得知，12 项细分评价因子与“满意度”因子的关系都在 0.01 范围内呈显著相关，顺序依次为：吸引力、美观、整洁、实用、健康、安全、交往、历史文化、繁华、频率、便利、认知。分析结果表明选取的评价因子具有一定的合理性。

（3）以满意度为因变量的多元回归分析　以“满意度”为因变量，以 12 项细分评价因子为自变量，采用线性回归逐步分析法对两组相关关系进行分析。结果显示，经过 5 次方程迭代，模型 5 的拟合度最好，调整 R2 为 0.471，模型 5 选取的自变量对因变量的解释度达到 47.1%（表 5.12）。

根据逐步回归模型拟合度判断，最优回归方程为模型 5。该模型的常数项为 1.065，吸引力、整洁、美观、实用和安全的回归系数分别为 0.358、0.135、0.115、0.089 和 0.066，各因子回归系数检验 $p$ 均小于 0.05，回归系数具有显著性，满意度和筛选出的以上 5 个影响因子的关系密切，具有统计学意义（表 5.13）。依据上述分析，建立开放空间满意度回归方程：

$$Y(\text{满意度}) = 1.065 + 0.358 \times \text{吸引力} + 0.135 \times \text{整洁} + 0.115 \times \text{美观} + 0.089 \times \text{实用} + 0.066 \times \text{安全}$$

3）分析结论　本次实验以城市开放空间使用者满意度问卷调查为数据收集手段，以统计学的相关分析和回归分析为数据分析技术，建立了

**表 5.11　因子间的相关性**

| 因子 | 便利 | 美观 | 安全 | 健康 | 交往 | 繁华 | 整洁 | 历史文化 | 实用 | 认知 | 频率 | 吸引力 |
|---|---|---|---|---|---|---|---|---|---|---|---|---|
| 便利 | 1.000 | | | | | | | | | | | |
| 美观 | .269** | 1.000 | | | | | | | | | | |
| 安全 | .226** | .423** | 1.000 | | | | | | | | | |
| 健康 | .154** | .440** | .464** | 1.000 | | | | | | | | |
| 交往 | .308** | .264** | .253** | .350** | 1.000 | | | | | | | |
| 繁华 | .292** | .251** | .216** | .198** | .406** | 1.000 | | | | | | |
| 整洁 | .141** | .508** | .422** | .510** | .241** | .232** | 1.000 | | | | | |
| 历史文化 | .187** | .327** | .261** | .240** | .267** | .299** | .243** | 1.000 | | | | |
| 实用 | .302** | .298** | .237** | .254** | .304** | .320** | .305** | .201** | 1.000 | | | |
| 认知 | .197** | −.015 | .035 | −.024 | .153** | .010 | −.078 | −.032 | .063 | 1.000 | | |
| 频率 | .148** | .034 | −.016 | −.032 | .079 | −.016 | −.067 | −.048 | .037 | .634** | 1.000 | |
| 吸引力 | .197** | .352** | .206** | .245** | .285** | .141** | .259** | .146** | .345** | .331** | .375** | 1.000 |
| 满意度 | .188** | .461** | .332** | .361** | .317** | .222** | .437** | .226** | .390** | .175** | .220** | .598** |

注：* $p<0.05$，** $p<0.01$

表 5.12 模型汇总(Model Summary)

| Model | R | R Square | Adjusted R Square | Std. Error of the Estimate | Change Statistics | | | | |
|---|---|---|---|---|---|---|---|---|---|
| | | | | | R Square Change | F Change | df1 | df2 | Sig. F Change |
| 1 | .601[a] | .361 | .359 | .611 1 | .361 | 303.997 | 1 | 539 | .000 |
| 2 | .666[b] | .443 | .441 | .570 8 | .082 | 79.601 | 1 | 538 | .000 |
| 3 | .679[c] | .461 | .458 | .562 1 | .018 | 17.961 | 1 | 537 | .000 |
| 4 | .686[d] | .470 | .466 | .557 8 | .009 | 9.285 | 1 | 536 | .002 |
| 5 | .690[e] | .475 | .471 | .555 5 | .005 | 5.313 | 1 | 535 | .022 |

a. Predictors:(Constant),吸引力
b. Predictors:(Constant),吸引力、整洁
c. Predictors:(Constant),吸引力、整洁、美观
d. Predictors:(Constant),吸引力、整洁、美观、实用
e. Predictors:(Constant),吸引力、整洁、美观、实用、安全

**表 5.13 回归系数**

| Model | | Unstandardized Coefficients | | Standardized Coefficients | t | Sig. | 95.0% Confidence Interval for B | | Collinearity Statistics | |
|---|---|---|---|---|---|---|---|---|---|---|
| | | B | Std. Error | | | | Lower Bound | Upper Bound | Tolerance | VIF |
| 5 | Constant | 1.065 | .141 | | 7.531 | .000 | .787 | 1.342 | | |
| | 吸引力 | .358 | .028 | .446 | 12.713 | .000 | .303 | .414 | .797 | 1.254 |
| | 整洁 | .135 | .029 | .183 | 4.690 | .000 | .078 | .191 | .646 | 1.547 |
| | 美观 | .115 | .034 | .132 | 3.345 | .001 | .048 | .183 | .631 | 1.585 |
| | 实用 | .089 | .031 | .101 | 2.900 | .004 | .029 | .149 | .806 | 1.240 |
| | 安全 | .066 | .029 | .082 | 2.305 | .022 | .010 | .122 | .777 | 1.287 |

a. Dependent Variable：满意度

城市开放空间满意度的中观因子分析模型，并以南京主城区为研究对象进行了实证研究。实验结果表明该模型可靠，并在统计学意义上得出以下结论：

(1) 吸引力、整洁、美观、实用和安全是对南京主城区开放空间满意度有重要影响的中观因子。这说明南京市民对开放空间的要求涉及维护、管理、规划设计、周边环境等多个方面，单方面自上而下的规划设计并不能解决所有问题。

(2) 吸引力成为权重最大的影响因子，这表明突出南京主城区开放空间重构时突出各类开放空间自身的特点和资源优势比面面俱到、大而全更重要，这与“宏观因子分析模型”中的归类分析结果是吻合的。

与其他文献中提供的方法相比，研究从影响因子入手获取提升开放空间品质所需的信息，规避了直接从满意度值读取信息可能带来的种种误差，为开放空间使用者满意度评价开辟了新的思路。其他城市均可采用本模型进行开放空间满意度影响因子的测定，分析结果可能因城市各自的特点而存在差异。本次实验的结果有以下两点值得进一步讨论：

(1) 关于开放空间满意度回归方程　该方程的意义在于在中观层面上能揭示城市开放空间满意度的影响因子，为城市开放空间的整体建设和优化提供决策依据。还可将回归方程中的影响因子进一步细分为微观层次的评价因子，进行有针对性的评价，为具体的设计提供参考依据。需要指出的是，可以利用按照本模型推导出的回归方程测定满意度值，但由于作者未作对照研究，因此尚不能证明按此方法计算出的满意度值的精确度优于其他方法的计算结果。

(2) 关于南京主城区开放空间的分析结果　回归分析显示，开放空间的历史文化因子并非满意度的主导因子，选取的调查点似乎未能有效发挥自身所具有的历史文化资源优势，这一点与研究小组预先的设想有较大差距，其中的原因值得进一步细究。

## 5.3 旧城开放空间的功能评价模型

### 5.3.1 评价指标

1) 最小有效活动区域面积评价指标　由于缺乏统一的开放空间

概念，国内尚无关于开放空间的量化标准。综观与开放空间相关的国家标准与规范，在用地构成和规划设计控制指标方面仅有绿地指标可参照。学术论文方面仅有闫整等人的《城市广场用地构成与用地控制》一文详尽地探讨了城市广场的用地构成及其指标。综合现有的文献，开放空间的用地构成建议指标应包括：铺装场地、绿化、通道和附属建筑（表 5.14）。

**表 5.14　开放空间用地构成建议指标**

| 用地总规模($hm^2$) | 铺装场地(%) | 绿化用地(%) | 通道(%) | 附属建筑用地(%) | 其中人可进入活动的区域(%) |
| --- | --- | --- | --- | --- | --- |
| $S$ | $a \sim b$ | $c \sim d$ | $e \sim f$ | $g \sim h$ | $i \sim j$ |

上述 4 项指标在整体上起到了控制开放空间属性与功能的作用，但还不足以反映开展日常生活所必需的空间条件。为此，表 5.14 引入了闫整等人提出的“人可进入活动的区域”[169]面积指标。相对于限制市民入内活动的绿地、水面、建筑等用地而言，“人可进入活动的区域”是指直接承载市民集会、表演、赏景、游憩、交往和锻炼等活动的用地，包括铺装场地、通道及可进入的树林、草地等。

由于“人可进入活动的区域”中包含了“通道”，用于表明使用者开展活动时实际可用的空间仍略显含混。若扣除“人可进入活动的区域”中单纯用于交通的通道，余下的部分可称为“有效活动区域”。在评价开放空间时，采用“最小有效活动区域面积”作为评价指标。假设“人可进入活动的区域”的面积占开放空间总面积 $S$ 的$i \sim j\%$，通道面积占总面积 $S$ 的$(e \sim f)\%$，可推导出“最小有效活动区域面积”的计算公式为：

$$S_{最小有效} = (i - f)\% \times S \sim i\% \times S \qquad (式 5\text{-}1)$$

式 5-1 中“人可进入活动的区域”的面积取总面积 $S$ 的 $i\%$（下限），通道面积取总面积 $S$ 的 $f\%$（上限）。“通道”的功能存在两种极端的情况：一是仅作为人、车通行的用地；二是全部能作为活动场地。因此，式 5-1 显示的是“最小有效活动区域面积”的下限和上限。其中，下限数值用于检验开放空间能否在使用面积上提供基本的空间条件，而上限的取值考虑了使用者最大限度利用通道的可能性。

2）功能区域面积评价指标　参考扬·盖尔(Jan Gehl)的相关研究，“有效活动区域”可分为坐歇空间、驻足空间[170]两大类。坐歇空间需具备舒适的、可坐的环境，以吸引人们进行与坐相关的活动，如阅读、室外饮食、下棋、观看表演、晒太阳、交谈等。作者将驻足空间细分为稳定型和动态型两类，前者承载行为轨迹相对固定的活动，如锻炼、做操、表演等；后者则承载行为轨迹变化大或易对其他区域产生干扰的活动，如轮滑、广场舞等。两种驻足空间对空间条件的要求也不同：稳定型要求场地边界明显、领域感强，且具备满足夏日纳凉、冬季日晒的条件，即设有冠大阴浓的落叶树或亭廊等设施；动态型要求场地开敞和无障碍。

在实践中，“有效活动区域”未必同时具备以上 3 种功能区域。但从作者的调查来看，坐歇空间是必备的。在本项研究中，功能区域的种类、面积的理想数值取决于活动期望调查表的数据分析结果。调查表的设计分三步进行：首先，选取城市中在区位、性质、功能及尺度等方面具有区分度的若干开放空间，选择至少 2 个工作日和 1 个休息日的早、中、晚 3 个时段（每个研究日至少包含 2 个时段）观察、记录人们的活动。依据 3 种功能区域的划分方法，从观察结果中整理出若干项活动（组）[①]，再附上“如果上述选项遗漏了您想要进行的活动，请在下面空格中填写”，便可设计出活动期望调查表。

发放活动期望调查表 $n$ 份（有效问卷），受访对象应涵盖不同的性别、年龄层次、职业门类、受教育程度。调查表将显示出开放空间中 $n$ 位活动者进行各类自己期望的活动各 1 次后的活动总人次 $N$ 和 3 个功能区域（坐歇空间、稳定型驻足空间和动态型驻足空间）的活动人次 $n_1$（$>0$）、$n_2$（$\geqslant 0$）、$n_3$（$\geqslant 0$）。$n_1$、$n_2$、$n_3$ 各自与 $N$ 的比值可视作“最小有效活动区域”内各功能区域面积所占的比例，由此可得出各功能区域面积的评价指标计算公式为：

$$
\begin{aligned}
S_{\text{功能}1} &= S_{\text{最小有效}} \times n_1/N \\
S_{\text{功能}2} &= S_{\text{最小有效}} \times n_2/N \\
S_{\text{功能}3} &= S_{\text{最小有效}} \times n_3/N
\end{aligned}
\quad \text{（式 5-2）}
$$

在统计评价对象的“有效活动区域”实际面积时，先在平面图中勾勒出人不可进入的区域，余下的即为人可进入的区域。通过实地观察绘制人们的行为轨迹图，区分各功能区域。统计时注意以下细节：

① 相同性质且对场地要求近似的活动归为一组，如“休息、阅读、等待”在计算指标时算作一种活动。

第一，对于单棵乔木的种植池，其边缘无论是平道牙或树池围椅，面积均计入可进入区域，而成片的花坛则计入不可进入区域。

第二，通道边缘设有座椅①时，如果通道仅为游步道，那么该通道直接计入坐歇空间；如果通道承担重要的交通功能，那么座椅及其可坐边向外扩 1 m 范围算作坐歇空间。

第三，驻足空间边缘设有座椅时，分两种情况：座椅及其可坐边向外扩 1 m 范围算做坐歇空间；座椅处于凹入空间时，该凹入空间计入坐歇空间。

3）活动丰富性指数和丰富性评价　前两项指标构成了评价模型的考核指标。如果开放空间的规划设计并不是以“活动期望”为导向，那么使用者在开放空间中实际开展的活动与“活动期望”之间可能存在一定的差异，但不排除存在使用者创造性地、自发地依据自身需要利用场地的可能性。因此，采用活动丰富性指数和丰富性评价[151]对前两项指标的评价结果进行验证。丰富性评价问卷的编制采取李克特五点量表法，分为“很贫乏”（1 分）、“贫乏”（2 分）、“一般”（3 分）、“丰富”（4 分）与“很丰富”（5 分）五个等级。得分越高表示空间活动丰富性印象越高。但问卷的填写结果难免存在主观成分，还需要利用活动丰富性指数来进一步验证。活动丰富性指数越高表示开放空间中的活动越丰富，计算公式如下：

$$\text{活动丰富性指数}^{②} = \text{实际活动种类数}/\text{期望活动种类数} \quad \text{（式 5-3）}$$

### 5.3.2　评价模型

首先，依据（式 5-1）计算出“最小有效活动区域面积”$S_{最小有效}$。

第二，制作、发放调查问卷（内容包括活动期望调查和活动丰富性评价），整理活动期望数据，得出“最小有效活动区域”各功能区域面积的评价数值：$S_{功能1}$、$S_{功能2}$、$S_{功能3}$。

---

① “座椅”包括常规形态的座椅及具有就座高度的花池壁或墙体等其他类型的小品。

② 文献[151]中提供的计算方法是：活动丰富性指数 = 活动总数 / 被调查者总数。但作者发现，在开放空间规模大、人流量大的情况下同时统计活动总数和被调查者总数的可操作性较差。因此，将计算公式改为：活动丰富性指数 = 实际活动种类数 / 期望活动种类数。实验证明后者能较准确地反映实际活动的丰富度。

第三，依据坐歇空间、驻足空间的分类方法对评价对象进行人流线路和活动内容观察，量出各功能区域的面积，得出有效活动区域面积的实际数值，并结合前两步建立有效活动区域面积、功能区域面积的评价数值与实际数值对比分析表，即考核指标对比分析表。

第四，选择至少 2 个工作日和 1 个休息日的早、中、晚 3 个时段（每个研究日至少包含 2 个时段）观察、记录人们的活动，计算活动丰富性指数。结合问卷中的丰富性评价得分，对考核指标对比分析表的结果进行验证，得出最终评价。

### 5.3.3　实证分析

以南京主城区的大行宫广场和鼓楼广场（图 5.5）为例说明评价模型的应用过程。

1）研究样本的概况　大行宫广场（G1）位于长江路，面积约 1.5 $hm^2$，其北侧为南京总统府（现已辟为中国近代史遗址博物馆），南侧为中央饭店，西侧是南京市图书馆，东侧是汉府美食一条街。鼓楼广场（G2）处于中山北路、中山路、中央路、北京东路、北京西路 5 条主干道和鼓楼街、天津街 2 条支干道的交会处，属大型的交通广场，面积约 2.2 $hm^2$。

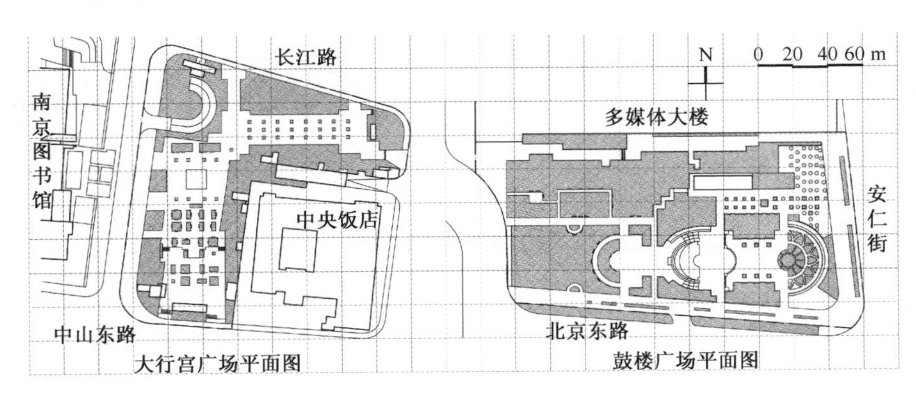


图 5.5　大行宫、鼓楼广场平面图

2）数据收集方法与来源　活动期望调查表是整个研究中核心数据的收集形式，问卷设计的合理性直接关系到评价结果的可靠性。作者采取的方法是：在南京主城区选取大行宫广场、鼓楼广场、胜利广场、山西路广场、汉中门广场、新街口莱迪广场和南京站站前广场 7 个不同类型、不同尺度的广场进行活动观察，从中归纳出20个活动项目(组)，设计出活动期望调查表。

作者于2013年9月对大行宫广场和鼓楼广场进行了不同时段的调研，各发放有效问卷(包括活动期望调查和活动丰富性评价)100份。答卷者为各行各业人士，年龄段较为均衡，受教育程度涵盖高中、本科和研究生等多个层次，男女比例分别为48∶52和63∶37。两个广场的人流线路观察人次分别为756和599，活动内容观察人次分别为1 816和1 516。

3) 样本数据的处理　具体步骤如下：

首先，依据公式1和文献[169]的研究成果(表5.15)，按"人可进入活动的区域"占总面积的50%计算，再除去4%的通道面积，大行宫广场和鼓楼广场的"最小有效活动区域面积"的评价数值变化范围分别为：0.720 $hm^2$～0.750 $hm^2$、1.056 $hm^2$～1.100 $hm^2$。依据人流线路和活动内容观察及前面所述的有效活动区域实际面积统计方法绘制出功能区域划分图(图5.6)，量出两者的有效活动区域面积的实际数值分别为：0.445 $hm^2$、0.494 $hm^2$。

**表5.15　广场用地构成建议指标**[169]

| 广场用地规模($hm^2$) | 铺装场地(%) | 绿化用地(%) | 通道(%) | 附属建筑用地(%) | 其中人可进入活动的区域(%) |
|---|---|---|---|---|---|
| ≤3 | 40～60 | 35～55 | 2～4 | 1～2 | 50～70 |
| 3～6 | 35～55 | 40～60 | 2～4 | 1～2 | 45～60 |
| ≥6 | 30～50 | 45～65 | 2～4 | 1～2 | 40～55 |

第二，整理活动期望数据。其中"亲近自然"和"拍照"两项内容对广场功能区域划分不产生影响，因此可排除。表5.16的数据显示了每个广场上100位活动者进行各类自己期望的活动各1次后的活动人次的分布情况。运用(式5-2)计算出两个广场的"最小有效活动区域"内各功能区域面积的评价数值$S_{功能1}$、$S_{功能2}$、$S_{功能3}$。

第三，制作考核指标对比分析表。在图5.6中量出大行宫广场和鼓楼广场每个功能区域面积的实际数值$S'_{功能1}$、$S'_{功能2}$、$S'_{功能3}$。结合前两步进行考核指标的评价数值与实际数值的对比分析(表5.17)。

表 5.16 活动期望调查数据表

| 功能区域 | 活动名称 | 活动人数 | |
|---|---|---|---|
| | | G1 | G2 |
| 坐歇空间 | 休息/阅读/等待 | 75 | 73 |
| | 观赏城市风光 | 33 | 54 |
| | 观看他人活动 | 13 | 25 |
| | 与同伴(家人、朋友)相聚 | 21 | 40 |
| | 交往(与朋友聊天、谈恋爱) | 30 | 37 |
| | 下棋/打牌 | 9 | 25 |
| | 吃东西 | 9 | 13 |
| | 睡觉 | 5 | 5 |
| 稳定型驻足空间 | 锻炼(利用固定健身器材) | 34 | 50 |
| | 做操/打太极/舞剑 | 16 | 32 |
| | 表演(唱歌/唱戏/演奏) | 23 | 37 |
| | 购物 | 1 | 10 |
| 动态型驻足空间 | 羽毛球等简单或趣味球类运动 | 16 | 25 |
| | 跳舞(街舞/广场舞) | 24 | 38 |
| | 滑板/轮滑 | 8 | 11 |
| | 推轮椅(带行动不便的人散心) | 4 | 16 |
| | 散步/带小孩散步/遛狗 | 65 | 75 |
| | 带小孩嬉戏/玩耍/游戏 | 34 | 60 |
| 活动总人次 | / | 420 | 626 |
| 调查人数 | / | 100 | 100 |

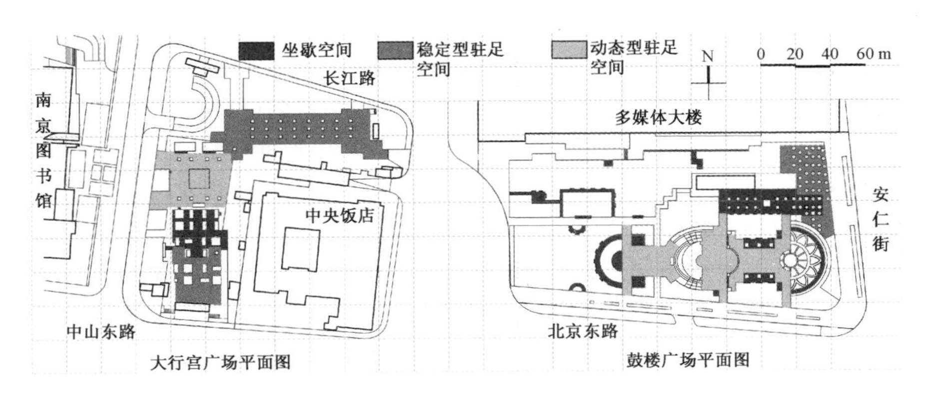


图 5.6 大行宫、鼓楼广场功能区域划分图

**表 5.17 考核指标对比分析表**

<table>
<tr><th colspan="4">有效活动区域面积</th><th colspan="5">各功能区域的面积</th></tr>
<tr><th colspan="2">评价($hm^2$)</th><th colspan="2">实际($hm^2$)</th><th colspan="3">评价($hm^2$)</th><th colspan="2">实际($hm^2$)</th></tr>
<tr><th>G1</th><th>G2</th><th>G1</th><th>G2</th><th>功能区域名称</th><th>G1</th><th>G2</th><th>G1</th><th>G2</th></tr>
<tr><td rowspan="3">0.720～0.750</td><td rowspan="3">1.056～1.100</td><td rowspan="3">0.445</td><td rowspan="3">0.494</td><td>坐歇空间</td><td>0.334～0.348</td><td>0.459～0.478</td><td>0.051</td><td>0.192</td></tr>
<tr><td>稳定型驻足空间</td><td>0.127～0.132</td><td>0.218～0.227</td><td>0.265</td><td>0.086</td></tr>
<tr><td>动态型驻足空间</td><td>0.259～0.270</td><td>0.379～0.395</td><td>0.129</td><td>0.216</td></tr>
</table>

第四,统计两个广场的实际活动观察数据。大行宫广场上进行的活动包括:休息(阅读)、交往(与朋友聊天、谈恋爱)、吃东西、嬉戏、跳舞、玩滑板、散步(遛狗)等。鼓楼广场上进行的活动包括:休息、聊天、下棋(打牌)、嬉戏、散步等。运用公式(5-3)计算出活动丰富性指数分别为:0.35(7/20)和0.25(5/20)。问卷调查结果显示两个广场的活动丰富性评价得分依次为2.77和3.06。

4) 评价结果与讨论　表5.16的数据表明使用者对广场的功能有较高的活动要求,因为使用者希望进行的活动涵盖了活动期望调查表上的所有活动。两个广场各功能区域内的活动人次(期望)占该广场总活动人次(期望)的百分比分别为:46.4%、17.6%、36.0%和43.5%、20.6%、35.9%。这一统计结果显示:坐歇空间占据了"有效活动区域"的大部分比例;在驻足空间方面,鼓楼广场的使用者对两类驻足空间的需求较为均衡,而大行宫广场的使用者对动态型驻足空间的需求较为突出。

表5.17中考核指标的实际数值与评价数值之间的差值说明两个广场的功能与实际需求有一定的差距。总体来说,存在着有效活动区域面积不足、功能区域面积划分不合理等问题。大行宫广场的稳定型驻足空间面积过大,坐歇空间、动态型驻足空间面积严重不足,尤其是前者。现场的情况直观地验证了数据对比结果:许多市民及游客坐在高度不足15 cm的道牙上;市民在稳定型驻足空间中进行轮滑、滑板等动态型活动,而广场上所立的严禁球类、轮滑等运动的指示牌也未能阻止这些活动的发生。鼓楼广场的动态型驻足空间的实际面积基本接近评价值,稳定型驻足空间和坐歇空间的实际面积与评价值差距较大,尤其是前者。造

成这一结果的主要原因可能与鼓楼广场作为交通广场的定位有关。此外，鼓楼广场的绿地几乎全部为不可进入的花坛，其面积占广场总面积的60%，这在一定程度上挤压了活动空间。但其大部分花坛壁的高度适合人就座，这对坐歇空间不足的问题有所缓解。

综合表5.16、表5.17，可得出结论：从满足市民日常生活需求的角度来说，两个广场在功能上存在不足之处。活动丰富性指数和丰富性评价得分验证了评价结果的可靠性：首先，两个广场活动的丰富性指数和丰富性评价得分均偏低；第二，鼓楼广场的活动丰富性指数低于大行宫广场，但丰富性评价却略高于大行宫广场，反映了大行宫广场实际的功能与使用者的期望之间的差距较为突出，这与表5.16、表5.17数据分析结果是一致的。

本项研究以使用者的活动期望为依据，通过对开放空间的有效活动区域面积、功能区域面积等方面的评价数值与实际数值的对比分析，评价开放空间的效益和质量。这既不同于传统的规划设计研究手法，也不同于POE的方法，而是旨在关心人们的活动期望，从而得到与开放空间使用者的需求直接关联的分析结果，形成指标化的评价模型，为开放空间的建设或更新提供新的研究策略和设计方法。实验表明该评价模型具有操作简便、结果准确、可靠、重现性好的特点。

模型的假设依据之一——“人可进入活动的区域”占总面积的比例需要进一步研究，因为目前仅有文献[169]可供参考。《公园设计规范》(CJJ 48—92)虽规定了铺装场地、绿化、园路和建筑等用地的比例，但公园内游人可进入活动的水域、草地、林地等用地尚无可参考的指标。这也是作者首先选择广场作为实证研究对象的原因。

## 5.4 旧城开放空间的设计模型

满意度模型明确了旧城开放空间规划设计需关注的方向和因子，功能评价模型得出了旧城开放空间满足人们活动期望所需的面积指标。但旧城开放空间能否在功能方面真正满足人们的日常活动需求，还必须解析出能促使人们停留在空间里进行活动的设计规律。本节对影响“有效活动区域”功能的因素进行了观察、归纳和总结，从中解析出具有规律性的内容。

### 5.4.1 数据的来源与采集方法

分析数据来源与南京主城区 14 个样本，包括(1)玄武湖公园、(2)白鹭洲公园、(3)大钟亭公园、(4)明故宫遗址公园＋午朝门公园、(5)武定门公园、(6)钟山体育运动公园 6 个公园绿地；(7)夫子庙、(8)湖南路两个步行商业街；(9)玄武门广场、(10)鼓楼广场、(11)大行宫广场、(12)西华门广场 4 个城市广场；(13)锁金村居住小区、(14)南京林业大学校园两个附属绿地。数据的采集分为行为观察和问卷调查两个部分。

1) 行为观察　对 14 个样本点进行现场调查，观测开放空间使用者倾向于停留在哪些空间进行活动或坐歇，并记录该空间的特点，包括形状、位置及其他物质要素等。经过研究发现，驻足空间能吸引人停留时，往往存在四种效应：边界效应、壁龛效应、界面效应和伞顶效应，坐歇空间存在四个要素：即数量、材料、位置和景观。

2) 问卷调查　在 14 个样本点随机访问使用者，受访者信息见表 5.18。发放有效问卷 300 份，了解受访者在开放空间中选择停留点的主观意愿，从而对“行为观察”这一步骤的研究结果进行验证，最终归纳出能促使人们在“有效活动区域”中停留的客观规律，用以指导设计。

表 5.18　研究样本信息表

| 信息分类 | 人数 |
| --- | --- |
| 男/女 | 129/171 |
| 20 岁以下/21～30 岁/31～45 岁/46～60 岁/60 岁以上 | 44/92/33/77/54 |
| 高中及以下/大专/本科/硕士/博士 | 91/46/136/24/3 |
| 学生/职员/商人及自由职业者/待业及退休 | 73/136/19/72 |

### 5.4.2 空间利用规律

1) 驻足空间存在四个效应

(1) 边界效应　由心理学家德克·德·琼治提出，人们喜爱逗留在区域的边缘。边界存在的地方，对使用者就存在着吸引，使用者在选择停憩空间时，往往会选择在心理上产生安全感的地方[5]。边界效应包括以下三种情况(图 5.7):首先,硬质场地的边缘易吸引人停留,无论是在公园、商业街、广场、还是附属绿地,人们普遍倾向于选择靠边的位置停留(表 5.19);第二,场地上明显的竖向变化形成边界,例如场地上凸起的座椅、矮墙、地形等;第三,场地中的可供人依靠的物体在前两种条件不具备或无法满足需求时也可产生边界效应,如雕塑、灯柱、花池、墙体等。

**表 5.19 坐歇位置倾向表**

| 位　　置 | 人数 |
|---|---|
| 广场正中央 | 11 |
| 广场中,非正中央 | 46 |
| 广场边缘 | 157 |
| 无偏好 | 86 |
| 受访人数 | 300 |

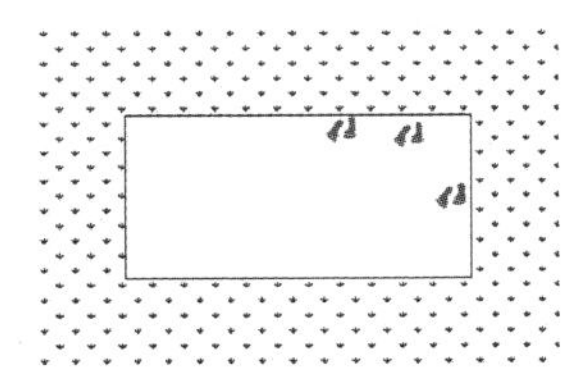
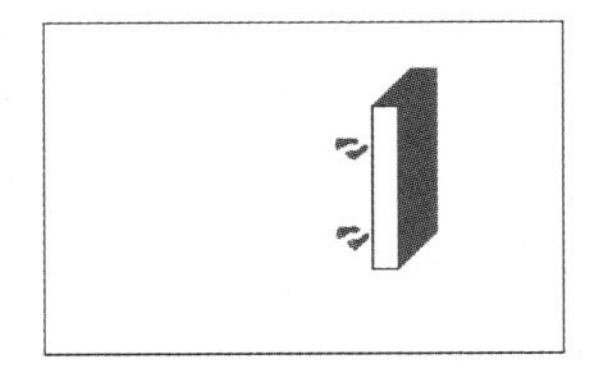
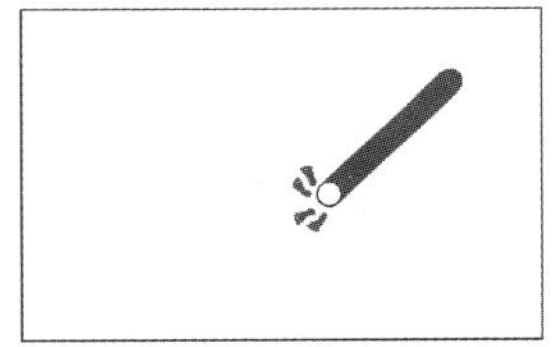

**图 5.7 边界效应模式图**

(2) 壁龛效应　具有两个必要条件:凹入型的空间和至少一面的围挡(图 5.8)。围挡材料可以是绿篱、墙体或其他类型的构筑物,高度应不低于户外座椅椅背顶部离地的高度。凹入空间构筑了围合感、领域感较强的场地,能为使用者提供开展部分活动所需的安全、私密的空间环境。

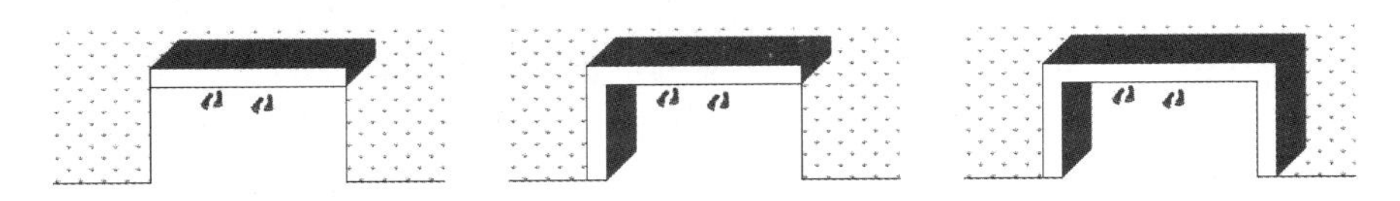

**图 5.8 壁龛效应模式图**

(3) 界面效应　分为水平界面和垂直界面(图 5.9)。水平界面效应是指一个水平方向的面在材质、色彩或者高差等方面与其背景有差异时即可限定出一个空间范围供人活动,比如在草地上铺上一块橘黄色的桌布,由于桌布在色彩和材质上与草地具有较大的可感知的变化,因此便产生了一个可供野餐的空间范围。相比之下,人们更倾向于软质、自然的底界面(表 5.20)。垂直界面效应是指垂直方向的建筑、构筑物的界面具有

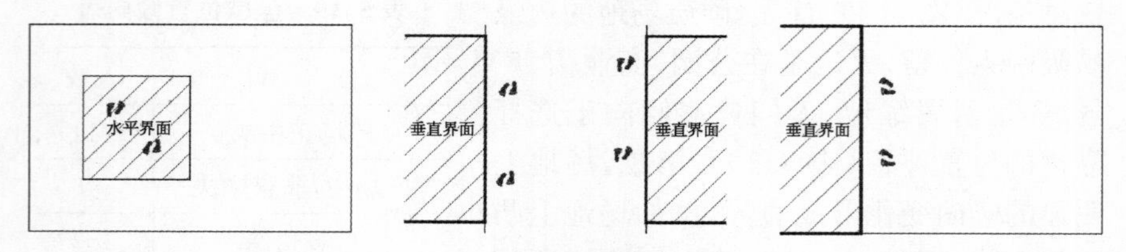


图 5.9 界面效应模式图

某些方面的视觉趣味，吸引人停留，例如步行街两旁的商店界面琳琅满目时更易吸引人靠近商铺边行走，以更好的观察商品。

表 5.20 活动地点选择情况统计表

| 年 龄 | 树阴下 | 亭廊 | 广场 | 草坪 | 受访人数 |
|---|---|---|---|---|---|
| 20 岁以下 | 28 | 31 | 6 | 39 | 44 |
| 21～30 岁 | 73 | 56 | 14 | 75 | 92 |
| 31～45 岁 | 19 | 33 | 12 | 25 | 33 |
| 46～60 岁 | 58 | 71 | 23 | 54 | 77 |
| 60 岁以上 | 40 | 51 | 37 | 32 | 54 |
| 总 数 | 218 | 242 | 92 | 225 | 300 |

(4) 伞顶效应　在空间上方若有遮蔽物，在气候较冷、较热或刮风下雨时能吸引人停留。当活动人群相对固定时能产生稳定的领域感、归属感，如乔木的树冠、遮阳伞等。伞顶效应根据具体的情况分为外向型和内向型(图 5.10)。外向型的视野更开阔，最常见的即为树池；内向型的对于交友活动更有益，适于打牌、聊天等，例如很多路边的咖啡店、冷饮店。伞顶效应的变体是围合程度更高的亭、廊和花架。

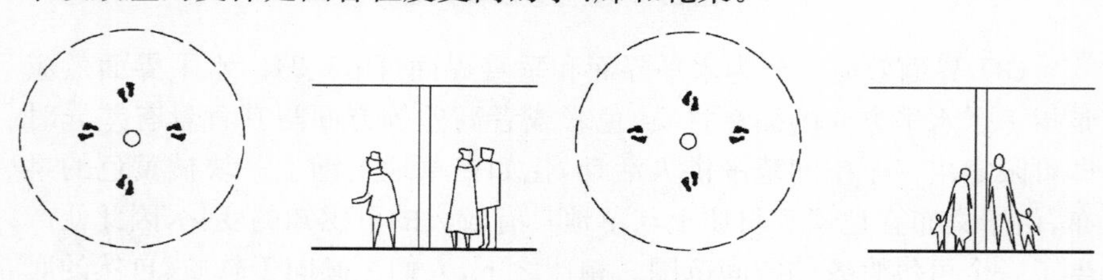

图 5.10 伞顶效应模式图

2）坐歇空间具有四个要素

（1）数量　坐歇空间提供的主要功能就是坐。坐歇空间的面积指标可参考5.3旧城开放空间的功能评价模型中的内容。除此之外，影响坐歇空间服务质量的因素主要是座椅的数量。样本调查显示，近一半的受访者认为在开放空间中寻找座椅不太容易（表5.21）。从座椅数量的统计来看，10个样本中座椅的数量分布不均衡（表5.22）。

**表5.21　使用者寻找座椅的容易度调查**

| 选项 | 很容易 | 比较容易 | 不怎么容易 | 很难 | 总分值 | 容易度指数 |
|---|---|---|---|---|---|---|
| 人数 | 27 | 82 | 145 | 46 | 390 | 1.30 |

**表5.22　样本坐歇空间中座椅数量统计**

| 样本点 | 沿路标准座椅相邻间距(m) | 沿路每百米最多可服务人数(人) | 中小型空间座椅数(个/20 m$^2$) | 大空间可坐树池数(个/100 m$^2$) |
|---|---|---|---|---|
| 玄武湖公园 | 6～8 | 24～32 | 3～5 | 4～6 |
| 武定门公园 | / | / | 4～6 | 5～6 |
| 大钟亭公园 | 4～6 | 32～50 | / | / |
| 白鹭洲公园 | 6～8 | 24～32 | 4～6 | 1～2 |
| 明故宫+午朝门公园 | 5～6 | 32～40 | 2～4 | 6～8 |
| 湖南路步行商业街 | 5～6 | 32～40 | / | / |
| 夫子庙步行商业街 | / | / | / | 4～6 |
| 大行宫广场 | / | / | 3～4 | 4～6 |
| 南京林业大学校园附属绿地 | 8～10 | 20～24 | 4～8 | 3～5 |
| 锁金村居住小区附属绿地 | 3～5 | 50～100 | / | / |

注：前9个样本的标准座椅即为2～3人用座椅，锁金村居住小区的标准座椅指可容纳3～5人的长凳。

目前，开放空间中坐椅设置的指标问题目前可供参考的标准仅有《公园设计规范》(CJJ 48—92)，第2.4.4条规定：公用的条凳、座椅、美人靠

(包括一切游览建筑和构筑物中的在内)等,其数量应按游人容量的20%~30%设置,但平均每1 $hm^2$陆地面积上的座位数最低不得少于20,最高不得超过150。这一规定比较笼统,且未考虑那些具有就座高度的花池壁或墙体等其他类型的小品。由"5.3 旧城开放空间的功能评价模型"可知坐歇空间的面积计算方法为:$S_{功能1}=S_{最小有效}\times n_1/N$。按照每2 $m^2$~3 $m^2$容纳一人计算,坐歇空间内常规座椅的最低数量可按照如下公式计算(式5-4),其中$n_1$、$N$详见"5.3 旧城开放空间的功能评价模型",$k$① 为座椅的使用率。两类驻足空间可采用非常规座椅,使开放空间座椅总数在不违反现有规范的前提下,满足使用者的需求,并增加场地使用的灵活性。

$$\frac{S_{最小有效}\times n_1\times 20\%}{N\times 2\times k} \quad (式5\text{-}4)$$

(2) 材料　样本调查显示,使用者对坐歇空间中铺地和座椅的材料存在偏好。受访者总体上偏好自然质朴的铺地(表5.23)和木制材料的座椅(表5.24)。

**表5.23　铺地偏好调查**

| 年　龄 | 自然质朴 | 现代感强 | 趣味性强 | 其他 | 受访人数 |
|---|---|---|---|---|---|
| 20岁以下 | 7 | 14 | 23 | 0 | 44 |
| 21~30岁 | 27 | 13 | 40 | 12 | 92 |
| 31~45岁 | 13 | 18 | 1 | 1 | 33 |
| 46~60岁 | 38 | 18 | 19 | 2 | 77 |
| 60岁以上 | 22 | 16 | 14 | 2 | 54 |
| 选择人数 | 107 | 79 | 97 | 17 | 300 |

**表5.24　座椅材质偏好调查**

| 材　质 | 木质座椅 | 石　凳 | 金属材质 | 塑　料 | 没有喜好 |
|---|---|---|---|---|---|
| 选择人数 | 216 | 45 | 9 | 2 | 28 |
| 受访总数 | 300 | | | | |

① 扬·盖尔的研究表明,座椅使用率为70%是比较合适的。

(3) 位置　调查发现，驻足空间中的使用者在活动时不介意身边有行人经过；而坐歇空间中的使用者在休息、交谈时比较介意周围有行人经过或活动(表 5.25)。因此，坐歇空间位置宜处于道路的一侧、转角或端点(图 5.11)，坐歇空间内不宜设置游人必经的通道。

**表 5.25　使用者对周围行人的介意度调查**

| 项　　目 | 非常介意 | 比较介意 | 偶尔介意 | 不介意 |
| --- | --- | --- | --- | --- |
| 活动时是否介意周围行人经过 | 9 | 30 | 119 | 142 |
| 休息时是否介意周围行人经过 | 18 | 125 | 101 | 76 |
| 受访总数 | 300 | | | |

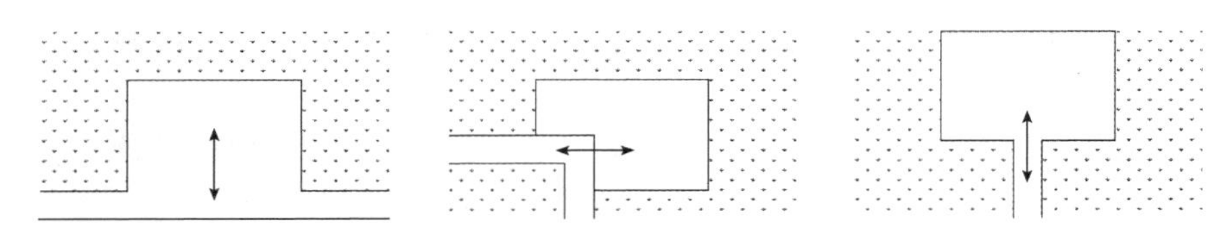

**图 5.11　坐歇空间与道路的关系示意图**

④ 景观　大多数使用者在休息时会关注周边的景观。调查显示，女性可能比男性在意附近景色及环境(表 5.26)。这就要求在设置坐歇空间时应充分考虑其周边景观的视觉质量及视域的通透性。

**表 5.26　坐歇空间中使用者对景观的关注度调查**

| 性别 | 非常关注 | 比较关注 | 偶尔关注 | 不怎么关注 | 受访人数 |
| --- | --- | --- | --- | --- | --- |
| 男 | 12 | 60 | 42 | 15 | 129 |
| 女 | 50 | 94 | 21 | 6 | 171 |
| 总数 | 62 | 154 | 63 | 21 | 300 |

### 5.4.3　设计模型

首先，依据“5.3 旧城开放空间的功能评价模型”计算出“最小有效活动区域”内各功能区域面积的理论数值：$S_{功能1}$、$S_{功能2}$、$S_{功能3}$。

第二，依据旧城开放空间的立地条件(周边交通、基地形状、用地性质等)合理安排驻足空间与坐歇空间在基地中的位置。

第三，依据驻足空间的四个效应、坐歇空间的四个要素，对驻足空间和坐歇空间进行形态和物质条件规划，形成具有指标性的设计限定框架。其中，物质条件是指能使空间满足四效应和四要素的条件。

第四，在限定框架下，可按照以往常见的开放空间规划设计流程细化、深化设计方案直至空间形态符合使用、审美的需求。

### 5.4.4 分析结论

旧城开放空间面积小、数量不足，这些问题对旧城开放空间的利用率提出了比新城开放空间更高的要求。针对这一问题，作者结合城市规划的特点，以实地观察和问卷调查的形式采集数据，以图示模型的形式总结了使用者在开放空间中的活动、停留规律。这些规律若与5.3小节中的“功能评价模型”结合，即能产生基于日常生活的旧城开放空间的规划设计和评价模型，并在以下两个方面产生实践价值：

(1) 建立了一种以市民意愿为基点的旧城开放空间的规划设计操作模式；

(2) 以最低的限度保证旧城开放空间的空间布局和形态能满足市民日常生活的需求。

## 5.5 功能重构模型的应用方法

### 5.5.1 应用流程与要点

利用本章提供的功能重构模型对任意一个城市旧城区的开放空间功能重构可按照以下四步流程进行操作(图5.12)：

1) 认知工具的运用　旧城开放空间功能的整体认知与规划　运用认知工具(基于主成分分析的宏观因子分析模型和基于相关性分析的中观因子分析模型)在城市旧城区中选取所有需要参与重构的开放空间进行分析。

首先，对该城市旧城区开放空间进行系统调研和文献资料分析，依据结果对本书所提供的评价因子进行增减，选取若干调研点发放问卷，利用相关性分析进行评价因子的测试(过程见5.2)，直至筛选出符合该城市旧城区开放空间特点的中观评价因子。

第二，利用确定的中观评价因子制成满意度评价表在需要功能重

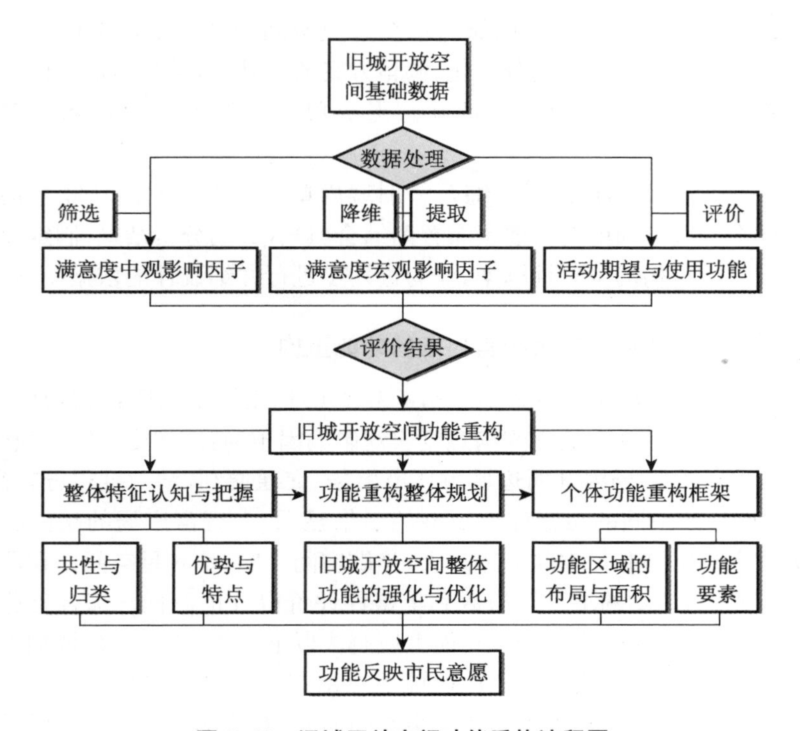


**图 5.12 旧城开放空间功能重构流程图**

构的开放空间里发放不少于 30 份的有效问卷。统计问卷数据，以主成分分析提取宏观影响因子，按照调研点主成分得分排序进行归类分析；以相关性分析和多元回归分析筛选中观影响因子。获得的宏观影响因子用于指导开放空间功能重构的整体规划，中观影响因子用于指明实践中需重点关注的问题。归类分析的结果将显示出开放空间的共性及优势，为每一个开放空间的功能重构方案制定发展方向提供整体性的参考依据。

2）优化工具的运用 旧城开放空间功能的逐个评价与优化 在发放满意度调查问卷的同时，可同时进行功能评价的数据收集：一是绘制各开放空间的功能区域划分现状图；二是发放活动丰富性评价问卷；三是制作活动期望调查数据表。利用活动期望调查数据表对每一个开放空间进行功能调查，统计回收的数据，制作单个开放空间的考核指标对比分析表对各开放空间的功能进行具体的评价。依据评价结果提出各开放空间功能区域划分的优化、调整方案。

3）设计工具的运用　旧城内单个开放空间的功能要素重构　在单个开放空间的功能区域划分优化、调整方案的基础上，结合当地市民利用开放空间的行为规律（停留、活动），形成单个开放空间的功要要素布置图。

4）三个工具运用结果的综合　旧城内单个开放空间的功能重构框架　单个开放空间的功要要素布置图结合（1）、（2）的分析结果，制定该开放空间功能重构的限定性框架，作为进一步进行详细设计的依据。

### 5.5.2　应用实例：南京大行宫广场的功能重构

5.2 旧城开放空间的满意度分析模型的运用结果表明，大行宫广场所在的南京主城区开放空间满意度宏观影响因子为：感知度、活力度和需求度。大行宫广场因其周边城市环境繁华、交通便利，活力度得分较高。5.3 旧城开放空间的功能评价模型的结果显示，大行宫广场的功能区域划分存在稳定型驻足空间面积过大，坐歇空间、动态型驻足空间面积严重不足等问题，活动的丰富性指数和丰富性评价得分也偏低。综合上述分析的分析结果，大行宫广场在功能上应解决以下三个问题：一是增加坐歇空间，服务于周边固定居民的同时能兼顾南京市图书馆访客及对面总统府游客的需求；二是扩大动态型驻足空间面积，并使场地多功能化以满足开展各类动态型活动的需求；三是在满足前两条的同时，解决广场的交通及因呼应周边环境而产生的功能问题。

重构方案（图 5.13）将在南京大行宫广场现状的基础上，依据上述分析进行调整：

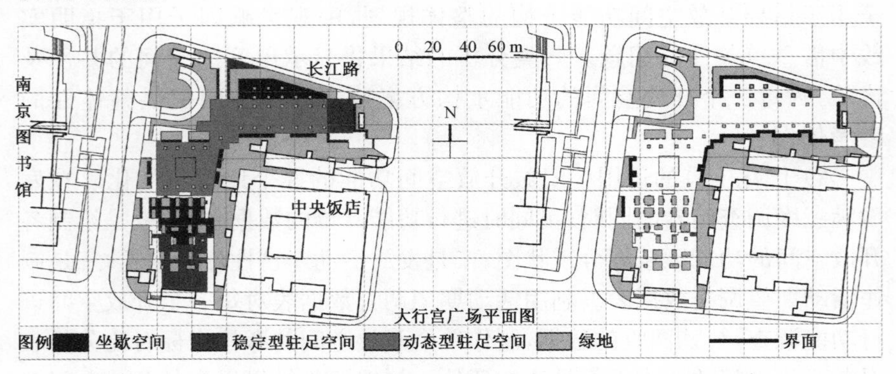


图 5.13　大行宫广场功能重构平面图

1）重构各功能区域的面积　移去广场东北角的稳定型驻足空间的中间一排树池，将该区域转化为动态型驻足空间。再去除该区域北部的部分绿化用地，形成凹入的空间形态，增加附有树池围椅的树阵，形成坐歇空间。该区域北部的入口适当放大，留出游客照相的空间。该区域南部边界形成凹入型的坐歇空间。重新组织广场西面与南京市图书馆相邻的边界，适当缩小绿化面积，将广场中心活动区南面的坐歇空间延伸至边界，中心活动区四周形成坐歇空间。经过调整，坐歇空间、稳定型驻足空间和动态型驻足空间面积等数据见表 5.27、表 5.28。坐歇空间依然未完全达到评价指标的要求，这是由于三方面的原因：一是考虑到周边城市环境缺乏绿化，需要保持广场绿量；二是国内的草坪一般不允许游客进入，无法利用草坪来增加坐歇空间；三是大行宫广场面积较小，太多的常规型坐歇空间会导致广场的开敞性不足。

**表 5.27　重构后广场用地构成面积数据**

| 面积数据 | 铺装场地 | 绿化用地 | 通道 | 附属建筑用地 | 人可进入活动的区域 |
|---|---|---|---|---|---|
| 数据（$hm^2$） | 0.447 5 | 0.497 1 | 0.464 7 | 0.090 7 | 0.912 2 |
| 占总面积的百分比（%） | 31.83 | 33.14 | 30.98 | 6.05 | 60.81 |

**表 5.28　重构后广场各功能区域面积数据**

| 面积数据 | 坐歇空间 | 稳定型驻足空间 | 动态型驻足空间 | 有效活动区域 |
|---|---|---|---|---|
| 数据（$hm^2$） | 0.128 6 | 0.107 5 | 0.241 4 | 0.447 5 |
| 占总面积的百分比（%） | 8.57 | 7.17 | 16.09 | 31.83 |

2）重构各功能区域的界面　新增的坐歇空间的界面以应用壁龛效应为主，大多采取凹入型的形态。广场西面与南京市图书馆相邻的边界缩小了绿化用地的宽度，广场内部功能延伸至边界，增加了广场的开放性。北部附有树池围椅的树阵使该处原来开放的空间形成了竖向上的视觉屏障，一方面是为该处新增的坐歇空间提供树阴，另一方面是为了隐喻位于该处的已被拆除的总统府照壁。

南京大行宫广场的功能重构方案没有遵从一般意义上的广场设计方

法,也没有涉及理念等自上而下的内容,但本章功能重构模型的应用使该方案能保证一个符合日常生活的功能底限,也展示了一种新的开放空间设计思路。

## 5.6 本章小结

本章立足于自下而上的视角,放弃宏大叙事,以市民的意愿和活动期望为依据建立了旧城开放空间的满意度分析模型、功能评价模型和设计模型,在宏观、中观和微观三个层次上设计出符合日常生活需求的旧城开放空间规划设计工具。其中,满意度分析模型以市民满意度为研究依据,提供了旧城开放空间发展、规划、管理应着重考虑的宏观和中观因子的提取方法,并以宏观因子分值为媒介,提供了一种整体认识和判断旧城开放空间资源优势的途径。功能评价模型以使用者的活动期望为依据,以最小有效活动区域面积及其内部各功能区域的面积为考核指标,以活动的丰富性指数与丰富性评价得分为验证指标,制定了旧城开放空间满足市民日常活动需求的限定框架,同时在中观层面上为设计模型提供了功能划分的面积指标计算依据。设计模型以旧城开放空间中市民的空间利用规律和意愿在微观层面上构建了一套基于日常生活的、指标化的旧城开放空间设计方法。

上述模型的形成均以实验为途径,尽管样本绝大部分来自南京旧城区,但实验的数据采集方法、分析原理、计算方法均具有普适性,实验过程具有再现性,分析结果正确、可靠。

# 6　日常生活视野下的旧城开放空间布局重构策略

国内开放空间研究文献较少关注旧城开放空间布局的重构问题，相关的文献主要集中在三个方面：格局演化、可达性和社会公平性。一些地理学界、生态学界的研究者应用生态学上的工具（景观指数分析、景观格局分析等）对开放空间的空间格局演变进行了分析[9][35][36][37]。自上世纪90年代末俞孔坚教授将景观可达性引入城市绿地的功能评价后，许多研究都倾向于用可达性思想来评价城市公园空间分布的合理性和公平性，但可达性并不能反映公民群体特征的开放空间有效、公正分配。因此，近几年一些学者开始研究开放空间的社会分异、空间分布的社会公平问题。这些研究有助于研究者从宏观上把控一个城市开放空间的变化规律、分布现状，为开放空间布局合理性的评价及优化提供了客观的依据。结合这些研究成果，在价值体系重构的框架下，针对旧城开放空间的现实条件提出开放空间的布局重构策略。

## 6.1　旧城开放空间布局重构的前期分析

### 6.1.1　可达性分析

1）可达性分析方法　在现实中，人们前往某一开放空间可能会遇到各种阻碍，如空间距离的远近、交通的便利性、开放空间的入口等。而人们也越来越关注能否方便快捷地进入广场、公园进行游憩活动[119][171][172][173][174]。学术界用可达性的概念来表述这种阻碍对开放空间服务质量的影响。1950年代末以来，可达性分析已被广泛用于城市绿地等重要服务设施空间布局的合理性研究。常用的开放空间可达性定义为克服空间阻隔的难易程度，用距离、时间、费用等指标来表达，强调开放空间的空间位置和进入开放空间过程中的阻力。目前，国内可达性研究的主要方法有统计指标法[175]、旅行距离或费用法（简单缓冲区法[175]、费用加权距离法[176][177][178][179][180][181]、网络分析法[182][183][184]）、最小邻近距离法[185][186][187]、引力模型法[188][189]和两步移动搜索法[190]等五类。

不同的可达性计算方法反映城市公园可达性的各个方面，各有优劣，至今还没有哪一种方法能够涵盖城市公园可达性的所有信息[191]。

统计指标法通过统计特定区域内公园的数量、面积、公园面积比、人均公园面积等指标来评价市民对公园的可达性，指标值越高，可达性越好。统计区域通过距某人口聚居区一定距离的缓冲区来定义是统计指标法的另一种形式，如文献[175]中服务面积比和服务人口比①的算法。统计指标法最大的不足是没有考虑到公园的空间分布和进入公园过程中的障碍。

旅行距离或费用法分为简单缓冲区法、费用加权距离法和网络分析法。以公园为中心，以最大服务距离为半径建立缓冲区，该方法综合了公园的服务半径和公园的空间位置，将公园的空间位置关系纳入可达性的计算过程中。该方法的不足之处在于未考虑公园可达过程中的障碍，默认城市公园边界都可进入，从而易高估城市公园的可达性。

费用加权距离法是研究者最常用的一种可达性分析法，它以对城市景观分类的栅格数据为基础，通过最短路径搜索算法计算到达公园的累计阻力(距离、时间、费用等)来评价城市公园的可达性[192]。该方法的不足之处是忽略了人行走路线的随意性和选择性。

网络分析法最早为 1964 年美国学者 Huff 分析消费者到某个零售店购物的可能性时所采用，是基于网络，如交通道路网、供水网、供电网、排水管网、水系网等，分析资源在网络上的流动和分配情况，通过利用网络元素的拓扑关系来考察网络元素的空间属性，从而对网络结构及其资源配置等进行优化的一种空间分析方法[192]。该方法克服了费用加权距离法的缺陷，但未能涉及公园吸引力差异对城市公园可达性的影响。

最小邻近距离法是将居民出发地和城市公园抽象为点，通过计算居民到达最邻近开放空间的距离来表示可达性水平，是形象直观、计算简便的方法。但该方法忽略了人口普查区内部的人口空间分布的差异，且人口聚居区的尺度和数据精度对研究结果影响较大。

引力模型法认为公园对市民服务潜力随着到达公园的阻力的增加而减少，随着城市公园服务能力和市民需求的增加而增加。由于借用了牛顿万有引力定律原理，该方法也被称为重力模型法。引力模型法的最大

---

① 服务面积比(%)＝公园的服务面积/研究区总面积×100%；服务人口比(%)＝公园可达范围内的服务人口/研究区总人口×100%

优点在于将公园吸引力因素纳入可达性计算过程，反映出公园提供的休闲游憩差异对可达性产生的影响。引力模型法的问题是用来衡量可达性的引力值的分级无统一标准，且没有考虑到绿地与人口的供需关系问题。

两步移动搜索法是考虑供给关系的一种方法。该方法的不足之处有两点：首先，模型中绿地的规模是决定其吸引能力的唯一指标，与实际情况往往不符；第二，需求主体被泛化，未考虑不同群体之间的需求差异，这也是上述五种方法共同的缺陷。

2）可达性判读标准　国外同类研究中可用于本书参考的有德国开放空间可达性标准（以步行可达范围为指标）、英国伦敦开放空间分级系统（以规模和服务半径为指标）、日本的公园分级系统（以规模和服务半径为指标）、北美旧金山和温哥华的开放空间设置标准（以规模和服务半径为指标）以及英国纽卡斯尔城市开放空间的设置标准（以规模、服务半径和步行可达范围为指标）。在国内，深圳、杭州、温州等城市进行了城市公共空间系统规划的尝试，各自提出了规划指标：深圳的城市公共空间系统规划设定了深圳特区人均公共开放空间的步行可达范围覆盖比率的规划目标为60%～75%；杭州设定5分钟步行可达范围覆盖比率的规划目标为80%；温州步行可达范围覆盖率的规划目标为80%～100%。

### 6.1.2 服务公平性分析

五类可达性分析方法可用于分析旧城开放空间“地的公平”问题。由于旧城一般空间结构紧凑，可达性分析结果通常比较好（表6.1）。但由

**表6.1　国内的部分城市开放空间可达性评价结果**

| 城　市 | 可达性分析结论 | 研究方法 | 研究对象 | 文献 |
|---|---|---|---|---|
| 济南2012 | 济南城市公园可达性从主城区向外呈辐射状减弱的趋势 | 网络分析法、费用加权距离法、简单缓冲区法、最小邻近距离法 | 公园 | [191] |
| 杭州2013 | 可达性最好的区域分布在主城区中心位置，从中心向边缘地带的可达性逐渐变差 | 最小邻近距离法 | 休闲绿地 | [186] |
| 徐州2012 | 可达性最高的绿地为以古彭广场为核心的老城核心区 | 费用加权距离法 | 绿地 | [176] |

**续表 6.1**

| 城　市 | 可达性分析结论 | 研究方法 | 研究对象 | 文献 |
|---|---|---|---|---|
| 重庆 2013 | 老城区的公园绿地斑块以中小型零散分布为主，并有较高的可达性 | 网络分析法 | 公园 | [182] |
| 南昌 2010 | 南昌市公园可达性较好，绝大部分的公园可达性指数在 10 分钟之内 | 费用加权距离法 | 公园 | [177] |
| 沈阳中心城区 2014 | 核心区虽然绿地数量较多，但普遍规模较小、分布不均 | 高斯两步移动搜索法 | 公园 | [190] |
| 沈阳 2009 | 市区城市公园分布和服务情况好于郊区 | 网络分析法 | 公园 | [184] |
| 天津中心城区 2013 | 公园绿地的服务效果是比较理想的，能够满足 99%左右的城市人口对公园绿地的需求 | 最小邻近距离法 | 公园 | [187] |

表格来源：依据开放空间可达性研究文献整理

于分析时仅考虑服务人群的数量，未考虑其收入、身份、年龄、学历等信息，导致分析结果不能反映开放空间在少数群体与非少数群体之间是否具有同等的可达性，因此一些学者开始探索开放空间服务水平的社会公平问题。研究流程一般为：在可达性分析的基础上运用统计学中的理论工具（如相关分析、回归分析、主成分分析等）对社会群体利用特征进行量化分析，进而对开放空间服务水平的空间差异性和社会公平性进行判定。

## 6.2　策略一：旧城开放空间存在形式的重构

随着物权法的颁布，旧城开放空间布局的“社会分异”现象已经难以从根本上改变，即便存在重组使用者与开放空间位置关系的可能，也缺乏可操作的路径。现行的自上而下的规划方法生产出的必然是一种定额分配的、标准化组织的空间，限制了空间利用的多种可能性，往往进一步加剧了开放空间的“社会分异”现象。因此，在无法干预使用者与开放空间位置关系的情况下，以优化旧城开放空间的可达性为缓解旧城开放空间布局出现“社会分异”问题的途径，寻求自下而上、非常规的策略。

### 6.2.1 增加常态型开放空间

对于当今的城市而言，主城的绿化格局由于经过城市绿地系统规划、园林城市评选等过程已经成定局，很难在总体布局上实现突破。在旧城改造中增加大型的公园绿地、广场等常态型开放空间的可能性相对较小，增加小尺度常态型开放空间及向城市灰色基础设施争取开放空间更具有可操作性。

1）见缝插绿，增加小尺度常态型开放空间　见缝插绿源起于上世纪50年代初国内实行的“普遍绿化”政策。当时的城市绿化基础普遍薄弱，在实践中更多的是保留一些原有绿地，把不适于用做房屋建设的废弃地、低湿地等开辟为绿地。再加上“建筑先行、绿化跟上”的城市建设政策，绿地规划多半是在规划基本格局已经确定的情况下，见缝插针，出现所谓“邮票式”绿地。随着城市绿化要求的提高，见缝插绿难以实现城市园林化的目标，在1990年代遭到业内人士的批判。近几年，见缝插绿重新被各地政府提上工作日程，提出“见缝插绿、拆墙透绿、拆违建绿”的口号。巨型化的城市尺度、拥挤的城市交通以及房价机制的筛选使不同阶层的市民对中心区大型的绿地并不具有同等的可达性，这种开放空间服务的“社会分异”现象随着《物权法》的出台将更加难以改变。见缝插绿所形成的小区游园、街旁绿地、带状公园、林阴道等小尺度开放空间（图6.1）重新进入人们的视野，因为它们可以作为区级、市级综合公园的补充，在旧城改造中获得数量上的提升也具有可操作性。例如，《生态南京行动计划》的讨论稿中提出要大力发展城中小游园，计划新建的110个小游园占地面积近42 $hm^2$，其中涉及城市主干道、明城墙及河道沿线的有82个，建成后市民出门500 m甚至300 m就能找到一个游园。2011年15个小游园分布在白下区、玄武区、秦淮区、建邺区、鼓楼区、下关区等老城区内，总占地面积10.66 $hm^2$。

图6.1　小尺度开放空间

2）变废为宝，改造和再利用旧城废弃设施　随着城市转型，出现了大量废弃的工厂、码头、车站、城中村，形成城市的断裂与不连续，可以称之为城市空墟(Void)，它同时又蕴含了社会潜力，可成为新的市民空间甚至消费奇观[193]。废弃的城市基础设施成为开放空间拓展的首选载体。在发达国家，随着恢复生态学的发展，1970 年代出现了废弃城市基础设施改造实践的探索性案例。随后，大地艺术及景观都市主义为废弃城市基础设施改造实践注入了新的理念和技术。从 1970 年代中期到 1980 年代后期，西方发达国家兴起了广泛的城市中心复兴运动[194]，其中有很多涉及废弃城市基础设施的改造案例，例如对废弃码头、港口、铁路等城市基础设施的改造。1990 年代，经过各大城市大规模的废弃城市基础设施的改造实践，以及生态技术的更新利用，废弃城市基础设施改造实践有了长足的发展，正在形成自身独特的设计理念和实践方法，逐渐走向成熟，如波士顿大开挖计划(The Big Dig)(图 6.2)、纽约高线公园等。国内对于废弃城市基础设施改造实践的研究比西方要晚很多，直到 1990 年代才出现尝试性案例，研究方面还很不成熟，主要是引入国外的理论经验。但是也取得了一些进展，如中山岐江公园，大胆尝试了资源循环再利用的生态改造设计手法，极大地推动了国内废弃城市基础设施改造实践的发展。还有上海十六铺码头的改造、迁安三里河的修复(图 6.3)、南湖景区、天津桥园公园、长春天嘉公园等，都是国内废弃城市基础设施改造的成功案例。总体而言，绝大部分的废弃城市基础设施改造实践都是改造为公园绿地，增加城市公共休闲的绿色空间。在本书调查统计的 73 例案例中，废弃城市基础设施改造为公园绿地的有 52 例，占了非常大的比重(图 6.4、表 6.2、6.3)。

**图 6.2　波士顿大开挖计划中的绿道(Green Way)**

**图 6.3 由排污点改造而来的迁安三里河带状公园**

图片来源：土人设计. 母亲河的修复——迁安三里河生态廊道[J]. 景观设计学，2012(4)：148—153.

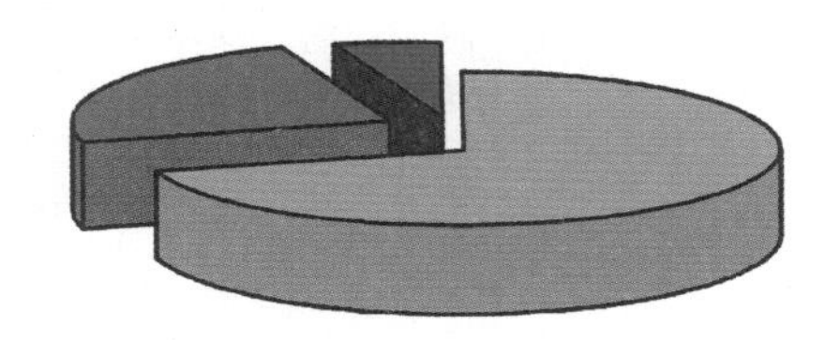


**图 6.4 废弃基础设施改造实践功能变迁趋势**

**表 6.2 国内废弃城市基础设施改造实践举例**

| 建造年代 | 项目名称 | 规模 | 所在城市 | 设计师 | 基址原况 | 基址原属性 |
|---|---|---|---|---|---|---|
| 1990— | 新洲河改造 | 7.8 km | 深圳 | / | 防洪 | 防灾设施 |
| 1999—2001 | 中山岐江公园 | 11 $hm^2$ | 广东中山 | 土人设计 | 造船厂 | 交通设施 |
| 1995— | 南湖景区 | 1 300 $hm^2$ | 河北唐山 | 土人设计 | 垃圾场 | 环保设施 |
| 2000—2001 | 北京远洋艺术中心 | / | 北京 | 张永和 | 仓库 | 能源设施 |
| 2006—2008 | 桥园公园 | 22 $hm^2$ | 河北天津 | 土人设计 | 垃圾场 | 环保设施 |
| 2007—2010 | 迁安三里河修复 | 13 km | 河北迁安 | 土人设计 | 排污点 | 供排水设施 |
| 2007—2010 | 上海十六铺 | 3 $hm^2$ | 上海 | / | 客运码头 | 交通设施 |

表格来源：依据文献整理

表 6.3　国外废弃城市基础设施改造实践举例

| 建造年代 | 项目名称 | 规模 | 所在城市 | 设计师 | 基址原况 | 基址原属性 |
| --- | --- | --- | --- | --- | --- | --- |
| 1970—1975 | 西雅图煤气厂公园 | 8 hm$^2$ | 美国西雅图 | 理查德·哈格 | 煤气厂 | 能源设施 |
| 1985—1992 | 雪铁龙公园 | 13 hm$^2$ | 法国巴黎 | 克莱芒等 | 汽车厂 | 交通设施 |
| 1988— | 瓜达鲁普河公园 | 4.8 km | 美国圣何塞 | 哈格里夫斯 | 防洪 | 防灾设施 |
| 1994—2000 | 伦敦泰特现代艺术博物馆 | / | 英国伦敦 | 赫尔佐格、德梅隆 | 河岸发电厂 | 能源设施 |
| 1995—2000 | 悉尼奥运公园 | 440 hm$^2$ | 澳大利亚悉尼 | 彼德·沃克 | 垃圾场 | 环保设施 |
| 1997— | Westergasfabriek 公园 | 124 hm$^2$ | 荷兰阿姆斯特丹 | 古斯塔夫森 | 煤气厂 | 能源设施 |
| 2000—2002 | 仙游岛公园 | 11 hm$^2$ | 韩国汉城（今首尔） | 瑞安事务所 | 污水净化厂 | 供排水设施 |
| 2005— | 布鲁克林大桥公园 | 34.5 hm$^2$ | 美国纽约 | MVVA 事务所 | 码头 | 交通设施 |
| 在建中 | 纽约高线公园 | / | 美国纽约 | 詹姆斯·科纳 | 高架铁路 | 交通设施 |
| 2007—2009 | 西首尔湖公园 | 22.5 hm$^2$ | 韩国首尔 | JIAN 建筑事务所 | 自来水厂 | 供排水设施 |
| 规划中 | 海绵公园 | 2.25 km | 美国纽约 | / | 高旺努斯运河 | 交通设施 |

表格来源：依据网络信息整理

### 6.2.2　开辟间歇型开放空间

1）拆墙还绿，开放单位大院　单位为工作单位的略称，是指给城市居民提供各种就业机会的企事业单位及有关政府和公共机关等[195]，包括工厂、商店、学校、医院、研究所、文化团体、党政机关等[196]。在社会主义计划经济时期，单位是中国城市中最基本的社会管理与组织形式[197]。在空间上，单位往往通过“围墙”来实现其空间的围合性、封闭性、完整性。随着经济、社会的全面转型，城市土地与住房等要素的市场化改革推动了城市空间的重构。部分单位大院内部的生活服务设施，随着单位非生产职能的外部化与社会化，逐渐脱离了单位，而成为单位社区与外界相融合的公共空间[198]。城市的环境整治使拆墙透绿成为普遍的举措。单位大院的空间变化使大院内的广场、附属绿地向公众间歇性地开放成为可能。开放形式可分为两种：日常性和非日常性。学校、医院、研究所、文化团体、部分党政机关等单位的广场、附属绿地每日定时向公众开放作为日常性的游憩空间。工厂、部分党政机关可定期向公众开放，开发工业旅游、机关旅游等。例如，南京林业大学每年春季校园的二月兰、日本早樱开花时，大批市民及游客涌进校园赏花、拍照，校方不仅未收取任何费用，还组织人力维护秩序、提供方便，并向公众开放校史馆。如果充分利用这一策略，可在旧城形成一张特色旅游网络。某些机构已经意识到这一问题的文化、游憩价值，如南京的旅游信息网（zw/public_detail/29802. shtml）于 2015 年发布了以“致青春——南京高校主题游”为文化主题的南京《高校旅游线路手册》。

2）激活空间，促进非正规使用　在规划常态型开放空间时，功能是预先指定的：道路与停车场承担交通功能，场地与草地容纳各种活动等。这种配有固定项目和指定行为的模式使开放空间变得规制化而缺乏体验的随机性，并要求开放空间拥有充裕的面积和相应的配套设施。在开放空间资源紧缺的情况下，不妨有意模糊正规和非正规的界限，通过景观干预的手段转变一些开放空间的原有功能，促使这些空间被间歇性地非正规使用，以满足使用者的需求。例如，停车场、道路可以间歇性地被当做运动场地、集会场地加以使用。国内外的一些成功实例生动地表明了这一策略的可行性。“城市快乐实验室”（Urfun Lab）利用玻璃纸将印度苏拉特城（Surat）街头废弃的雨水管道装饰之后，激活了原本毫无生气的水泥街道，使街道的生活复活[199]（图 6. 5）。“都市非正规实验室”（Urban Informality Lab）在厦门狐尾山森林公园中的一条水泥路上画出羽毛球比赛场地，弥补了社区开放空间功能的不足，激活了城市的小环境：成功吸引了周边居民前来运动；随着使用者的增多，出现了小贩和农民，形成了非正规的运动空间、交往空间和小型商业空间。

图 6.5 涂色后的雨水管道[34]

### 6.2.3 组织临时型开放空间

相对于常态型开放空间长久或永久使用而言，临时型开放空间强调以城市土地的过渡性使用满足市民临时性的游憩与活动需要。依据联邦德国在城市复兴中的开放空间临时使用经验，这一概念强调开放空间不局限于规划法规中对于用地性质的永久性用途的限制，而立足于对现状与未来建设之间的过渡使用进行灵活安排以及临时使用中的公共性，根据公众需求与周边状况确定城市开放空间的开发目标[200]。

在国内，闲置土地是临时开放空间的主要来源。将被动闲置的土地发展为临时绿地是一种高效的策略，国内外都进行了积极的探索[201]。国内的土地被动闲置主要是由于政府的原因，造成土地开发利用的条件不成熟，比如政府生地出让，造成基础设施不配套、土地又需要调整规划[202]，抑或产权关系没理净、文物保护需要等原因。这类被动闲置的土地约占 6 成以上。世界发达的国家和地区对于闲置建设用地都有严格的绿化要求。国内部分城市已有成功的实践案例。2000 年 8 月上海发布了《上海市闲置土地临时绿化管理暂行办法》规定：市行政区域内闲置的土地具备绿化条件的，可以建设为临时绿地，主要景观道路两侧的临时绿地，应当适当提高建设标准，建成的临时绿地应当对公众开放。2004 年天津市颁布实施的《天津市城市绿化条例》规定：闲置土地必须绿化，闲置土地使用人应当按照临时绿化标准和要求在 6 个月内进行临时绿化，临时绿地的建设和养护一般应由土地使用人自行安排。广州将部分闲置土地整治后改造成如绿化广场、休闲广场、停车场、运动场等。

### 6.2.4　引导自发型开放空间

在国内，公共和私人之间的界限比较模糊，有时甚至相互渗透。人们喜欢占用公共空间，正如街头无证摊贩总是驱赶不尽。在缺少开放空间资源时，人们出于某种目的也会自发地、创造性地利用某类空间将其开辟为符合自身使用需求的空间。自发型空间利用方式不是城市管理者、专业技术人员所预期的，而是出于人们自身的需要和生活经验，所需的设施也是人们自带或自发建造的。依据空间形态可分为“垂直界面效应型”“伞顶效应型”“水平界面效应型”“边界效应型”四类(表 6.4)；依据利用模式的主要倾向可分为“生产型”“交往型”“运动型”和“消费型”四类(表 6.5)。当然，无论哪种分法都存在着“混合型”。

**表 6.4　自发型开放空间的形态模式**

| 形态模式 | 形成原因及主要特点 |
| --- | --- |
| 垂直界面效应型 | 空间具有一面或两面的垂直界面，能为使用者提供稳定的领域感，如建筑的外墙、绿篱等；如若界面具有一定美学效果或某种兴趣点，那么吸引力更强 |
| 伞顶效应型 | 空间的上部存在树冠或其他非建筑实体的覆盖，能形成夏有阴、冬有阳的效果 |
| 水平界面效应型 | 地面因下沉、抬高或存在区别于邻接地面的材质而产生空间的领域感，吸引居民前来活动，一般多为自发型运动空间，如在社区道路上开辟球场时，路两旁抬高的人行道无形中暗示了球场的存在 |
| 边界效应型 | 空间存在明显的边界，特别是空间具有凹入的形态时，更易被利用，因为利用凹入空间对场地原有的功能干扰较小 |

**表 6.5　自发型开放空间的利用模式**

| 利用模式 | 形成原因及主要特点 | 实　　例 |
| --- | --- | --- |
| 生产型 | 居民利用一些闲置的空地或疏于管理的社区绿地、铁路及公路防护绿地种植蔬菜，供自家食用。当前食品安全问题使得这类行为的发生概率增加 |  |

**续表 6.5**

| 利用模式 | 形成原因及主要特点 | 实　　例 |
|---|---|---|
| 交往型 | 居民利用空地形成日常的户外交往空间，如在人行道的树阴下、停车场的朝阳处，居民自发形成棋牌点、麻将摊、聚会点，在朝阳的建筑外部场地上居民带小孩晒太阳和交流育儿经验等 |  |
| 运动型 | 居民利用道路、场地在某些时段利用率比较低的特点，自发将其开辟为球场、舞场、晨练场等 |  图片来源：文献[34] |
| 消费型 | 个体经营户利用自家店铺门口或路边形成早点摊、菜摊、茶座、夜宵摊等 |  |

自发型开放空间是一种“非正规使用”的开放空间，对自发型开放空间的引导从两个方面入手：一是保护现有的自发型开放空间，帮助人们改善自发型开放空间的物质条件，适度规范空间的利用行为；二是依据自发型开放空间形成的规律在旧城更新时有意为自发型开放空间的形成设置空间条件。对自发型开放空间进行正确引导能产生三个方面的积极效益：

首先，有助于弥补社区开放空间功能上的不足，提高空间的使用率，特别是在建于上世纪 90 年代以前缺乏足够开放空间的居住区。

第二，有助于街区传统生活的复苏。剧烈的旧城更新肢解了旧城原有社区的社会结构，消除了长久形成的邻里关系和生活模式，而在现代的高密度社区中，人与人之间的关系又较为疏远，交往型和消费型的自发型开放空间可促进邻里关系的快速形成和稳定发展，形成类似于传统街区的生活气息。

第三，有助于消除旧城中的消极空间，一些缺乏活力和利用率低的空间通过人们的自发利用，在不增加管理部门负担的情况下被激活。

## 6.3　策略二:旧城开放空间可达性的优化

旧城开放空间功能及存在形式的重构提出了提升旧城开放空间质量和数量的模型与策略。在开放空间的质量数量相同的情况下,开放空间的可达性是衡量开放空间分布是否能为市民提供平等的休闲游憩机会的重要指标。

### 6.3.1　开放:溶解公园边界

在常态型的开放空间中,除广场及线性开放空间(带状绿地、街道、自行车专用道等)外,大部分公园存在明确的、封闭的边界。在城市公园没有免费对外开放之前,其边界空间的处理是很简单的,只是沿公园用地红线内侧砌起围墙或围上栏杆。[203]尽管城市公园的免费开放已成为中国城市公园普遍的发展趋势,自 2000 年以来,全国许多城市都掀起了公园免费开放热[204],2008 年常州已经实现所有公园免费开放。南京旅游政务网发布的《城市公园免费开放调查报告》(2010)以南京市居民为调查对象发放有效问卷 942 份,统计结果显示,超过 82%的受访者认为城市公园的免费开放可以体现公园的公益性[205]。但城市公园的免费开放只是通过增强公园的公共性实现了公园作为公共服务产品的性质,并未提高公园的可达性。公园封闭的边界和出入口的位置对可达性的影响较大。

1) 拆除公园围栏,增加入口数量　随着公园的免费开放,象征着公园封闭式管理的围栏已没有存在的必要①。拆除围栏,增加入口,形成视线通透的开放式边界,使公园与城市环境形成相互渗透的格局。当前,在各地实行的“拆墙透绿”工程一般都包含拆除公园围墙这一措施。在实践中应注意以下几点。

(1) 综合考虑公园的内外交通　增设行人入口时以不干扰公园外部的城市交通为原则,结合公园内部交通,串联起公园内部环线与市政人行道,外引内接,与城市交通有机融合,缩短游人从各个方向进入公园的流线,提高可达性。

(2) 开放常人视高位置的视域　增加出入口势必导致活动流线趋于

---

① 某些公园存有遗址、展品或其他贵重物品,则应采取保留围墙、免费开放的形式。

复杂及一些公共安全问题。解决的办法是：梳理公园边界的植被，减弱垂直郁闭度，使 1.5 m 高度的视线保持通透，消除视觉死角。上世纪 70 年代，美国纽约的布赖恩特公园经过改造后从危险的“针头公园”①转变为一个充满活力的公园(图 6.6)。使改造获得成功的一个重要原因是设计师拆除了围墙，去除了边界上的灌木，增加了开敞感，把公园和街道连接起来[206](图 6.7、图 6.8)。

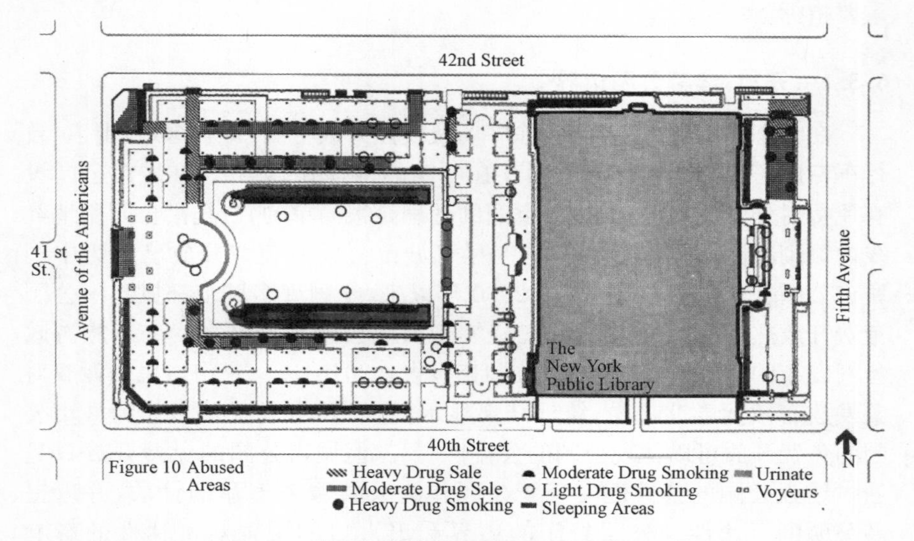


**图 6.6　美国纽约布赖恩特公园改造前平面图**

图片来源：http://www.gooood.hk/_d270809011.htm

在三种情况下考虑保留围栏：首先，存在安全隐患的区域，如存在水体或交通条件复杂的区域；第二，需要保护的区域，如生态敏感区域、名贵植物种植区、历史遗址展示区等；第三，围墙本身具有历史文化价值。

2) 建立复合空间，激发边界效应　边界空间与相邻空间共享的这一公共性特征决定了边界空间生境的丰富多样，受益于相关地域空间资源的相互补充与组合，加之多样性生境的复合、延展，使得边界空间较之生境相对单一的核心空间，能更有效地利用环境资源，利于承载多元化的社会经济活动[207]。

① “针头公园”是指存在贩毒、吸毒行为的公园。

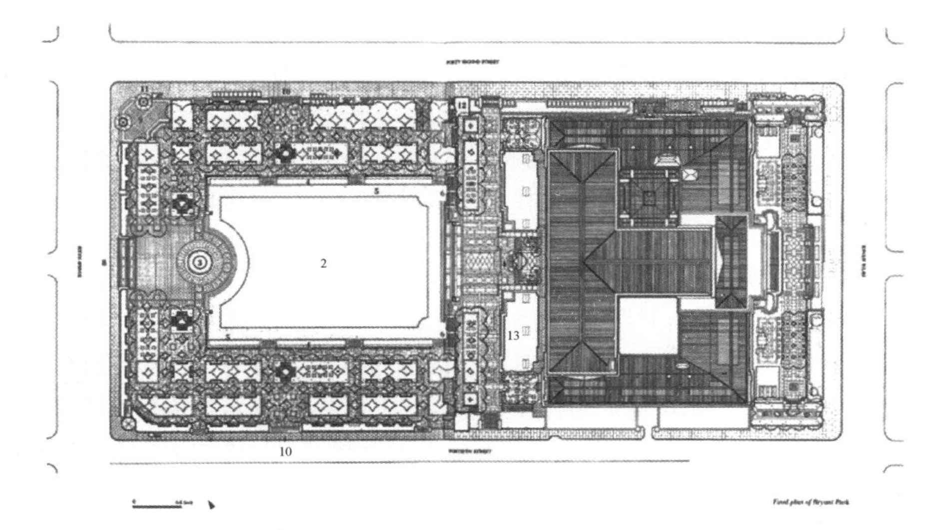

**图 6.7　美国纽约布赖恩特公园改造后的平面图**

图片来源：http://www.gooood.hk/_d270809011.htm

**图 6.8　美国纽约布赖恩特公园改造前后实景的对比**

图片来源：http://www.gooood.hk/_d270809011.htm

（1）利用原有植被，营造安全舒适的步行环境　充分利用公园边界丰富的乔木资源，将市政人行道适当向公园一侧延伸，为行人提供良好的遮阴、避风场所。

（2）设置活动场地，增加公共生活发生的几率　依据公园边界的立地条件，适度增加活动场地和设施，在小尺度上提供休憩场所[208]，如林下开辟一块小场地设置简单的咖啡座或茶座，路边放置一个早餐亭或报亭，方便附近的上班族和行人停留、休憩，提供日常生活上的便利，也可以在一定程度上弥补公园免费开放后所带来的管理经费问题。

### 6.3.2　慢行：建立游径系统

游径（Trails）是一条用于步行、自行车等游憩活动的非机动车通道。当前国内流行的概念是绿道（Green Way）。本书选择建立游径系统作为加强旧城开放空间可达性的途径的理由有两点。首先，国内当前的绿道实践与美国 Green Way 发展初期的游径（Trails）系统极为类似，基本是以游憩功能为核心所形成的线状绿色空间网络系统，表现出“绿”与“道”的有机结合[209]。目前广东省的绿道实践在国内处于领先地位，但其绿道主要是一套周边有绿化或没有绿化的慢行道游憩网络，与美国绿道强调多用途和土地网络保护的特点有较大差距。第二，绿道价值在省级、地区级和国家级尺度上表现得较为明显，旧城内缺少大尺度的生态斑块、自然廊道及构建人工廊道的尺度条件，总体来说不具备在真正意义上实现美国 Green Way 理念和价值的立地条件，如南京的“绿道”①除“环明城墙绿道”外均在旧城之外（图 6.9、表 6.6）。鉴于以上原因，在国内绿道理论和实践尚不成熟的条件下，在旧城内建立游径系统对于市民日常生活而言更为实际和迫切。

游径从功能上可以分为：风景游径、历史游径、休闲游径和连接游径。风景游径是指穿越公园、森林等自然资源丰富的地区，重在展示原始的山林之美，例如南京紫金山风景区内的绿道；历史游径是指历史上的线路，线路对旧城具有重大的历史意义，例如南京的御道街具有作为历史游径的条件；休闲游径指为城镇居民提供多种就近的户外休闲游憩机会的游径；连接游径指连接上述三大类的游径，或给人们提供进入上述三大类游径通道的游径。在旧城范围内游径在级别上可以分为：市级和社区级。城市游径是指连接城市内重要功能组团，对城市生态系统建设具有重要意义的游径。而社区游径是指连接社区公园、小游园和街头绿地，主要为附近社区居民服务的游径。

---

① 南京城市绿道的整体结构为：全长 1 200 km，其中主城 200 km，南部（江宁、溧水、高淳）510 km、北部（浦口、六合）490 km。江北呈现“一江一环两带”的结构，一江为江北滨江绿道（含八卦洲），一环为老三环线，两带为沿滁河绿道、六合东、北部绿道；江南呈现“一江三环五带”的结构，一江为江南滨江绿道（含江心洲），三环为老城明城墙环线、明外郭—秦淮新河环线、沿汤铜线风景带，五带为牛首云台绿道、秦淮河—两湖绿道、青龙山—桠溪绿道、紫金山—汤山绿道、仙林—宝华山绿道；滨江风光带包括下关滨江风光带 3 km 和鼓楼区滨江风光带 11.2 km（宝船公园 2.3 km）；明城墙（秦淮河段）：7.57 km。

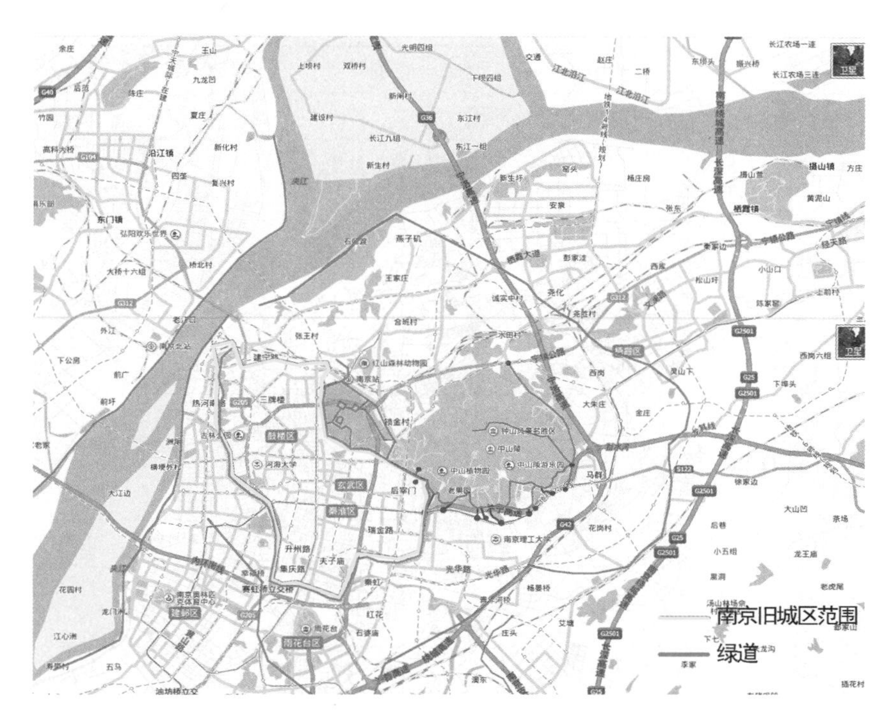


**图 6.9 南京建成、在建和规划中的绿道分布图**

**表 6.6 南京绿道规划与建设项目一览表**

| 名　　称 | 范　　围 | 位置 | 长度(km) |
|---|---|---|---|
| 1. 滨江风光带 | 南岸:长江三桥至二桥,30 km<br>北岸:长江三桥至大桥,16 km<br>江心洲岸线,12 km | 城外 | 58 |
| 2. 环紫金山绿道 | 南线:琵琶湖公园—体育公园<br>东线:紫金山东入口—老宁栖路交叉口 | 城内 | 22.9 |
| 3. 明城墙沿线绿道 | 西线:挹江门—赛虹桥<br>南线:赛虹桥—通济门<br>东线:环月牙湖 | 城内 | 23.6 |
| 4. 紫金山内部绿道 | 范鸿仙墓经东马腰、中马腰、西马腰 | 城外 | 10 |
| 5. 玄武湖绿道 | 环湖路—五洲干道 | 城内 | 10 |
| 6. 百里风光带绿道 | 明外郭—秦淮新河 | 城外 | 10.6 |

**续表 6.6**

| 名　称 | 范　围 | 位置 | 长度(km) |
| --- | --- | --- | --- |
| 7. 青奥公园绿道 | 城南河路及河堤 | 城外 | 3.2 |
| 8. 江南滨江绿道 | 燕子矶—上元门;汉中门大街—河西大街;恒渡口—滨江会所 | 城外 | 12.5 |
| 9. 运粮河滨河绿道(9 km) | 运粮河沿岸(江宁段) | 城外 | 4.2(完成) |
| 10. 幸福河 | 建邺区北部南湖五河地区 | 城外 | 2.1 |
| 11. 明城墙内侧绿道 | 明城墙沿线内侧 | 城内 | 14 |
| 12. 羊山公园环湖绿道 | 羊山公园内环湖 | 城外 | 4 |
| 13. 九乡河生态公园绿道 | 环九乡河生态公园及内部 | 城外 | 10 |
| 14. 南湖公园绿道 | 南湖公园环湖周边 | 城内 | 1.8 |
| 15. 麒麟生态公园绿道 | 麒麟生态公园内部及周边 | 城外 | 1 |
| 16. 秦淮河入江段绿道 | 秦淮河入江段沿线 | 城外 | 1.8 |
| 17. 江北滨江绿道(11.7 km) | 江滩湿地公园 | 城外 | 3.5(完成) |

注:城内、城外中的“城”指老城区。

1) 建立“节点—路径网络”选线模型　首先,基于评价体系分层次确定游径需要串联的节点。第一层次是代表性节点,包括旧城内大型的公园、风景区、广场、历史文化遗址等各种重要的自然或人文景点。第二层次是普通性节点,包括旧城内的社区公园、街头绿地、小游园和小型广场等。评价标准建立在节点资源和游径条件之上。节点资源的评价从节点的面积、级别、提供服务的质量方面予以赋值;游径条件是指节点是否具有设置游径的潜在条件。第二,确定游径网络的适宜路径。游径的确定应当尊重生态格局,综合考虑长度、宽度、通行的难易程度、建设条件、周边交通条件等因素,借助于 GIS 的可达性分析、叠加分析等多种空间分析方法,确定适宜的游径(图 6.10)。

2) 建立“节点—服务点”耦合模型　从游径使用者的角度出发,根据不同类型游径的服务要求和服务点的级别,提出了各类服务设施的建设

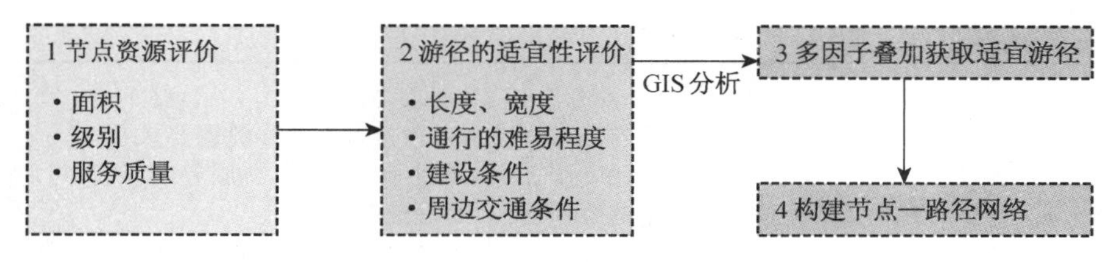


**图 6.10　游径网络规划步骤**

要求与内容(表 6.7)。耦合分析的技术方法为:将服务点系统与游径连接的节点系统相叠合,分析两者在空间布局上的结合情况。游径和节点的连接处与服务点在空间上相距小于 100 m,即可视为两者之间在空间上耦合一致;在游径上服务点之间的距离不超过 200 m,即可视为在空间上耦合。

**表 6.7　服务设施的内容与要求**

| 类　别 | 项　　目 | 1 级服务点(在连接代表性节点的游径上) | 2 级服务点(在连接普通性节点的游径上) | 设置要求及服务内容 |
|---|---|---|---|---|
| 引导设施 | 线路指引设施 | ● | ● | 1. 服务点建设尽可能利用现有设施<br>2. 自行车租赁点可包含户外运动用品等设施的租赁<br>3. 在观鸟点、古树名木及珍稀植物观赏点应设置科普及环境保护宣教设施;在历史文化遗址处应设置解说设施<br>4. 主要景点应设置观景平台等设施。 |
| 停车设施 | 自行车停车设施 | ● | ○ | |
| 商业服务设施 | 自行车租赁点 | ● | — | |
| | 售卖点 | ● | ○ | |
| 管理设施 | 游客服务中心 | ○ | — | |
| | 管理中心 | ○ | — | |
| 游憩设施 | 休憩点 | ● | ● | |
| | 文体活动场地 | ○ | ○ | |
| 科普教育设施 | 科普宣教设施 | ● | ○ | |
| | 解说设施 | ● | ○ | |
| 安全保障设施 | 治安消防点 | ● | — | |
| | 安全防护设施 | ● | ● | |
| | 无障碍设施 | ● | ● | |
| | 医疗急救点 | ● | — | |

**续表 6.7**

| 类　别 | 项　　目 | 1级服务点（在连接代表性节点的游径上） | 2级服务点（在连接普通性节点的游径上） | 设置要求及服务内容 |
|---|---|---|---|---|
| 环境卫生设施 | 公厕 | ● | ○ | |
| | 垃圾箱 | ● | ● | |

●必须设置；○可以设置；—不设

### 6.3.3　快行：完善公交系统

建立游径系统是从慢行的角度在提高旧城开放空间可达性的同时，利用游径本身增加开放空间的类型，以使市民获取更多的游憩渠道和机会。完善的公共交通系统则是从快行的层面对旧城开放空间可达性的提高予以支持。

城市公共交通系统也是旧城开放空间可达性的重要影响因素。城市公共交通系统的规划（公共汽车交通、轨道交通）要受工业、交通、商业、文化、教育、卫生、居住和绿地等土地利用布局及城市结构的影响，开放空间的可达性是公共交通系统要考虑的因素，但不具有决定性的影响。从开放空间可达性入手研究城市公共交通系统主体的规划不具有现实意义，但城市公共交通系统规划还是可以从以下两个方面兼顾开放空间的可达性。

1）按旧城开放空间级别设置公交线路与公交站点　参照城市公园绿地的界别划分方法，将开放空间按照其规模、资源、设施条件划分为市级、区级、社区级。市级开放空间服务于全市，区级开放空间服务于其所在的行政区，社区级开放空间主要服务于周边社区。从这一角度来说，城市公共交通系统在选线时应尽可能从线路和公交站点的数量方面多考虑市级可达性，其次是区级开放空间。为节约资源和保护城市环境，社区级及以下的开放空间没有必要纳入公交线路规划的考察范畴，但如果社区级开放空间位于公交线路附近，可考虑设置公交站点。

2）结合旧城旅游规划开辟旅游专线　除了从常规公共交通层面按开放空间级别设置公交线路与公交站点提高开放空间可达性之外，还可结合旧城旅游发展开辟旅游专线。将旧城内在省内、国内和国际具有知名度的开放空间按照一定的旅游主题以旅游专线串联起来，加大以游憩、休闲为出行目的的通行效率，既方便外来游客，也惠及本地市民。

在评价城市公共交通系统对旧城开放空间可达性的贡献度时可以采取“线路数量度量法”，即是以旧城公共交通系统中某个开放空间所通过的线路数量来表示该开放空间的可达性程度，可以采用如下计算公式①：

$$Q=\sum_{i=1}^{n}q_i$$

式中：$Q$——开放空间的可达性程度；

$q_i$——通过开放空间 $Q$ 边界或内部的第 $i$ 线路；

$n$——通过开放空间 $Q$ 边界或内部的线路数总量。

下面以南京旧城区为实证分析对象说明上述内容。在南京旧城区范围内及边缘选择 59 个开放空间，基本包括了南京旧城区各类主要的开放空间。依据 2015 版的南京市交通旅游图，结合实际情况②，整理出表 6.8、图 6.11。数据显示，南京旧城区各主要开放空间周围的公交线路数量分布的层级、类型均十分合理：

一是常规公交线路的数量与开放空间级别相匹配。一方面，重要的开放空间周边设有大量的公共汽车线路和轨道交通站点，无论从线路的数量(表 6.8)还是从站点数量(图 6.11)来看，可达性度量指数都比较高；另一方面，社区级的或服务范围较小的开放空间周边的公交线路和站点呈逐级递减的趋势。

**表 6.8　南京旧城区各主要开放空间周围的公交线路数量统计表**

| 开放空间名称 | 在开放空间周围设置站点的公交线路 |
|---|---|
| 总统府 | 29，44，65，95，201，202，304 |
| 大行宫广场 | S2，S3，Y5，29，44，65，95，201，202，304，5，19，25，24，95 |
| 1912 街区 | Y2，2，3，31，44，65，68，80，95，21，304，313 |
| 梅园新村 | 29，44，65，95，201，202，304 |
| 新街口 | S1，S2，Y1，Y5，Y16，Y24，16，27，28，33，35，100，1，3，9，25，34 |

① 详见《基于公交网络的城市空间可达性研究》(长沙理工大学工程硕士学位论文，赵星姣，2012)。

② 2015 版的南京市交通旅游图与实际的情况有出入。

**续表 6.8**

| 开放空间名称 | 在开放空间周围设置站点的公交线路 |
| --- | --- |
| 珠江路科技街 | S1,S3,Y6,91, 6,47, 65, 140, 52, 68, 59, 80, 313 |
| 成贤街 | S3,Y11,304, 70, 60, 47, 65, 95 |
| 拉贝故居 | S1,Y6,6, 48, 65, 91, 532 |
| 鸡鸣寺 | S3,304, 140, 11, 20, 24, 48,67,70 |
| 北极阁公园 | Y11,304, 140 |
| 和平公园 | S3,11, 20, 24, 48, 67 |
| 台城 | 304 |
| 鼓楼广场 | S1,Y1,Y2,3, 11, 20, 24, 67, 1,3, 33, 35, 201 |
| 大钟亭公园 | S1,1, 3,33, 35, 201 |
| 北京东路 | S1,11, 20, 24, 42, 56, 65, 302 |
| 颐和路 | 318 |
| 玄武湖公园 | S1, Y8,304, 13, 33, 56, 201, 555, 557, 558, 61, 44, 173, 205, 309, 501, 17, 59, 71, 97, 190, 501, 17, 59, 71, 97, 190, D8, D4, 73, 2,24, 36, 40, 45, 58, 125, 143, 140, 308 |
| 白马公园 | 20, 48, 67, 91, 315 |
| 中山陵 | 观光车 3 号,观光车 4 号,观光车 5 号 |
| 九华山公园 | Y11,2, 11, 20, 24, 44, 48, 67, 70, 140 |
| 玄武门广场 | S1,Y19,3, 8,22, 47, 56, 114 |
| 湖南路商业街 | S1,Y19,3, 8,22, 46, 57, 114 |
| 大方邮票交易市场 | 303,Y13,13, 56, 83, 552 |
| 古林公园 | Y18,21, 66, 134, 532, 45, 47, 72, 73, 204 |
| 石头城公园 | Y18,21, 75, 134, 502, 511, 532 |
| 水木秦淮 | 45, 302 |
| 南艺后街 | 45, 302 |
| 清凉山公园 | Y6,303, 20, 43, 60, 91, 317, 532, 552, 318, 6 |
| 乌龙潭公园 | Y6, 21, 23, 75, 134, 552, 6, 43, 60, 91, 303, 302, 317, 532 |
| 汉中门广场 | S2,Y13,13, 21, 23, 75, 134, 312, D12, 9,18, 68, 78 |
| 朝天宫 | 43, 306, 312 |
| 夫子庙 | S3,S1,31, 202 |

**续表 6.8**

| 开放空间名称 | 在开放空间周围设置站点的公交线路 |
| --- | --- |
| 白鹭洲公园 | S3,23，33，43，81，87，88，317，703，706 |
| 瞻园 | 2，26，44，46，49，202，16 |
| 瞻园路 | 2，26，44，46，49，202，16 |
| 武定门公园 | S3,23，26，33，43，63，81，87，88，301，305，317，703 |
| 东水关遗址 | 58，60，87，98，305，704 |
| 东干长巷 | Y2,Y14,2，16，49，63，202，201 |
| 中华门 | S1,2，16，39，49，63，110，126，181 |
| 老门东 | 706，701 |
| 门东三条营 | 706，701 |
| 太平北路 | S2,S3,3，44，52，2,31，44， |
| 太平南路 | S2,Y2,202，1，31，S3，80 |
| 甘熙故居 | S1,Y20,16，33，35，100，16 |
| 南捕厅 | S1,Y20,16，33，35，100，16 |
| 西华门广场 | 5，9,34，55，65 |
| 明故宫 | S2,17，65，115，118，173 |
| 午朝门遗址 | 17，65，115，118，173 |
| 王安石故居 | 36，33 |
| 东华门广场 | S2 |
| 郑和公园 | Y1,Y2,44，49，60，304 |
| 愚园 | Y12,35，43，128，301，313，14，19，43，62，75，81，136，317，703 |
| 月牙湖公园 | Y5,55，201，59，34，36，55，59，201，202 |
| 阅江楼 | Y10,10，21，12，54，550 |
| 静海寺 | Y10,10，21，12，54，550 |
| 仪凤广场 | Y10,10，21，12，54，550 |
| 绣球公园 | Y16,Y18,Y3,57，100，12，16，18，39，204，550 |
| 八字山公园 | 57，100 |
| 小桃园 | 143，302 |
| 进香河路 | 46，140，95，70，31 |

注：Sn 是指轨道交通线路；Yn 是指旅游交通线路。

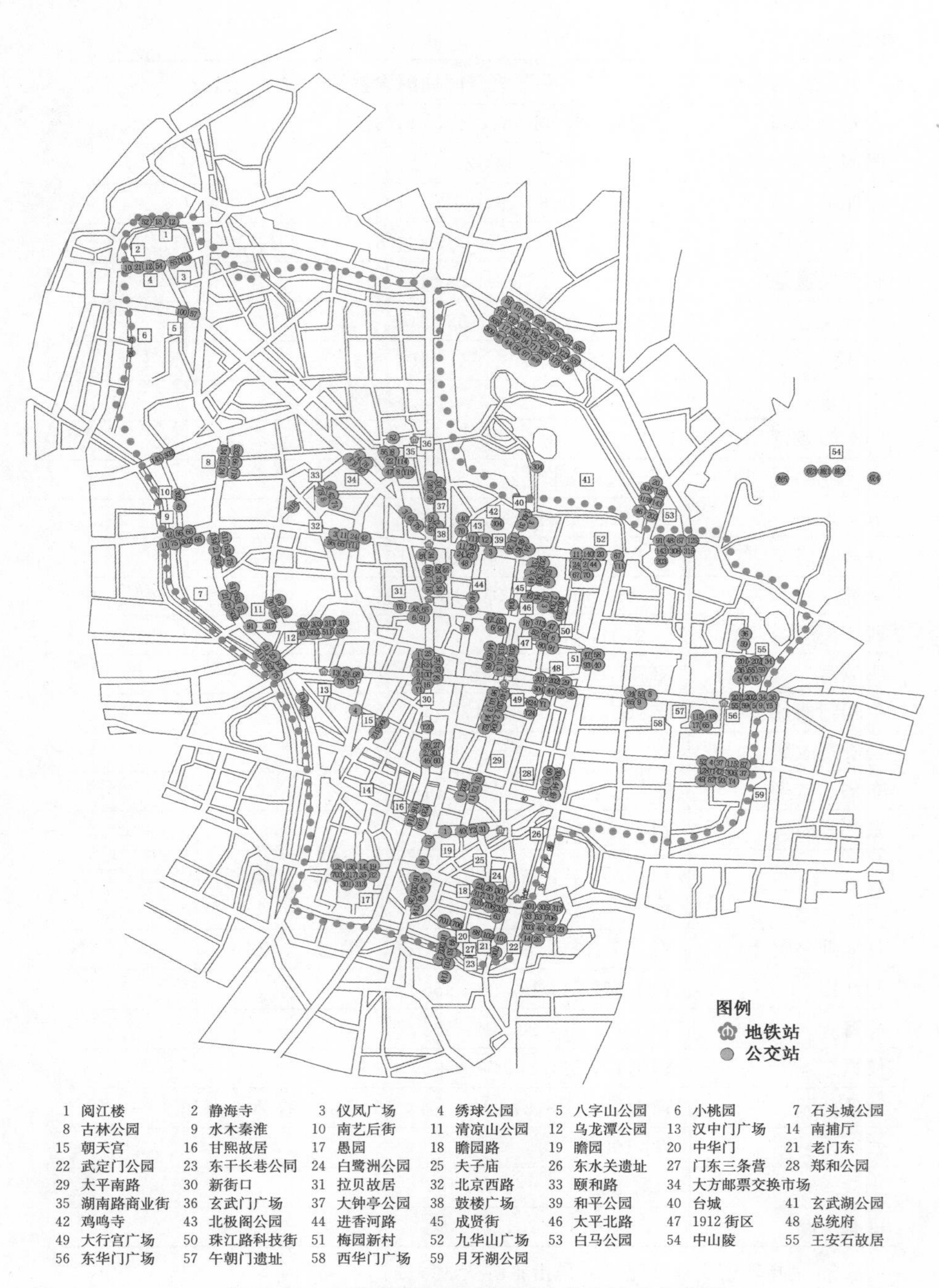


**图 6.11 南京老城开放空间周边公交站点分布图**

二是旅游公交线路与开放空间的旅游职能相匹配。旅游公交线路服务于南京的钟山风景区、秦淮风光带、石城风景区、大江风貌区、栖霞风景区、南郊风景区、汤山风景区、两湖风景区、珍珠泉老山风景区、金牛湖风景区十大风景区，旧城内大部分重要的开放空间被旅游公交线路所连接。

## 6.4　布局策略的应用方法

### 6.4.1　应用流程与要点

利用本章提供的布局重构策略，旧城开放空间的布局重构可按照以下流程进行操作(图 6.12)：

1) 可达性与服务的公平性分析　在进行布局重构前，应对旧城开放空间整体布局的特点与问题进行数据分析，如果暂且不考虑规划文本中常见的“××核、××带、××点”布局模式，从日常生活的视角出发，可达性与服务的公平性是首要考虑的问题。

首先，进行可达性分析，6.1.1 中列举了大量可供选择的分析方法和技术。先以城市绿地系统规划文件为基础，对各级城市规划文件进行信息采集，结合实地测绘，整理旧城中常态型开放空间(绿地、广场和街区)的面积、空间数据。分析方法的选择依据分析对象实际的特点和数据分析精度的要求而定。作者在“常州老城区开放空间的布局重构”实证分析中采用了“网络分析法”。可达性的分析结果表明了在不考虑人群特征情况下的旧城开放空间布局的空间均衡性。因旧城往往尺度较小，可达性指标基本上可以较好地反映旧城开放空间整体配置的质量。

第二，在三种情况下有必要进行服务的公平性分析。一是旧城尺度大；二是旧城中开放空间布局过于集中；三是旧城更新力度尚未导致旧城出现明显的居住分异现象。在其余的情况下，服务的公平性分析的意义不显著。进行服务的公平性分析需要对旧城的人口数据进行详细收集，包括职业、年龄、收入、受教育程度等。如果分析结果表明服务水平的空间差异性和社会公平性问题较小，而旧城更新尚未全面铺开，那么旧城更新应尽可能维护原住民的正当权益，保持其享有的开放空间服务质量(可达性、开放空间的质量)不低于更新之前。如果分析结果表明服务水平的空间差异性和社会公平性存在较大的问题，那么只能采用以下的两条策略对旧城开放空间的布局进行调整和优化,以期使开放空间的服务水平相对公平。

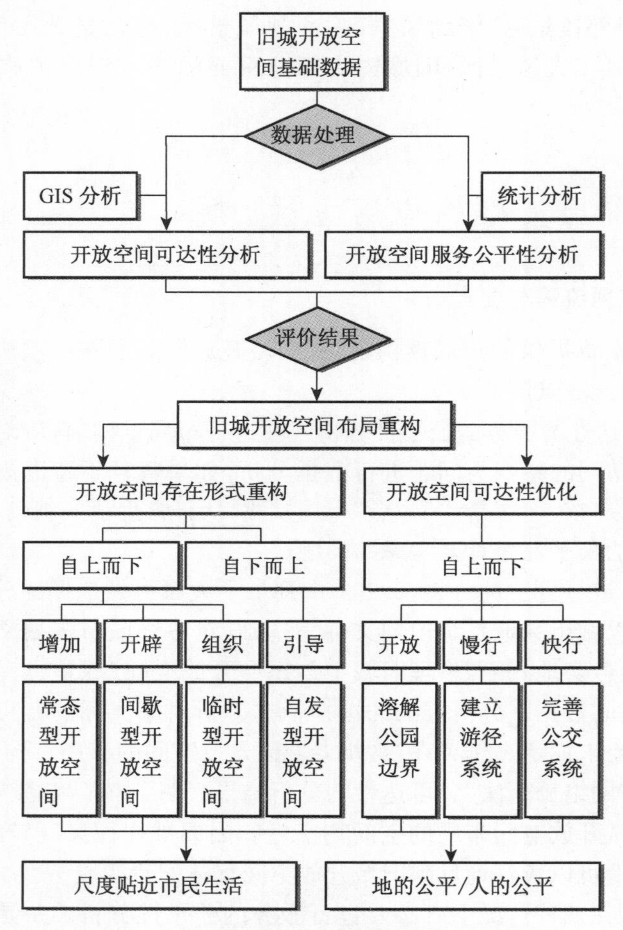


**图 6.12　旧城开放空间布局重构策略应用流程图**

2）策略一的运用:旧城开放空间存在形式重构　重构分两个层级:

一是自上而下的层级。首先在各类法定规划层面上,旧城更新过程中的空间重组应尽可能预留、多留中、小尺度常态型开放空间,具有历史价值的街区,废弃的基础设施优先转化为生活或游憩型的开放空间。进行绿地系统规划时,尽可能见缝插绿,增建中、小尺度绿地。其次在政策层面上,将旧城内闲置地块进行临时绿化向公众开放的做法作为固定条例写入绿化条例(例如天津)或独立颁布(例如上海)。第三,在宣传引导层面，引导、鼓励旧城区具有开放空间资源条件的单位大院定期或定时向公众开放。第四，在场地、建筑设计层面，依据自发型开放空间形成规律(6.2.4)，为公众预留自发利用的空间。

二是自下而上的层级。公众合理开辟自发型开放空间的行为应得到引导与帮助。开放空间所属的管理部门可将自发型开放空间的引导工作交于民间非营利团体，如社区、公园的志愿者，高校中具有设计学科背景的学生会。这类工作将以一种低成本的方式提升旧城开放空间的数量、质量与活力：一是帮助使用者以非正规使用的方式将某些城市空间间歇性地转化为开放空间；二是对现存的自发型开放空间提供必要的设施支持以优化质量。

3) 策略二的运用：旧城开放空间可达性的优化　这一策略是在"策略1"的基础上，进一步优化旧城开放空间的质量和服务公平性，依赖于自上而下的规划设计行为。首先，实现旧城公园的开放式管理，并对公园的边界进行再设计，整合其与城市空间的关系。通过增加入口数量、植入城市功能，进行公园边界空间重组。第二，利用"节点—路径网络"选线模型和"节点—服务点"耦合模型进行旧城区的游径系统规划，连接经过策略1拓展后的常态型开放空间。游径本身也可作为供人活动和休憩的空间。从"慢行"的角度形成一张旧城常态型开放空间网络。第三，公交系统规划与建设考虑连接旧城区内主要的开放空间，有条件的可开辟专线，从"快行"的角度形成一张旧城特色开放空间网络。

### 6.4.2　实例研究：常州老城区开放空间的布局重构

自上世纪90年代以来，常州加快了开放空间特别是公园绿地的建设步伐，通过规划建绿、项目带绿和拆墙还绿等多种途径令公园绿地的面积直线上升。同时，常州市还是较早实行公园开放式管理的城市，早在2006年就向市民开放20多座公园。研究常州老城区开放空间的布局对开放公园边界溶解、建设小尺度开放空间、建设非常态型开放空间等旧城开放空间布局优化策略具有较好的实证意义。

1) 研究范围与对象　研究范围定为关河与京杭大运河围合的常州老城。去除单位附属绿地和限时进入的开放空间，将研究对象定为绿地、广场、街区和其他四类(图6.13)。绿地面积共计78 $hm^2$；广场包括交通枢纽用地中的交通广场、广场用地以及公共建筑红线后退形成的广场，面积共计5.8 $hm^2$；街区主要是指商业步行街、历史街区、老街，共计 5.8 $hm^2$；“其他”是指一些零散设置的、拥有简单的休息设施的休闲步道、栈道等步行空间，共计 0.68 $hm^2$。

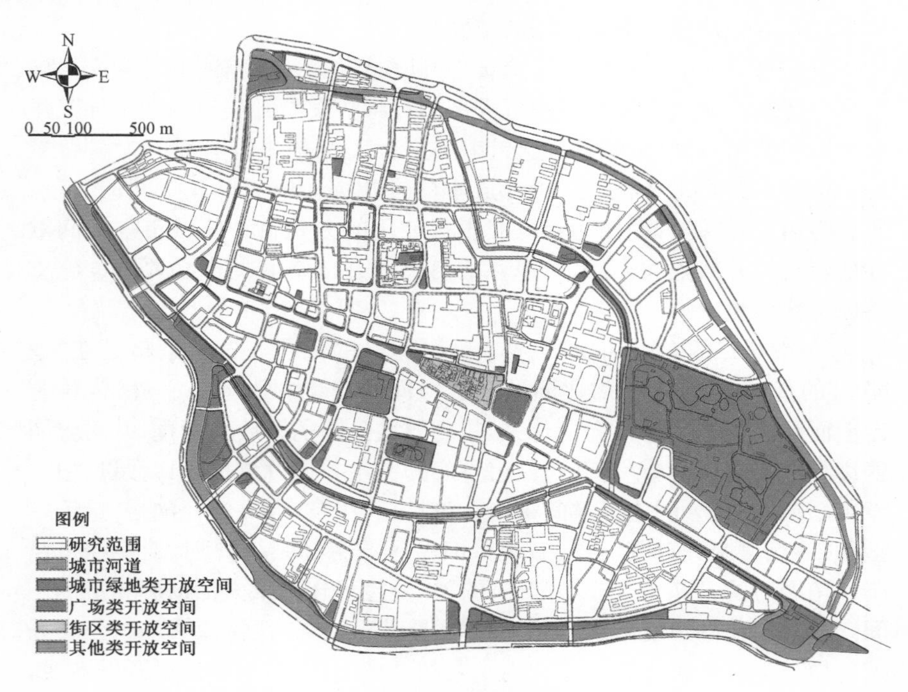


**图 6.13　常州老城开放空间分布图**

2）数据获取　数据来源包括两个方面：一是各类规划文件、文献（见 2.2.2）。从中提取常态型开放空间的信息和数据，并转化为常州老城开放空间的分布图。二是实地调查。以步行踏勘的方式，比对分布图中的信息与实际的空间信息，一方面核对规划文件、文献上的内容，修改存在出入的部分；另一方面在分布图上补充非常态型开放空间的信息和数据。

3）常州老城区开放空间可达性分析　基于 ArcGIS 软件平台，数字化常州市老城区地图，选用网络分析法对数据进行分析。网络分析（Network Analysis）是对地理网络、城市基础设施网络进行地理化和模型化处理，其理论基础是图论和运筹学，主要用于资源的最佳分配，最短路径的寻找等。一个基本的网络主要包括源（Source）、连接（Links）、节点（Nodes）和阻力（Impedance）等。该方法以矢量数据——道路网络为基础，能更为真实地评价服务设施的可达性。该方法在国外已被应用于城市公园的空间可达性和服务公平性评价。

根据网络分析法计算原理，常州老城区开放空间可达性的主要计算过程为：

一是开放空间相关数据库的建立。利用 ArcGIS，结合实地踏勘解译出常州老城区开放空间、道路体系、水系分布和铁路等信息，并分别建立常州老城区开放空间数据库、城市道路数据库和城市水系数据库。开放空间数据库按照绿地、广场、街道和其他四个类别分别建立。

二是源文件(Source Grid)的准备。基于 ArcGIS 软件平台，从常州土地利用分类数据中提取出开放空间作为可达性分析的研究对象，然后将其转换成 2 m×2 m 的栅格数据。

三是建立网络分析可达性模型。运用栅格数据来构建网络可达性模型，该模型考虑了三个方面的因素，即开放空间(源)、到开放空间的距离(路网)和空间阻力类型如河流水域等，基本模型公式如下：

$$ACI = \sum_{i=1}^{n}\sum_{j=1}^{m} f(D_{ij},\ R_i)/V_0 \qquad \text{(式 6-1)}$$

其中，$ACI$ 是开放空间的可达性指数，$f$ 是一个距离判别函数，反映了研究区域的空间特征，从空间中任一点到所有源(开放空间)的距离关系。$D_{ij}$ 是从空间任一点到源 $j$(公园绿地)所穿越的空间单元面 $i$ 的距离。$R_i$ 是空间距离单元 $i$ 可达性的阻力值，$V_0$ 是人们从空间任一点到源(公园绿地)的移动速率。分析时将可达性转化为步行可达范围的指标来表示。人行速度以 1 m/s 来计算，将可达性分析指标分为六个等级：

第一等级：≤2 min(60～120 m)

第二等级：2～4 min(120～240 m)

第三等级：4～6 min(240～360 m)

第四等级：6～8 min(360～480 m)

第五等级：8～10 min(480～600 m)

第六等级：≥10 min(≥600 m)

依据 ArcGIS 软件的计算结果，常州老城区开放空间的可达性可从分类和综合两个层面进行分析。首先，对常州老城区绿地、广场、街道和其他四个类别的开放空间可达性分别进行分析，从可达范围分布的特点、面积等方面进行解读。

（1）绿地类开放空间可达性分析　常州老城区的公园绿地主要为三种类型：综合性公园1个，即红梅公园；社区公园2个，即人民公园和椿桂园；专类公园5个，均为历史名园，即东坡公园、未园、近园、意园和约园。红梅公园、人民公园、椿桂园和东坡公园构成了常州老城区主要的公园绿地，沿街道、河流布置的线性绿地和其他4个历史名园①作为补充。从图6.14的结果来看，6分钟步行覆盖范围主要分布在延陵路两端和京杭大运河沿线。6分钟步行可达范围覆盖了老城区面积的94.7%，可达性较高。导致这一结果的主要原因是这些绿地的开放程度高：一是红梅公园、人民公园、椿桂园和东坡公园等几个面状公园实行开放式管理，沿城市道路开设的入口较多（图6.15）；二是沿街道、河流布置的线性绿地几乎都是敞开式的，与城市道路的接触面大（图6.16）。

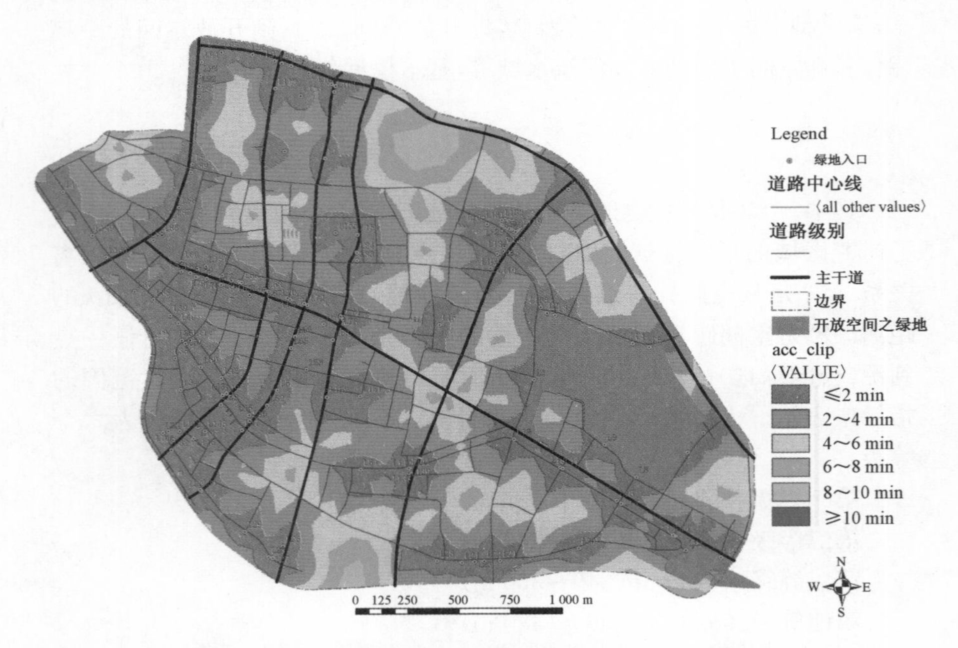


**图6.14　常州老城区绿地类开放空间的可达性分析结果**

（2）广场类开放空间可达性分析　文化宫广场是常州老城区主要的市民广场，其他广场多由建筑红线后退形成。步行6分钟可达范围集中

① 南未园、近园、意园和约园的游人容量较小，空间形态也较为封闭，从日常生活的角度来说，提供的游憩功能有限。

**图 6.15　常州老城区公园的开放型边界**

**图 6.16　常州老城区线性开放空间**

在老城西部，主要分布于延陵路局部、北大街和北直街。步行 6 分钟可达范围覆盖了老城区面积的 40.6%(图 6.17)。从空间位置上看，广场在很

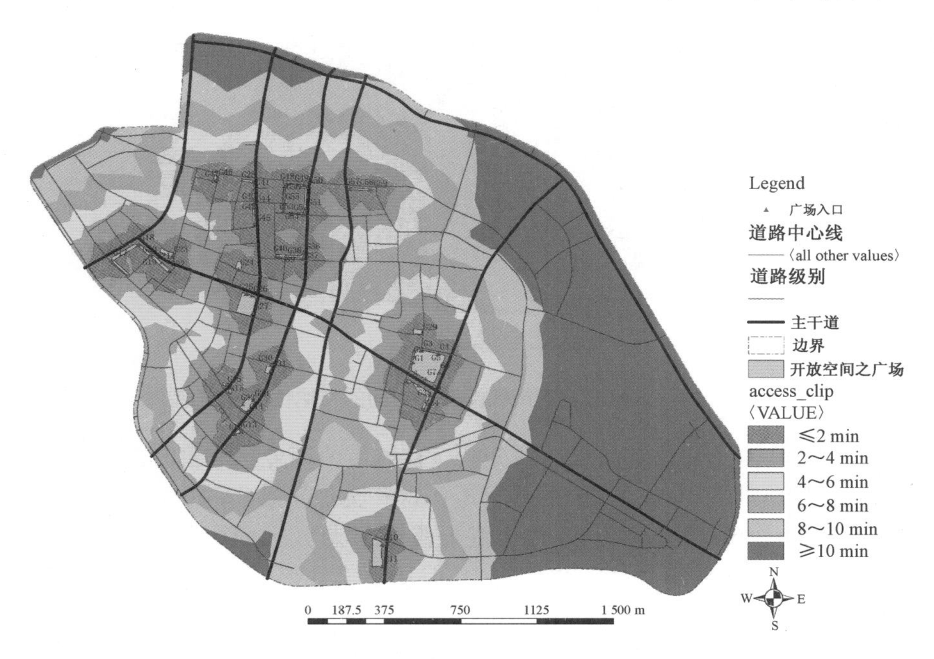


**图 6.17　常州老城区广场类开放空间的可达性分析结果**

大程度上弥补了绿地在老城区中部和西北部的空缺，并较好地结合了西北部的商业空间。由于广场的开放程度高于绿地，在相同条件下，广场具有更高的可达性。例如，人民公园在面积上明显大于文化宫广场，但比较图 6.14 与图 6.17，可以发现面积小的文化宫广场反而比人民公园具有更高的可达性。

(3) 街区类开放空间可达性分析　延陵路中部商业步行街、前后北岸历史文化街区和古运河沿线的青果巷历史文化街区构成了常州老城区主要的街区类开放空间。步行 6 分钟可达范围覆盖了老城区面积的 38.6%(图 6.18)。

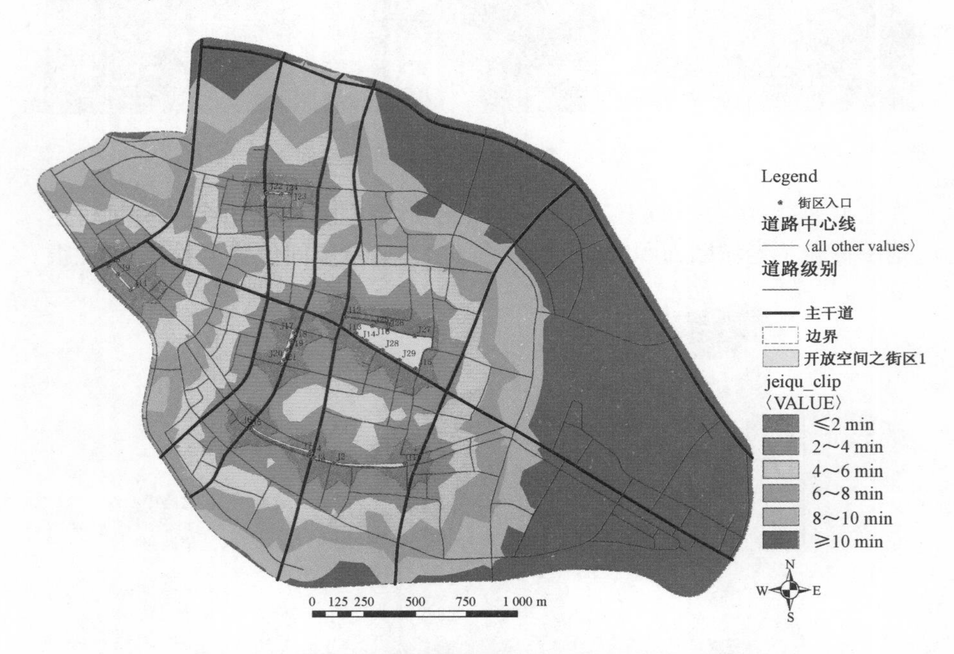


**图 6.18　常州老城区街区类开放空间的可达性分析结果**

(4) 其他类开放空间可达性分析　在城市的商业区和火车站站前设置了一些具有简单游憩功能的步行道。这些类似于游径的步行道集中于老城区的中部。6 分钟步行可达范围覆盖了老城区面积的 18.5%(图 6.19)。这类开放空间虽然数量较少，但从建成效果来看，这些非常规型开放空间在高密度的地段确实为市民及游客提供了简单而实用的游憩功能。这反映了常州的城市管理者一贯注重以各种方式增加城市开放空间的意识。

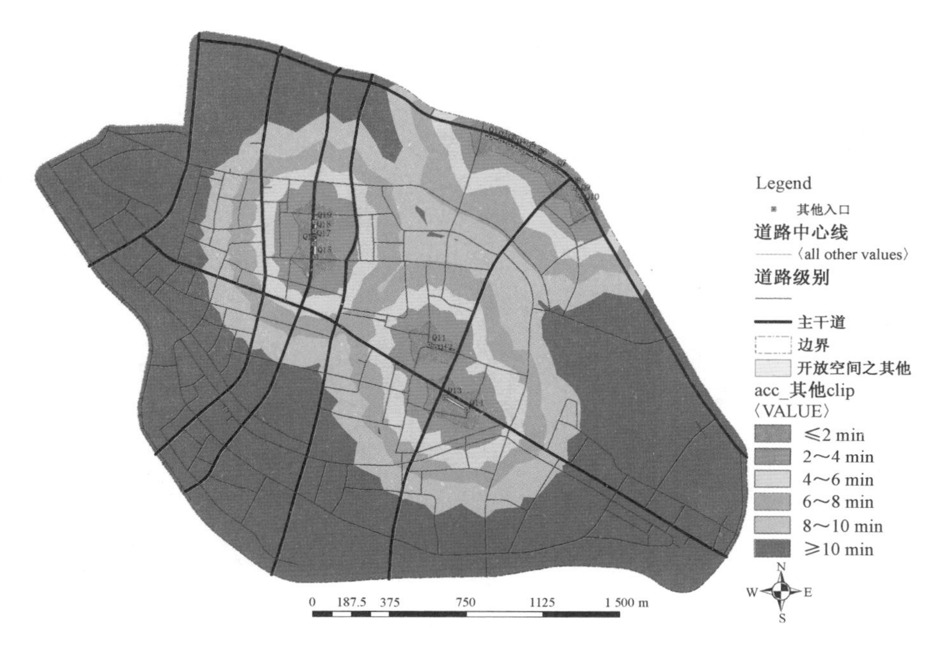


**图 6.19 常州老城区其他类开放空间的可达性分析结果**

第二，将常州老城区的绿地、广场、街道和其他四个类别的开放空间综合起来进行可达性分析，图 6.20 的结果显示，步行 6 分钟可达范围覆盖了老城区面积的 97.5%。对常州老城区开放空间可达性的分析，仅探讨了开放空间服务的空间公平问题，尚未考虑不同人群的分布及市民实际占有开放空间质量的问题。但由于考核指标是步行 6 分钟的覆盖范围，如果考虑到常州老城区面积较小及可使用自行车、公交车等交通工具，总体来说，常州老城区开放空间服务的公平性较好。

分析结果可归结为以下两个方面：

（1）成功之处　常州老城区开放空间的可达性整体情况较好，原因包括三个方面。

首先是结构层次化。常州老城区的绿地、广场、街道和其他四个类别的开放空间功能、级别布局的层次、等级较清晰：大尺度开放空间奠定整体格局；小尺度开放空间见缝插针，为附近的城市用地提供配套服务；线性开放空间起到保护和连接的作用。

第二是形式多样化。常州老城区面积较小，可开辟为开放空间的用

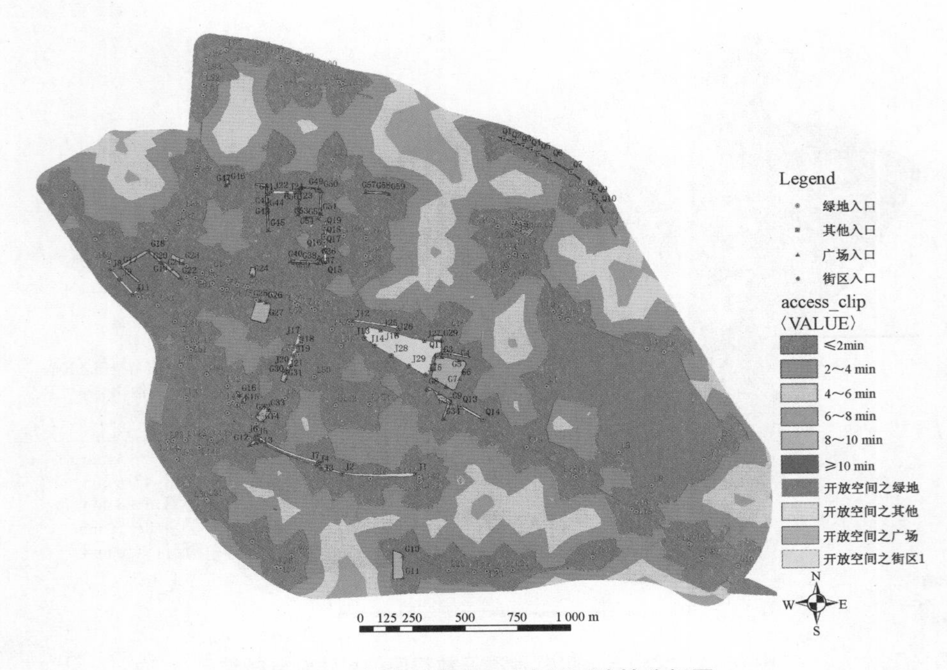


**图 6.20　常州老城区开放空间可达性分析图**

地不多。利用不同途径增加开放空间:一是依据立地条件沿河流、道路和建筑边界设置不同类型的线性开放空间;二是公共建筑红线后退形成街角的小广场。

第三是布局网络化。常州老城区基本形成了一个由 6 分钟步行范围覆盖的开放空间格局。该格局与常州历史文化名城规划的空间布局基本吻合(图 6.21、图 6.22)。需要指出的是,沿道路开辟的开放空间常与沿路商业建筑内部的共享空间相连,形成了内外空间的协同效应。

(2) 不足之处　首先,常州老城区开放空间网络虽基本形成,但还有一定的提升的空间。第二,空间布局结构还不够清晰,沿延陵路、京杭大运河、古运河、北大街的开放空间需要进一步加强。第三,部分文物古迹尚未被合理的组织进开放空间,例如中山纪念堂。第四,起连接作用的游径类开放空间数量不足,还可进一步完善,使开放空间真正形成网络。

4) 常州老城区开放空间布局的重构　针对常州老城区开放空间网络的不足之处,结合本章的布局策略,设计常州老城区开放空间布局的重构方案。重点强化常州市历史城区保护结构——“三河四城、两轴七片”,

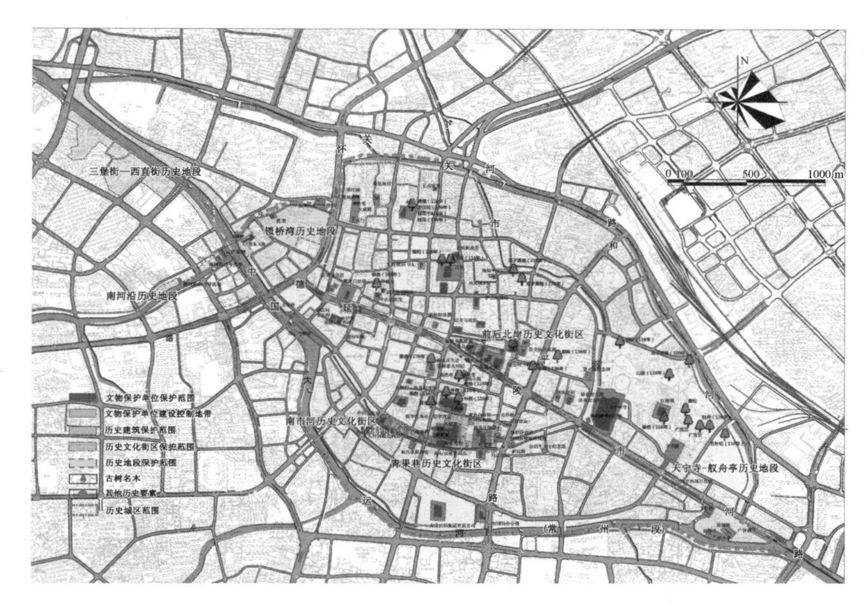


**图 6.21　常州历史文化名城规划总平面图**

图片来源:常州市规划局

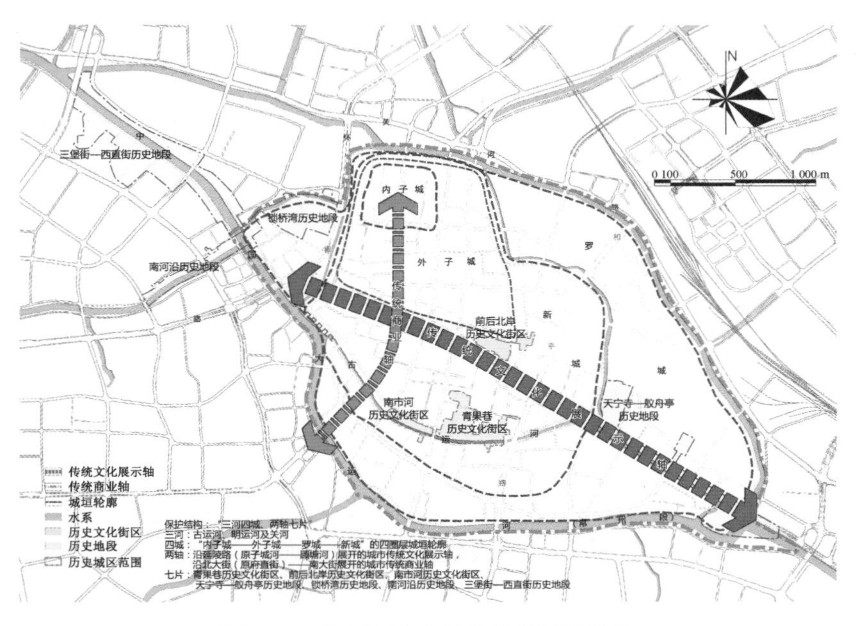


**图 6.22　常州历史文化名城规划结构图**

图片来源:常州市规划局

从以下三个方面进一步增强常州老城区开放空间的可达性，形成常州老城区开放空间布局重构方案图(图 6.23)。

**图 6.23 常州老城区开放空间布局重构方案图**

(1) 文物保护单位、历史街区转化为开放空间 常州老城区有大量尚未开放的文物保护单位和部分尚未修缮、利用的历史街区具有转化为供公众游憩的城市开放空间的潜力。经实地考察和评估，可转化的地点如表 6.9 所示。

**表 6.9 可转化为开放空间的文物保护单位、历史街区信息表**

| 序号 | 历史文物保护单位 | 转化后的开放空间类型 | 转化依据 |
|---|---|---|---|
| 1 | 夏家大院 | 城市绿地 | 夏家大院周边环境复杂，部分民居保留，部分民居根据上位规划需要拆除，考虑到锁桥湾历史地段居民缺乏绿色活动空间，可将夏家大院周边保护范围转化为城市绿地类开放空间 |
| 2 | 常州府学 | 城市绿地 | 远景规划中可将常州府学从常州一中中分离出来，形成独立的城市绿地，开拓该区域旅游空间 |

**续表 6.9**

| 序号 | 历史文物保护单位 | 转化后的开放空间类型 | 转化依据 |
| --- | --- | --- | --- |
| 3 | 蔡旭故居 | 城市绿地 | 蔡旭故居被民居所包围，城市规划并没有为文物保护单位建设预留的控制地带，可将其周边用地转化为城市绿地，既能减少人为对文物保护单位的干扰，又能为周边市民提供绿色休闲空间 |
| 4 | 志王府 | 广场 | 志王府周围包含了一系列的文物保护单位(传胪第、孙慎行行书碑等)，为将这些文物保护单位串联在一起，可将其周边用地转化为广场类开放空间，这样既能形成景观序列，又能预留足够的保护范围 |
| 5 | 大陆饭店旧址 | 广场 | 大陆饭店已进行重新整修，周边用地多作为商业之用，以硬质场地为主，根据周边用地性质及大陆饭店自身的功能，可将建筑附属绿地转化为广场 |
| 6 | 吕思勉故居 | 广场 | 吕思勉故居位于交叉路口，可将故居东南方向的地块改造为广场，增加故居的可达性，方便游人进行参观游览 |
| 7 | 护王府遗址 | 城市绿地 | 重新整合护王府与常州市第一人民医院院史陈列馆之间的用地，利用绿地对历史建筑进行有效的保护 |
| 8 | 庄存与故居 | 广场 | 理由可参考(6) |
| 9 | 徐氏宗祠 | 城市绿地 | 理由可参考(3) |
| 10 | 洪亮吉故居游击府大殿 | 城市绿地 | 理由可参考(3) |
| 11 | 金启生女士纪念塔 | 广场 | 金启生女士纪念塔周边地块可转化为广场类开放空间，一方面可以利用纪念塔的高度形成对广场空间的控制，凸显纪念塔对该区域统领全局的作用；另一方面，广场空间更能体现纪念塔庄严的氛围，更容易形成肃穆的空间环境 |
| 12 | 黄仲则故居 | 城市绿地 | 利用绿地形成对历史文物保护单位的控制地带，利用高大乔木进行视线遮挡，减少周围建筑对历史建筑的干扰 |

**续表 6.9**

| 序号 | 历史文物保护单位 | 转化后的开放空间类型 | 转化依据 |
|---|---|---|---|
| 13 | 孙慎行、孙星衍故居 | 城市绿地 | 利用绿地形成对历史文物保护单位的控制地带，利用高大乔木进行视线遮挡，减少周围建筑对历史建筑的干扰 |
| 14 | 阳湖县城隍庙戏楼 | 广场 | 整合历史保护建筑周边硬质场地，将戏楼作为广场的中心景观节点 |
| 15 | 青果巷历史文化街区 | 街区 | 该文化街区包括了李伯元故居、周有光宅、赵元任故居、史良故居、瞿秋白故居、汤贻汾故居等历史文物保护单位。考虑到文物单位众多，可模仿常州市前后北岸历史文化街区进行改造，形成街区类开放空间，成为历史文化古城的城市名片对外展示 |
| 16 | 锁桥湾历史地段 | 街区 | 锁桥湾历史地段现还作为居住用地使用，可将其开发为集居住、旅游、休憩为一体的文化街区 |
| 17 | 大成纺织集团有限公司 | 城市绿地 | 大成纺织集团有限公司周边有大量空地，可按照后工业时期公园改造的模式进行改造，有利于完善护城河周边环城绿地体系，作为综合公园服务于中心城区的市民，激活城市开放空间 |

注：已被严重破坏或已不存在的文物保护单位、历史街区根据实际情况进行评价是否转化为开放空间，如：武进医院病房旧址还在作为医院病房使用；明式楠木厅毁坏严重，周边建筑拥挤；逸仙中学旧址现作为中山小学；屠元博纪念碑在江苏省常州高级中学校内等。

(2) 增加游径空间　根据常州市历史城区保护结构图，沿延陵路（原子城河——顾塘河）展开的城市传统文化展示轴与现有的开放空间轴线基本吻合，并没有出现断断续续的破碎状开放空间，开放空间之间多互有联系，考虑基本维持现状。在此基础上，将部分建筑附属绿地转化为城市绿地类开放空间。在沿北大街（原府直街）—南大街展开的城市传统商业轴上多为商业用地，游径多作为通道使用，缺少可坐歇的开放空间，这在一定程度上降低了商业轴的活力。现考虑在轴线两边的街道布置坐歇空间，形成商业轴上连续的城市开放空间。

(3) 增加临时类开放空间　新增临时性的开放空间主要包括了一些政府机关、高校等的附属绿地，在节假日期间向市民开放。

## 6.5 本章小结

针对旧城开放空间的现实条件，从旧城开放空间的存在形式和可达性优化两个方面提出的旧城开放空间布局重构策略，在旧城开放空间的现实条件下具有较高的可实施性，综合了拓展旧城开放空间的各种可能性：

首先，旧城开放空间存在形式的重构充分考虑了旧城在无法从整体格局上增加中、大型常态开放空间的条件下，以开放空间的存在形式为突破口，重构了旧城开放空间的形态格局，形成了正规与非成规、官方建设与民间自发实践并存的多元化、开放式的旧城开放空间体系。

第二，旧城开放空间可达性的优化充分考虑了旧城更新已经造成的开放空间服务的空间分异问题，提出开放公园边界和建立游径系统的策略。前者利用公园免费的契机连接公园与城市环境，缩短市民进入公园的流线，并创造真正意义上的城市开放空间；后者立足于旧城在空间尺度、生态环境方面的现实条件，建立连接城市各级节点的游憩系统，使市民在达到节点的过程中已经进入游憩状态，从而进一步增强了可达性。

上述策略从日常生活的角度确立了旧城开放空间布局重构的基本思路和方向，但并未同第五章那样对研究过程实现完全量化。一方面是因为本章内容本身是开放性、发散性的；另一方面，由于研究开放空间可达性的文献较多，且大多采用 GIS 技术手段，无论是数据采集还是分析计算均有详细的阐述。本章结尾利用 GIS 空间分析技术对常州老城区进行开放空间布局量化旨在对本章提出的策略进行实证。至于 GIS 技术在开放空间可达性分析中的应用不是本章的重点，哪种可达性分析方法更好，亦不在本书的研究范围之内。

# 7　日常生活视野下的旧城开放空间文化重构路径

中国已基本完成了从政府命令性经济(计划经济)过渡到政府主导型市场经济的转型过程[103]，从根本上改变着城市发展的动力基础、作用机制，强烈地影响着城市空间演化，对城市文化的变化也产生了巨大的作用。旧城的文化随着这次经济、社会体制的转型也悄然发生着变化。旧城开放空间作为城市文化的重要载体和孵化器，鲜明地反映了这种文化转型的特征：物质空间的文化建设脱离了人们的日常生活，切断了物质文化与文化主体之间的联系，以一元的精英文化、商业文化替代了多元、复杂的市民文化。本章在价值体系重构的框架下，针对旧城开放空间的现实条件进一步细化"开放空间的文化反映市民文化"的原则，提出旧城开放空间的文化重构路径，以达到缓解城市文化迷失问题、重塑多样化开放空间的目的。

## 7.1　相关文献回顾

国外对城市文化的研究比较全面和深刻。20 世纪中后期西方有关城市文化的研究得到迅速发展[210]。学者们从文化人类学、文化生态学、文化地理学、文化社会学、文化经济学、文化管理学、文化建构主义、文化边缘理论等角度分别论述了城市文化建设理论问题。从地方政治、历史变迁[211]、工业化影响[212]、殖民主义影响以及宗教、种族社区影响[213]等视角转向如下几个视角：一是全球化视角，如多元主义[214]、世界城市假说[215]、全球城市假说[216]、全球传媒城市[217]等；二是空间生产视角，如列斐伏尔的《空间的生产》；三是消费社会视角，如鲍德里亚的拟像理论。总体来说，西方学者不只关注"文化本身"，更关注"文化政治"，对空间、景观的研究充满了阶级政治、性别政治、种族政治和少数民族政治的分析[218]。研究方法上不仅采用地图、图表、问卷调查等传统的地理学分析方法，还大量使用定量与定性相结合的研究方法。

近代以来的历史原因迫使我国长期处于传统文化发展的探索期和过渡期，使我国难以内寻找到一条适合自身发展的道路。当前处于转型期的现实更促使学者们加快对城市文化的研究，并取得了一批重要的成果。除了关于文化建设[219]、文化动力[220]、文化地理[218]、文化美学[221]、文化品牌[222]等方面的综述性文献之外，研究成果主要可以归结为如下几方面：一是价值视角，如城市特色展示[223]、文化身份认同[224]、场效应[225]等；二是问题视角，文化迷失[226]、景观失忆[227]、文化空间分异[228]等；三是调查研究视角，如消费空间调查[229]、城市文化价值的实效性分析[230]；四是规划视角，如城市规划与城市文化[231]、公共空间与城市文化[232]、城镇化与文化建设[233]等；五是遗产视角，如城市文化遗产与文化建设[234]、城市文化遗产与文化复兴[235]等。

总结当前国内外的相关成果，可归纳出：(1)相比于西方注重研究问题、现象和规律，国内的学者对城市文化的研究更注重探索传统文化的发展道路；(2)国外注重城市文化的多样性、复杂性，而国内则更强调精英对城市文化的引导；(3)国外注重城市文化的保护，而国内注重文化的展示。

## 7.2 基于开放空间视角的城市文化解读

### 7.2.1 城市文化的内涵和层次

城市文化是城市人类在城市发展过程中所创造的以及从外界吸收的思想、准则、艺术等思想价值观念及其表现形式[236]。文化是人的文化，城市是由人创造的，因此城市文化“与城俱来”，随着城市的发展而发展[237]。城市文化是可以感知的，具体表现在：首先，它是一种记忆，一是反映在各式各样的文字或图片资料里，二是反映在物质文化遗产及非物质文化遗产中；第二，它是一种关系，文化是人的文化，人创造了城市及城市文化；第三，它是一种动力，是城市发展的精神基础；第四，它是一种性格，是城市个性的表达和反映，是城市特色形成的基础。

城市文化分三个层次[238]：一是城市物质文化，是人类在改造城市自然的过程中所创造的物质财富，如城市的空间结构布局、历史文化遗产、公共设施等；二是城市制度文化，是为了合理地处理城市内部若干关系及城市与外部若干关系而创造的规范体系，如经济制度、政治制度、文化制度和社会制度等；三是城市精神文化，是城市人在长期实践过程中所创造和形成的精神文明的总和，如核心价值观、核心竞争力、城市精神、城市社会意识形态、知识体系、文化传统、风俗习惯及市民的思维、行为和生活方式等。

### 7.2.2 旧城开放空间文化的释义

旧城开放空间文化是社会、经济、文化和环境长期积淀的产物，容纳了丰富的文化信息和活动。开放空间包含实体和空间两个部分，在旧城发展过程中，实体记录、传递着历史文化信息，空间则通过容纳人们的日常生活延续、培育和创造文化。从这个意义上说，旧城开放空间文化具有两个特点、三个层次。

1）两个特点　首先，它以城市物质文化的形式记录不同历史阶段的城市文化。积淀而成的物质文化成果可以划为两大类：遗产类和记忆类。前者是旧城开放空间中具有历史、艺术和科学价值的文物，如旧城开放空间中的文物建筑；而后者则是达不到文物级别却承载了城市记忆的物品，如历史悠久的老公园、广场，街区中的空间结构、景点、场地、雕塑等无不积淀了丰富的历史信息，饱含着使用者和专业技术人员的记忆。相比较而言，后者比较难识别，需要人们对开放空间发展的历史有所了解。例如，在中国古代，供普通民众使用的开放空间主要是街区，如西湖这类大型的公共开放空间凤毛麟角。1840 年以后才逐步出现公园、广场等真正意义上的开放空间。旧城的开放空间见证和记录了中国近现代的历史。比如在民国时期，为了提高国民文化素质，将原附属于博物馆的植物园和动物园引入公园内，以便让人们在游玩中获得自然知识[102]。第二，它展现了正在发生的城市精神文化，如文化传统、风俗习惯、市民行为和生活方式等。同样以公园为例，民国政府通过公园向民众灌输现代观念与意识，这使公园实际兼具社会政治教育空间的功能[239]，将革命思想、国家认同、政府意志潜移默化地植入公众精神之中，这一点在孙中山时代达到了高潮；新中国成立后，“苏联经验”带来了“文化休息公园理论”，在公园中“把政治教育工作同劳动人民的文化休息结合起来”[240]。

2）三个层次　从探讨人与文化关系的角度来看，旧城开放空间的文化也分三个层次。一是遗址文化，创造文化的人已经不存在了，仅仅留下了文化的成果，如旧城开放空间中各类历史景观或各类具有历史价值的旧城开放空间。这类文化是城市发展的印迹，是城市记忆的主要构成要素。当前的人们已经无法替代遗址文化原来的文化主体来延续这种文化，只能作为一种凝固的历史供人认知(图 7.1)。二是活态文化，是指仍处于发生过程中的文化，包括物质文化和非物质文化。这种文化的特点是作为主体的人与文化之间保持着稳定的对应关系。物质文化如由原住民继续使用的历史街区，保持了某些使用习惯的老公园、老广场等，非物质文化如依托开放空间的风俗、习惯等(图 7.2)。活态文化是开放空间活力的重要保证，是市民日常生活的真实体现。三是潜在文化，是指那些正在培育中的文化(图 7.3)。随着中国式的市民社会的逐步兴起，开放空间中公共交往的活跃加之人口的流动必然能产生新的多元化的市民文化。

**图 7.1　遗址文化的实例——苏州盘门景区**

**图 7.2　活态文化的实例——沈阳街旁广场上的市民生活**

**图 7.3　潜在文化的实例——上海城市雕塑艺术中心**

## 7.3　旧城开放空间文化建设的若干误区

当前，旧城开放空间文化建设在意识和行动上存在若干误区，重外来流行文化，轻传统经典文化；重精英特权文化，轻平民大众文化；重物质建设文化，轻精神修养文化；重近期逐利文化，轻长远内涵文化[241]。旧城开放空间文化呈现单一化、模式化、虚假化的倾向。从旧城开放空间文化的三个层次来考察，对旧城开放空间的文化建设作如下梳理。

### 7.3.1 破坏物质文化的成果

随着旧城的发展，旧城开放空间面临两个问题：一是物质性老化和功能性衰退；二是开放空间所属土地地价的升值。第一个问题是旧城开放空间难以回避的。功能性衰退是指开放空间因上位规划、周边环境和休闲生活方式等客观条件的变化而变得不能适应城市的发展和使用者的要求。物质性老化是指因时间的推移而出现的设施老化和林相老化[242]，导致开放空间功能出现缺陷和美学价值受损。第二个问题则是受当前粗放型经济增长模式的影响。当旧城开放空间所属的土地因宏观经济与政策因素、区位因素[14]等地价驱动因素的变化而出现地价升值时，原景观极有可能被消除，代之以与土地价值匹配的新景观。在旧城开放空间的更新过程中，往往因思路和方式的不恰当而导致旧城开放空间文化的前两个层次的物质文化成果（遗产类和记忆类）遭到建设性破坏。

1）拆真文物，造假古董　在梁思成、林徽因故居遭“保护性拆迁”仅仅一个月后，北京市就启动了新中国成立以来最大规模的“名城标志性历史建筑恢复工程”。“拆真文物、造假古董”的闹剧在全国不断上演，是重近期逐利文化、轻长远内涵文化的典型表现，具体可分为四种情况。

图 7.4　拆除中的街区

首先是拆真文物，不复建。根据最近一次的全国文物普查结果，我国已登记不可移动文物共 766 722 处，其中，17.77％的保存状况较差，8.43％的保存状况差，约 4.4 万处不可移动文物已消失。那些达不到文物级别的历史景观在旧城更新中常面临被拆除的命运（图 7.4）。

第二是拆真文物，再复建。一方面曾经因城市发展而拆除文物、历史景观，现在又为了发展旅游、招商引资而复建被拆除的景观（图 7.5）。另一方面，在工程中采取拆除重建的模式，因为对于文物、历史景观而言，原地修复的代价（金钱、时间）比拆除重建高几倍，在粗放型经济增长模式下，地方政府、开发商往往倾向于后者。多数情况下，拆除重建并不是严格使用和原来相同的材料、工艺，按照原样进行恢复，而是将拆除的景观打造成开发商、设计师想象中的形态。这样既节省成本和时间，又能实现商业目的。

第三是造假古董，小到公园里的一座阁，大到古城的全盘复建。为了延续中国传统园林的精髓，往往将旧城中的园林建筑等同于仿古建筑。古城复建如山西大同百亿造古城"回到明朝"，河南开封"千亿重造汴京"等造城运动实际是地方政府"经营城市"和获取政治资本的一种途径(图 7.6)。

**图 7.5　拆除再复建的街区**

**图 7.6　古城复建**

图片来源：http://big5.china.com.cn/gate/big5/forum.china.com.cn/forum.php?mod = viewthread&tid = 3374152&from =photoview

第四是造假古董，影响真文物。在文物旁边进行没有文物价值的景观建设，会严重影响文物本体的应有价值，有时甚至会威胁文物的安全。如山西大同的文化复兴工程使始建于辽、金天眷三年重建的大雄宝殿已淹没在一批新修的古建筑群中，而云冈景区在建工程项目中，人工湖、仿古商业一条街、窟前道路和广场等项目，均在云冈石窟保护范围和建设控制地带，其中人工湖可能造成整个小环境的改变，对石窟将产生不可预知的影响。

2) 重视改变，轻视延续　与显性的遗产类物质文化成果相比，记忆类物质文化成果属于隐性的，其价值主要体现在空间结构、景点、场地、设施或雕塑等物质文化成果与人之间的关系上：一是与使用者的关系，旧城开放空间中的一草一木对许多市民来说都是一种珍贵的记忆；二是与专业技术人员的关系，旧城开放空间蕴藏着城市规划、城市设计、风景园林的行业记忆。但在一个崇尚"有形价值胜于无形价值"的社会里，旧城开放空间隐性的文化价值因无法度量而难以获得地方政府、管理单位的认可。

就目前国内广场、公园、街区的更新状况而言，更新模式大致分为三种模式(图 7.7)：“拆旧建新”“分区更新”和“超量扩容”[243]。旧城开放空间的每一次更新在客观上会因更新时所注入新的文化信息而形成一个文化分层。地方政府、管理单位在对旧城开放空间进行更新改造时以追求速度为本，三种模式都倾向于形象的改变，对于如何保护之前积淀下来历史、文化信息和城市记忆则较为漠视。

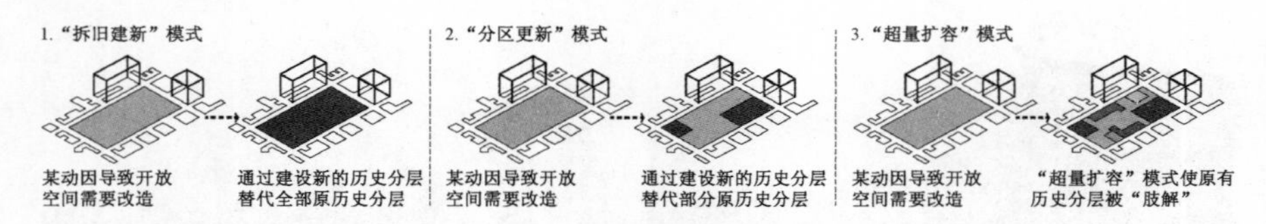


**图 7.7　当前的旧城开放空间更新模式**

图片来源：依据文献[243]改绘

“拆旧建新”是一种剧烈的更新方式，把旧城开放空间当做空白地处理，依据新的规划目标、内容进行重建。在“拆旧建新”模式下，新层完全或大部分覆盖原有文化分层，每一次更新均抹除原有的文化信息，既在物质上造成浪费，同时也阻断了城市文化的积淀和记忆的形成过程。尽管在拆旧建新前新方案也会提出文化主题，但多是以领导们的政绩观、精英们的宏观假设和行而上学的“系统”思维为主导，将各个历史时期形成的旧城开放空间导向单一的、预设的形态。

“分区更新”相对温和，有时也带有渐进式更新的特点，但往往缺乏全局考虑，在大部分情况下是一种头痛医头、脚痛医脚[244]的模式，即哪里出问题，便更新哪里。在“分区更新”模式下，新层可能部分地破坏原有文化分层。从趋势上说，随着更新次数的增多，最初的历史分层最终将被全部覆盖。这种被动地应对问题的方式对旧城开放空间文化延续的作用十分有限。

“超量扩容”是旧城开放空间在不能满足现有的使用需求和缺乏资金的情况下，管理单位不顾开放空间的承载能力扩充游人容量、增加建设内容的更新模式。例如，将老公园衰败的原因简单归结为缺乏商业、游乐设施，“错误地理解‘公园’的休息和娱乐活动内容，认为在公园中增加小火车、飞轮转盘、过山车等等设施就是使公园景观现代化”[245]，结果导致老公园丧失原有的文化气氛。在“超量扩容”模式下，原有的文化分层被新层“肢解”，以一种“解构”的状态存在，形成各文化分层零散叠加的局面。

### 7.3.2 切断人与文化的联系

从文化群体与文化成果的关系来看，破坏遗产类物质文化成果的建设行为抹去了那些缺失了文化群体只剩文化印记的物质成果；破坏记忆类物质文化成果的建设行为使现存的文化群体失去了对应的物质成果，从显性层面上破坏了旧城开放空间的活态文化。当文化群体和文化成果都存在时，文化群体的置换从隐性层面上破坏了旧城开放空间的活态文化。当下旧城开放空间布局的社会分异就是以经济为杠杆切断原文化群体和文化成果之间的对应关系，使少数人享有原本属于多数人的文化成果。

1）日常联系被切断　当旧城开放空间及其周边土地因宏观经济与政策因素、区位因素[246]等地价驱动因素的变化而出现地价升值时，原景观极有可能被消除，代之以与土地价值匹配的新景观。一方面，公园地产[247]、湖景房对旧城开放空间进行围堵和封闭，周边原有的低档住房被这些高档地产所替代，低收入者被迫迁出。另一方面，老街区的更新、历史街区的"缙绅化"的结果同样是将穷人请出去，富人请进来。随着原有居民的大量外迁，旧城开放空间与使用者之间日积月累建立的联系被切断。从空间上隔离了文化主体和文化成果的关系。

2）生活界面被改变　在旧城开放空间布局产生分异的同时，在旧城开放空间中设置高档消费场所以另一种形式驱离了公众。这两者将普通市民的生活界面转化为清一色的高端消费场景——无非是一些咖啡馆、酒吧、酒店等象征时尚生活的景象。可以试想将西湖香市、庙会、灯会、鸟会、观潮、茶俗、月老卜婚等传统生活景象替换成一群"小资"或"中产"追捧原本在美国属于大众化品牌的星巴克、哈根达斯的景象，那么西湖将完全失去其应有的文化氛围。

### 7.3.3 打造主题式的泛文化

在破坏物质文化成果和切断文化发生过程的同时，地方政府和管理单位普遍相信文化是可以打造的，小到一个主题雕塑大到拟耗资 300 亿的"中华文化标志城"都可以制造出来。当以历史文化来塑造城市形象、展示城市品牌及凝聚人心成为城市决策者的一条重要思路时，中国的城市开放空间开始肩负起体现地方政治、几百年乃至上千年历史和文化等多方面的重任。对于文化资源丰富的旧城而言，开放空间必须表达文化，这一政策性的命题几乎成了当代中国每个城市设计师、风景园林师在实践中都可能面对的问题。但是,一边毁坏文化遗产,一边捧着典籍“挖掘”文化,这样打造出来的到底是什么“文化”?[145]

1) 文化的泛化　在当代,任何事物均可被贴上“文化”的标签,如“茶文化”“酒文化”“水文化”(图 7.8)……,甚至涉及与“文化”一词毫无关系的远古生物,比如“恐龙文化”。一些“大牌”文化遭到各地争抢,如湖北随州、陕西宝鸡、山西高平、湖南株洲炎陵县和会同县等四省五地以总投资超过百亿的代价争夺炎帝故里。在缺少“大牌”文化的地方,则另辟蹊径,将历史上的奸臣或者小说中的反面人物作为“文化”加以打造,如西门庆成了文化产业中的“明星”,遭到多个地方争抢。文化[4]的泛化使城市文化资源的容量被无限制扩充,突破了文化与地域、场地之间的对应关系,使任何一个开放空间均可披上文化的外衣。但对于伪文化和非文化,无人来鉴别和认定。

**图 7.8　表现水文化的主题景观**

图片来源:http://www. lsnews. com. cn/2013/system/2013/06/28/010424053_03. shtml

2) 文化的审美泛化　对文化的感知过程转变为对景观形象的视觉审美和视觉消费过程。先将“文化”分解为过程、事件、人物、物品、文字等内容,通过直接、模拟、抽象、隐喻和象征等手法将“内容”物化成具体的景观形式,游人通过观赏或参与活动形成对该“文化”的印象(图 7.9)。以茶文化为例,在开放空间中打造“茶文化”的过程通常概括为表 7.1 中的几个方面。文化的审美泛化本质上是“拟像”现象的一种,模糊了真实和

**图 7.9　茶文化的情景雕塑**

图片来源：http://cdjiangdl.blog.163.com/blog/static/7503736220104201158080 2/

虚拟的界限，"拟像"最终成为客观真实本身，完成"文化"从无到有的打造过程。于是产生了一条潜在的行动逻辑：可以不必再珍惜城市文化遗产和重视正在发生的文化过程，因为文化可以在任何时间、任何地点被制造出来。

**表 7.1　茶文化的打造过程**

| 序号 | 展示方式 | 展 示 内 容 |
|---|---|---|
| 1 | 主题展示 | 设置与饮茶相关的大型人物主题雕塑进行点题，如神农氏、陆羽等 |
| 2 | 情景展示 | 设置采茶、炒茶等活动或事件的情景雕塑，如圆雕、浮雕墙、浮雕柱、雕刻铺地等 |
| 3 | 物品展示 | 以设施小品、雕塑或实物的形式展示与茶相关的器物 |
| 4 | 操作展示 | 由真人表演茶艺 |

3）文化的趋同化　"破坏物质文化的成果"损害了文化的原真性，"切断人与文化的联系"忽略了文化的过程性，两者破坏了旧城开放空间文化的三个层次，旧城开放空间失去了用于对抗全球化的基础。而"打造主题式的泛文化"在已经丧失了文化识别性的空间上套叠了一层用相同模式制造的"文化"外衣，注入类似于迪斯尼乐园的幻象，使旧城开放空间文化主题泛滥成灾，成为一个个集锦式的主题公园（图 7.10）。以城市绿

地规划设计说明这一操作的过程。绿地系统规划将文化主题分级分层,按绿地级别统一配置。具有国际、国内影响的特色资源整合在大型绿地中。只对局部(省内或市内)产生影响的特色资源则在中小型绿地中体现[248]。绿地总体规划和详细规划阶段对绿地系统规划文件中所指定的主题进一步深化,拆解成若干子标题,以此为依据将绿地划分为若干展示区,并提出每个区具体的展示内容、展示方式和设计风格。绿地设计阶段依据上位规划文件的内容,按照表 7.1 的方法将主题物化为具体的景观形象。抛开各种主题式的命景,以上述流程打造出来的开放空间过度依赖雕刻、雕塑,必然导致视觉面貌雷同的问题。

**图 7.10　文化的趋同化导致景观面貌雷同**

## 7.4　旧城开放空间文化重构的现实路径

### 7.4.1　意识层面:保育文化关系

所谓“保育”就是“保”和“育”。“保”是指保护和延续,“育”则是培育。旧城开放空间文化建设存在误区的根本原因是忽略了城市文化的本质是一种关系:文化是人的文化,人创造了城市及城市文化。文化群体与文化之间的关系是相对固定的,是文化原真性、过程性和地域性反映,不能随意置换和分离。遗址文化缺失了文化群体,只剩文化印记,无法再发展、扩充,损坏一点少一点,所以需要保护。在活态文化中,虽然文化群体和文化都存在,但两者的关系受城市发展的影响,文化群体一旦被隔离或置换,文化就失去了发展的可能,所以需要延续。潜在文化虽然未形成明确的文化成果和文化关系,但蕴含着多种可能性,所以需要培育。由此可知,保护、延续和培育文化群体和文化之间的对应关系是旧城开放空间文化重构的关键问题。

1）保护遗址文化 那些缺失了文化群体只剩文化印记的遗址文化是旧城开放空间历史文化的最直观表征，一旦遭到破坏，难以被还原。因为文化群体与文化之间的对应关系已不复存在，现代人无法替代当初的文化群体制造、再现这类文化成果。即便再现出来，也是展示性的、表演性的。从这个意义上说，保护现有的历史景观远比复建、重建来得重要。这一点既是文物专家的共识，也越来越得到公众的认同。保护遗址文化分为三个方面：

(1) 保护旧城开放空间中各类历史景观 不论散落在旧城开放空间中的历史景观是否达到文物级别，其本体和环境都应得到严格的保护。在保护本体方面，既要保护单体，有时也要保护空间结构。例如，上海的长风公园，原址是一片低洼地，从1957年开始辟建为公园，总面积为36 $hm^2$，第二年赶上了全国“大跃进”的形势。当时，毛泽东主席在《送瘟神二首》中写下了著名的诗句：“天连五岭银锄落，地动三河铁臂摇。”因为是在公园建设中利用原有水塘洼地开辟的湖面，于是就取名为“银锄湖”；挖湖取土在北岸堆起的一座小山，就取名为“铁臂山”。那时候全国到处都是一片乘长风、破巨浪，奋力争上游的口号声，“长风公园”这一名称，也反映了“大跃进”的声音[249]。长风公园的空间结构对于研究当时的历史和新中国风景园林史都具有重要的历史价值(图7.11)。对于本体保护，现有的城市历史文化遗产保护理论和技术已达到相当的水平。但在环境保护方面还存在理念上的分歧。一些管理部门、专业技术人员倾向于从历史景观中挖掘、展示或再现文化，使之成为开放空间的主题。而冯纪忠教授主持的上海方塔园给出了另一种答案：与古为新——保持宋代方塔、明代照壁和天后宫等历史建筑的碎片状态，环境融入新的造园手法，探索体现时代的新风格，使本体和环境具有可识别性。

(2) 保护具有历史价值的旧城开放空间 这类旧城开放空间可分为四个次类：一是皇家园林、古典园林、寺观园林等历史名园(图7.12)；二是由历史遗址为主体改造而来的公园，如沈阳北陵公园、南京午朝门小游园等(图7.13)；三是与重要历史事件、人物相关的开放空间，如南京中山陵、苏州天平山等(图7.14)；四是在中国近现代开放空间发展史上具有转折点或代表性意义的开放空间，如建于1905年的无锡城中公园是我国近代史上由地方乡绅出资建造的最早的城市公园(图7.15)。这些旧城开放空间在整体上具有历史价值，其一草一木均应视为保护对象，而不局限于对某个单体的保护。

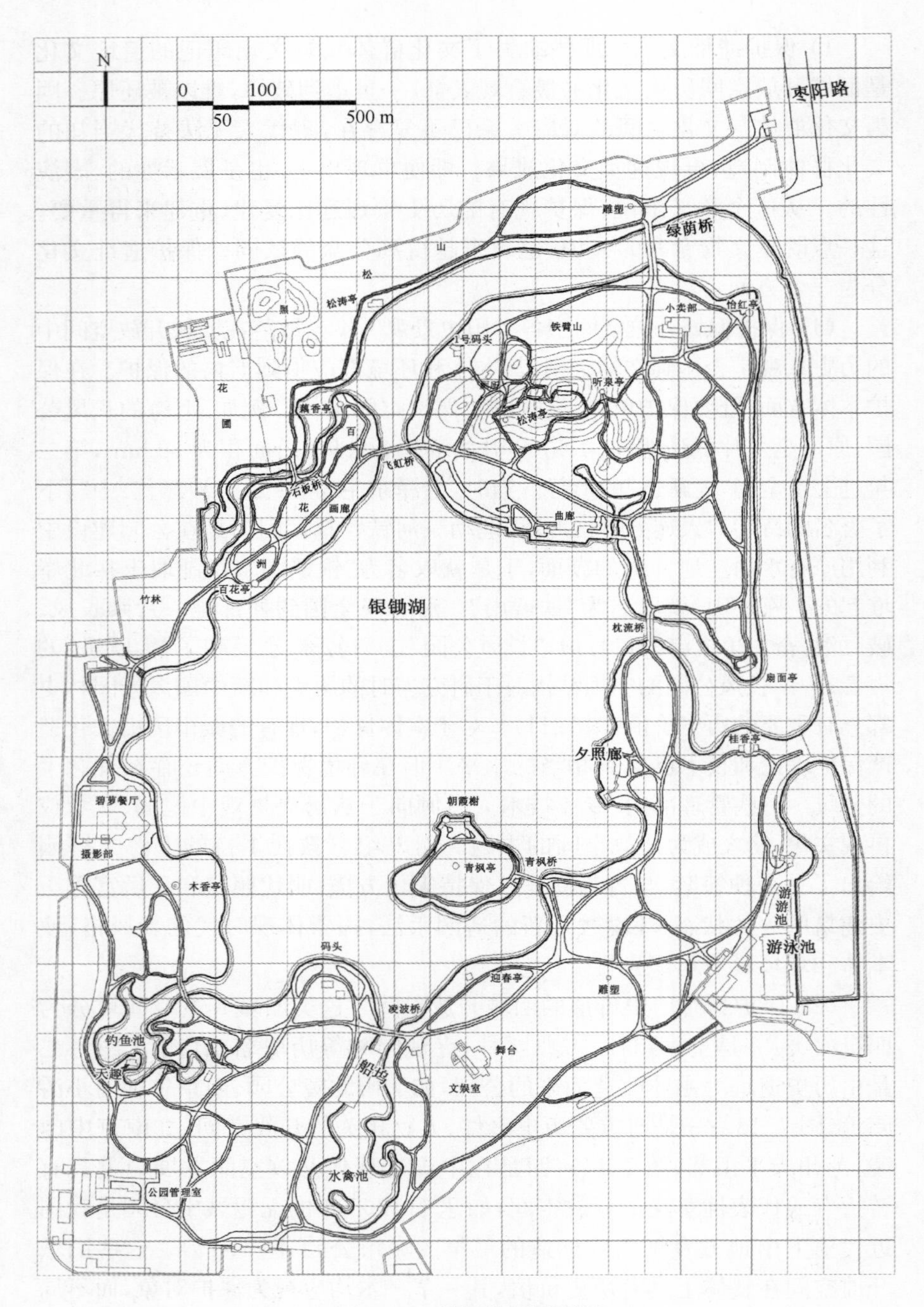


图 7.11　长风公园平面图

**图 7.12　无锡寄畅园**

**图 7.13　沈阳北陵公园**

**图 7.14　苏州木渎天平山（范仲淹墓所在地）**

**图 7.15　无锡城中公园**

图片来源：http://www.wuxi.gov.cn/thkpzyw/hyth/t hms/wx/2139.shtml

（3）将旧城中的历史景观纳入开放空间。在进行旧城绿地系统规划和广场选址时应尽量容纳历史景观。《北京市绿地系统规划》（2007—2020）规定：中心地区公园绿地子系统的构建要“结合文物古迹保护、危旧房改造、工厂搬迁、中小学合并、道路拓宽、大型公建的开发建设等开辟公园绿地、完善二环绿色城墙和城市的‘十字’景观轴线”[250]。在这之前全国已有大量的成功实例。例如，20 世纪 80 年代，合肥市在进行建设“大中城市旧城改造如何结合保护古迹发展绿地”的课题研究时，就确立了沿宋代古城墙遗址修建环城公园绿色体系的构想。实施后的环城公园，串联了多处古迹及风景园林，协调了老城区与新区的尺度差异，“成为合肥市的第一圈绿环，并被美誉为‘翡翠项链’”[251]。苏州盘门景区是苏州古城风貌保护较好的一个区域，原因之一就是整个盘门景区被大片绿地包围、隔离，同时又处于隔离旧城的护城河绿化带上[252]。这得益于 1986 实施的《苏州市城市总体规划》中“保护古城墙遗址，并作为绿化用地，不再新建建筑物”[253]的规定。南京现存的明城墙、城门大部分与公园和广场的建设结合，成为南京市民和外地游客感受历史、眺望城市的好去处。这些实例表明，历史景观纳入开放空间后，融入了市民的日常生活，进入了公众的视线，便处于公众舆论的监督之下。

2）延续活态文化　相比于破坏一点就少一点的遗址文化，活态文化是文化群体与文化之间关系的鲜活体现，还有发展、提升的可能性。因此，对于活态文化不仅要保护，还要保持、延续文化群体的日常生活与文化之间的稳定关系。延续活态文化分为两个方面：

（1）保持市民与开放空间相对稳定的空间关系　目前旧城开放空间和市民的关系主要是居住或游憩。历史街区保护性修复工程、老街区改造工程应提高居民的回迁率，如果60％的居民能回迁，便基本能使街区保持原有的社会生活结构和方式。作者于2013年对无锡清名桥街区的近200位居民，发放了160份问卷，73.1％的受访者表示愿意继续在老房子里居住。杭州小河直街历史街区保护工程的居民安置意愿调查显示，60％的居民有整治后回迁的意愿[254]。由于历史街区、老街区区位条件好，社会生活结构又带有熟人社会的性质，因此多数居民愿意留在街区继续生活。一旦迁出，低收入的居民无法承受高昂的新建商品房价，被迫迁往城市边缘，面临上班远、看病难等一系列问题。毗邻旧城开放空间的土地开发应考虑开放空间利用的公共性和原住民的权益，避免出现旧城开放空间周边富人聚居的圈层结构与空间极化现象。

（2）保护开放空间中的“记忆类”物质文化成果　这类成果分为自然要素和人文要素两方面，其中自然要素包含地形、地貌、植被、水体和动物；人文要素则包含典型建筑、重要场地和环境雕塑等内容。判断这些要素是否是“记忆类”物质文化成果的标准是：一是这些要素与使用者是否形成稳定的关系，是否具有相当的使用频率和相对固定的活动内容；二是这些要素是否已经令使用者对其产生情感。通过行为观察和问卷调查可获取这些数据。例如上海已改造完工的公园做过一些调查工作，比如和平公园在改造前向游客发放了1 000份征询意见表，在回收到的900余份意见表中，96％的市民要求保留园内的观赏动物[255]。再如，大连市儿童公园改造前，市民表示希望不缩小园内的水池，设计师最终采纳了该意见，并保留了旧驳岸[256]。

3）培育潜在文化　在进行旧城开放空间重构时，放弃自上而下的“文化打造”模式，在保护遗址文化和延续活态文化的同时，为市民留出一定的余地。首先，进行空间功能规划时，不采取一次建设成形的方式，代之以“策略性的设计”[257]，即保留空间功能的不确定性，为活动和事件的发生留有余地。“策略性的设计”分为两种形式：一是以阶段性的策略指导未来的设计和建设；二是二次设计。前者最早出现在美国景观都市主义设计师的方案中，如屈米的拉维莱特公园（图 7.16）和库哈斯的“树城”公园设计方案（图 7.17）。后者则是先留出场地，让人们在其中自行组织活动，设计师通过观察总结人们的活动规律，再进行二次设计。第二，支持市民使用开放空间时采取的自发性活动。市民从自身生活经验出发使用开放空间比设计师在办公室中的想象更具创造力和突破性。这对于消除旧城开放空间的死角和增加开放空间使用效率具有重要的意义。

图 7.16　法国拉维莱特公园实景

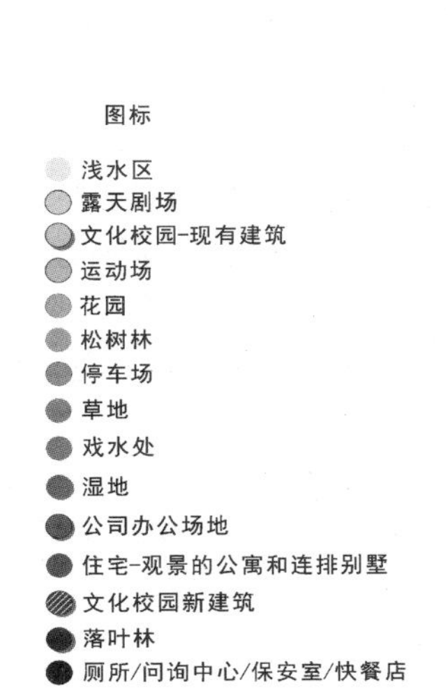

图 7.17　“树城”公园设计方案[257]

### 7.4.2 策略层面:建立文化地图

近年来,“城市文化地图”概念为人们提供了一种媒介用以检索城市的历史文化场所和事件的图文资料。在文化界、艺术界和旅游界,文化地图的概念已经得到了广泛的应用。在城市规划界,城市文化地图有助于从信息的角度引导并服务于城市的文化发展,推动城市空间的文化规划和建设,动态地反映和推进城市文明进步的历程[258]。旧城开放空间的重构可以利用文化地图直观地显示具有文化意义的空间和实体的类别、特色、数量、规模、文化资质、影响度和分布状况,以便评判一个城市空间文化的丰富和深厚程度。

1)旧城开放空间文化地图的构成内容　文化地图包含图示和评价两个部分,不仅要形象化地登录并图示每一个文化地点,还需进行文化价值信息和指标的评估。

(1)文化地点分类与标记　文化地点包括文化实体和场所。实体是指建筑、构筑物等物体,场所是指开放空间。实体和开放空间存在下列两种关系时,实体可视作必须标注的文化地点:一是实体在开放空间内部;二是实体为开放空间的边界,构成开放空间的垂直界面,两者没有间隔。根据前述旧城开放空间文化的三个层次,将文化地图表示的内容分为遗址类、活态类和潜在类三类。遗址类的存量表明了旧城的历史文化是否深厚及保护工作是否得当;活态类的存量显示了旧城文化的延续性和空间活力;潜在类的存量说明了城市的宽容度和兼容性。

(2)文化价值信息和指标评估　参考文献[258]的研究成果,设立开放空间文化的九宫格评价指标。遗址类文化地点的评估指标包括:产生年代、规模、人物与事件重要性、独特性、文化艺术水平、知名度、完好度、开放度、设施水平共九项(表7.2)。活态类文化地点的评估指标包括:产生年代、规模、真实性、独特性、健康度、完好度、开放度、受欢迎度、设施水平共九项(表7.3)。对某个文化地点的各项指标按5分制进行评价。历史超过100年的得5分①,介于75～100年的得4分,介于50～75年的得3分,介于25～50年的得2分,历史小于25年的得1分。规模大于

① 此处参考杭州和广州的历史文化街区和历史建筑保护办法中将历史建筑的历史下限界定为50年的做法,50年为时间节点划分评分等级。

3 $hm^2$的得 5 分①,介于 2～3 $hm^2$的得 4 分,介于 1～2 $hm^2$的得 3 分,介于 0.5～1 $hm^2$的得 2 分,小于 0.5～1 $hm^2$的得 1 分。人物与事件重要性和知名度的评分取决于其影响的地域范围,国际或国家级别的得 5 分,区域级别的得 4 分,省级的得 3 分,市级的得 2 分,市内行政区级别的得 1 分。完好度是指遗址保存的完整程度,包括空间格局的完整度、单体的完整度。独特性是指此处文化区别于他处的程度,只存在于市内行政区内的得 5 分,存在于市域内的得 4 分,存在于省内的得 3 分,存在于区域内的得 2 分,流行于国内和国际范围内的得 1 分。受欢迎度由现场问卷调查获得。开放度是指某处开放空间向不同人群的开放力度,面向所有人开放,开放度最高;面向部分特定群体开放,开放度则低。健康度是指文化内容是否健康,是否符合社会主义精神文明建设的要求。真实性是指文化活动出于日常生活的需要而非因某种目的进行的表演性活动。完好度、开放度、健康度和真实性等四个指标难以建立精确的评估公式,还应依据调查点现场的实际情况估算。

**表 7.2 遗址类文化地点评估表**

| 产生年代 | 规模 | 人物与事件重要性 |
|---|---|---|
| 独特性 | 文化艺术水平 | 知名度 |
| 完好度 | 开放度 | 设施水平 |

表格来源:参考[258]绘制

**表 7.3 活态类文化地点评估表**

| 产生年代 | 规模 | 真实性 |
|---|---|---|
| 独特性 | 健康度 | 完好度 |
| 开放度 | 受欢迎度 | 设施水平 |

表格来源:参考[258]绘制

2) 旧城开放空间文化地图的评价方法 城市文化地图结合一些分析方法可以成为旧城开放空间文化发展和建设的一种重要的分析

① 《历史文化名城保护规划规范(GB 50357—2005)》中规定历史文化街区的面积不小于 1 $hm^2$。2004 年建设部、国家发展和改革委员会、国土资源部、财政部四部委联合下发通知,对城市广场的规模限定为:小城市和镇不得超过 1 $hm^2$,中等城市不得超过 2 $hm^2$,大城市不得超过 3 $hm^2$,人口规模在 200 万以上的特大城市不得超过 5 $hm^2$。作者综合这些规定确定文化地点的规模指标。

工具。

(1) 纵向评价:叠图法　与“千层饼”分析法的工作原理类似,将不同时期某旧城开放空间的文化地图叠合,可以直观地了解该旧城开放空间文化变化的数量和空间分布情况,对分析旧城开放空间的文化变迁、演进规律具有一定辅助作用。

(2) 横向评价:密度法　引入城市文化地点的密度指标,可以衡量旧城开放空间文化的丰富度,包括面密度(式 7-1)和线密度(式 7-2)两种指标。面密度用于测定或比较城市开放空间整体层面的文化丰富度或块状开放空间的文化丰富度;线密度用于测定或比较线性开放空间的文化丰富度。

文化面密度 = 文化地点的数量/包含文化地点的评价区域的面积　(式 7-1)

文化线密度 = 文化地点的数量/一条空间线路单位的长度　(式 7-2)

(3) 空间结构评价:路径法　将旧城开放空间文化地点之间相互连接的道路描画出来,绘制出开放空间文化的空间结构简图,显示出文化地点的分布和路径联系。文化的空间结构简图可融合纵向评价和横向评价对旧城开放空间文化的现状进行综合评价。

### 7.4.3 操作层面:引入分层思想

旧城中同一开放空间可能承载着不同时期积淀下来的各种历史信息。随着时间的推移,开放空间中的各种历史文化信息必然相互交错、前后叠加,特别是失去了文化主体的遗址文化。在旧城开放空间的改造中,常常因忽略了这种现象而导致历史文化信息的损失。从信息的角度来看,这种破坏体现为两种情况:一是推倒重来,即以改造时加入的文化信息抹除之前多层叠加的信息;二是静止保护,即将现有的历史文化信息“冻结”为一个终极的状态,未给新文化信息的加入留出空间,特别是当前与市民日常生活相关的文化。鉴于这些问题,有必要引入“分层思想”,将每个旧城开放空间看做是一个“信息体系”,注重开放空间文化的多样性,并将开放空间作为“可持续发展的活体加以规划”。

1) 分层思想的工作原则　分层思想在计算机程序设计、管理科学等领域已有深入的研究和广泛的应用。在城乡规划、风景园林领域里,刘奔腾、董卫提出了“基于分层思想的历史地段保护方法”，陈荻、邱冰对“基于分层思想的城市公园有机更新模式”[243]进行了探讨。虽然在具体的实践中研究者对分层思想有着不同的理解和运用，但就旧城开放空间的文化重构而言，有三个基本原则。

(1) 区分原则　依据前期研究将某一开放空间不同时期的文化信息进行分层，每一层包含的内容能展示该文化的特征，与各时期的文化信息一一对应，使每一层都具有可识别性，具有区别于其他层次的基本特征。

(2) 拼贴原则　采取拼贴的方式保持各文化分层结构的相对独立，尽可能减小每一个文化分层的内容或结构变化对其他分层的影响。拼贴存在并置和嵌入两种模式：并置模式将各文化分层(包括植入的新层)在水平或垂直方向上同时放置、排列；嵌入模式是指新层以最小干扰的形式替换原有文化分层中文化价值不高的部分，并尽可能减少对该部分邻近环境的影响。

(3) 功能原则　文化分层的设定应与开放空间的价值重构和功能重构有机地结合起来，最终目的是既要保留和展示旧城开放空间多元的历史文化信息，同时又要使其满足市民日常生活的需要，为开放空间中市民文化的发生、发展提供可能性，使文化信息在开放空间未来的持续利用中继续演变。

2) 分层思想的应用方法　将分层的原则落实到具体的实践活动中，需要建立一个工作步骤，在全面展示旧城开放空间文化多样性的同时将文化重构与价值重构、功能重构衔接起来，最终实现旧城开放空间与市民日常生活的紧密结合。

(1) 历史解读　通过历史文献转译、现场调研，对旧城开放空间的历史沿革进行详细的梳理，挖掘、解读出历史文化信息。所谓历史文献转译，就是通过阅读相关文史资料以及历史地图，用规划的思维将遗址文化的信息对应到现在的空间当中。现场调研包括必要的实物测绘和问卷调查。通过行为观察、问卷调查与访谈了解市民对开放空间景物的情感及稳定的使用方式，获取活态文化的信息。历史解读可在文化地图绘制阶段完成。

(2) 信息分层　以时间为序列，以影响开放空间格局形成的事件为依据对旧城开放空间的文化信息进行分层，并且将每一层落实到事件发生的具体空间上。

（3）规划分层　文化信息的分层只解决了旧城开放空间文化多样性保护的前提条件，要在保护各文化分层的同时兼顾以日常生活为目的的开放空间功能提升还需对各文化分层进行归类和统筹规划。在信息分层的基础上结合旧城开放空间功能重构，对场地进行再一次分层，以满足日常生活、保护文化关系、激活场地活力为目标，划分出以下三个分层：

第一是保留层。该层是旧城开放空间各文化分层中能够被继续使用且允许被适度改造的部分，如功能合理的空间结构、道路系统、场地、设施等。保留层的划分以第五章功能重构中的调查分析为依据，尽可能不改变原有空间形态、位置、结构，使其依旧发挥作用。

第二是保护层。该层是指各文化分层中与事件对应的空间或实体，包括空间结构、景点、建筑、场地、雕塑、设施、植被等，是开放空间文化最为核心的部分。保护层的划定以历史解读和信息分层为依据。

第三是拓展层。该层是专业技术人员对旧城开放空间面临的问题做出的具体回应，用于激活开放空间活力，使其适应城市及市民社会的发展，为新的文化分层的生成和发展预留空间。拓展层可以是在保留层和保护层的水平方向延展，也可以是在这两者的垂直方向上进行叠加。

## 7.5　文化重构路径的应用方法

### 7.5.1　应用流程与要点

利用本章提供的文化重构路径，城市旧城开放空间文化重构可按照以下流程进行操作（图 7.18）：

1）整体层面上进行文化重构规划　按照文化关系保育的思路，利用文化地图这一工具在整体层面进行旧城开放空间的文化重构规划。

首先，建立文化地图，将旧城开放空间文化的现状转化为可视化的图纸。从文化成果与文化主体的关系入手，借助于 7.4.2 中的文化九宫格对旧城开放空间所含文化资源的总体情况进行评估（评估对象不包括存在典籍中的文化），重点关注四个方面。一是各类开放空间文化地点的数量，如果遗址文化数量较多，说明旧城历史悠久，城市文化保护工作较为成功；如果活态文化数量较多则说明旧城文化活力强；如果

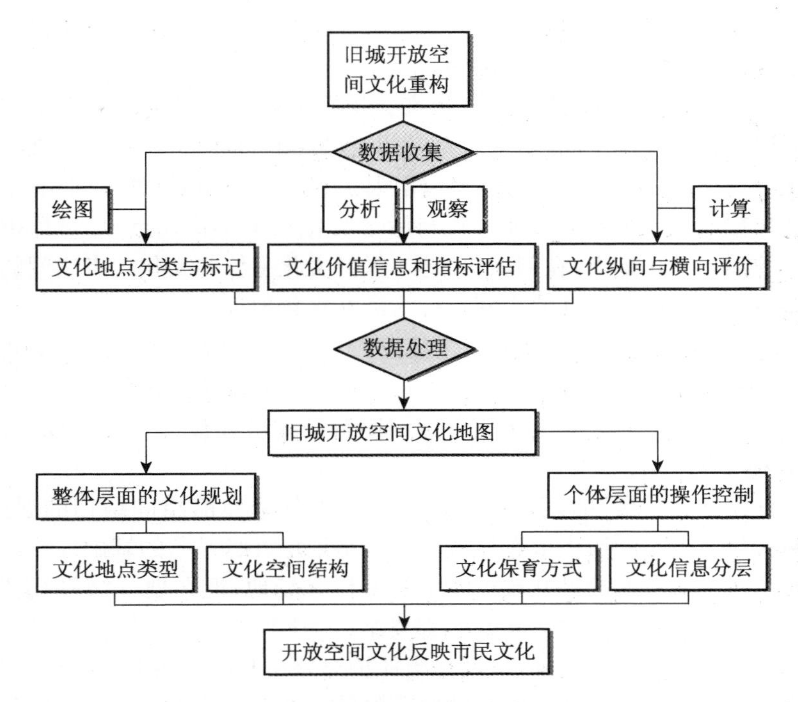


**图 7.18 旧城开放空间文化重构操作流程图**

潜在文化数量较多则表明开放空间在设计时为市民留有的弹性空间较多。二是各类开放空间文化地点的质量，如遗址是否得到良好的保护，遗址所在开放空间是否融入了当地市民的日常生活，活态文化是否健康和具有持续性，潜在文化是否具有进一步培育的可能性，等等。三是旧城中具有文化的开放空间的分布密度，如果密度不足，说明开放空间文化建设在整体层面、某一区域或某一线路上仍待加强。四是各类开放空间文化地点相互之间的空间联系，评估它们是否具有整体、联动发展的可能性。

第二，依据文化地图的评价结果，在文化地图的底图上进行规划，具体分为三个方面。

一是开放空间文化地点类型的规划，调整遗址文化、活态文化、潜在文化之间的数量关系，最终的目标在保护、增加遗址文化地点的同时，提高活态文化地点的数量。

二是开放空间文化地点的线路规划，依据文化地点的资源情况及空间分布特征,加强文化地点之间的联系,在整体层面上形成具有明显特征的旧城开放空间的文化空间结构。

第三,依据文化地图规划制定文化保育计划。一是结合第六章的策略将遗址纳入开放空间,如第六章常州老城区的布局重构所示,增加遗址文化地点;二是结合第五章的功能模型调整遗址文化地点的空间功能,将遗址文化地点逐步转为遗址文化与活态文化双重文化地点;三是保护好现有的活态文化地点,在旧城更新中,保持文化主体与文化地点之间的空间关系。四是将普通开放空间培育为潜在文化地点。

2）个体层面上进行历史文化信息分层图解　对于单个开放空间而言,除了总体上对它的文化进行定位之外,在功能重构前按照 7.4.3 进行文化分层。单个开放空间文化分层的图解工作可在设计阶段完成,操作时注意以下两点:

首先,“保护层”的划定应避免只重视实体而忽略空间结构的误区。绘制文化地图时的历史信息梳理和评价是划定“保护层”的基础。绘制文化地图时主要考虑的是开放空间中的实体和场地,但在划分“保护层”时所有与历史事件相关的空间元素都要纳入考察范畴,包括植被、水体、地形等看似不含信息的元素,特别是当保护对象是开放空间的空间结构时。开放空间尤其是绿色开放空间的空间结构不如历史街区、历史文化名城明显,因而不易被正确认知。

第二,进行历史信息分层时,“保护层”未必一定存在,但划分“保留层”和“拓展层”是必要的,有助于历史文化信息的持续积累。“保留层”为历史文化信息的积淀构筑空间载体,使之有可能向“保护层”转化。“拓展层”为开放空间的功能重构提供空间载体,经过时间的积淀,先前的“拓展层”向“保留层”转化。依此循环,直至历史文化信息挤占了大部分空间,无法再划分“拓展层”,此时开放空间已具备成为“历史名园”或文物保护单位的条件了。

### 7.5.2　实例研究:南京旧城区开放空间文化重构

南京是六朝古都,有着丰富的历史文化资源,对南京旧城开放空间文化的研究具有代表性和实际意义。借助于文化地图对南京旧城区开放空间的文化进行系统地调查和判读,形成具有可实施性的重构策略。

1）研究对象　研究对象为南京旧城区的开放空间,玄武湖和中山陵、武定门公园、月牙湖公园等地点紧邻旧城的边界，且与旧城边界之间的可达性较好，因此纳入考察范围。开放空间类型为公园绿地、街区和广场，以这三类开放空间为研究对象的缘由详见“绪论”中的“0.3.1 研究对象”与第五章“5.2.2 抽样方案与数据来源”。其中，公园绿地的概念参照《城市绿地分类标准》(CJJ/T 85—2002)；广场包括三种类型：一是交通枢纽用地(S3)中的交通广场，二是广场用地(G3)，三是公共建筑因红线后退而形成的临路、临街空地，经绿化、美化后形成具有简单游憩、停留功能的小型广场；街区主要是指商业步行街、历史街区、老街及未封闭的社区。符合条件的有 59 个调研点，详见第二章 2.2.2。

2) 数据来源　对调研点用地性质、历史文化信息的判定依据来源于三个方面：政府规划文件、文献资料和现场调查。公园绿地和历史街区的信息主要来源于政府规划文件和一些专志，详见第二章 2.2.2。现场调查的内容包含两个方面：一是在图 6.11 的基础上(注：绘制该图时已对南京旧城区的开放空间进行了系统的实地探勘和空间位置标注)采集绘制文化地图所需的数据；二是比对政府规划文件、文献资料中的信息与实地信息，记录已发生变化的信息和修改存在出入的部分。

3) 评价因子与分析方法　按前述文化主体与文化成果的关系为原则将南京旧城区有文化资源的开放空间分为三类：遗址文化类、活态文化类和其他类。“其他”是指目前尚未形成的文化或正在培育的文化(潜在文化)。遗址文化类、活态文化类开放空间的文化评价因子按照 7.4.2 设置。其他类开放空间按照完好度、开放度、设施水平、产生年代和规模五项指标进行评价。

对选定的 59 个文化地点进行分类，对属于遗址文化类、活态文化类的文化地点进行九宫格评价。每一个评价的文化地点的九宫格得分取平均值，与该文化地点的用地类型(绿地、广场和街道)、文化类型(遗址文化、活态文化)以及空间位置形成“文化信息坐标”(图 7.19)，放置于文化地图的底图之上(图 7.20)，用以判定南京旧城区开放空间文化的整体状况。再将 59 个文化地点之间的道路描画出来，形成文化空间结构简图(图 7.21)，用以判定南京旧城区开放空间文化地点之间的空间联系。

| 位置 | 得分 |
| --- | --- |
| 用地类型 | 文化类型 |

**图 7.19　文化信息坐标**

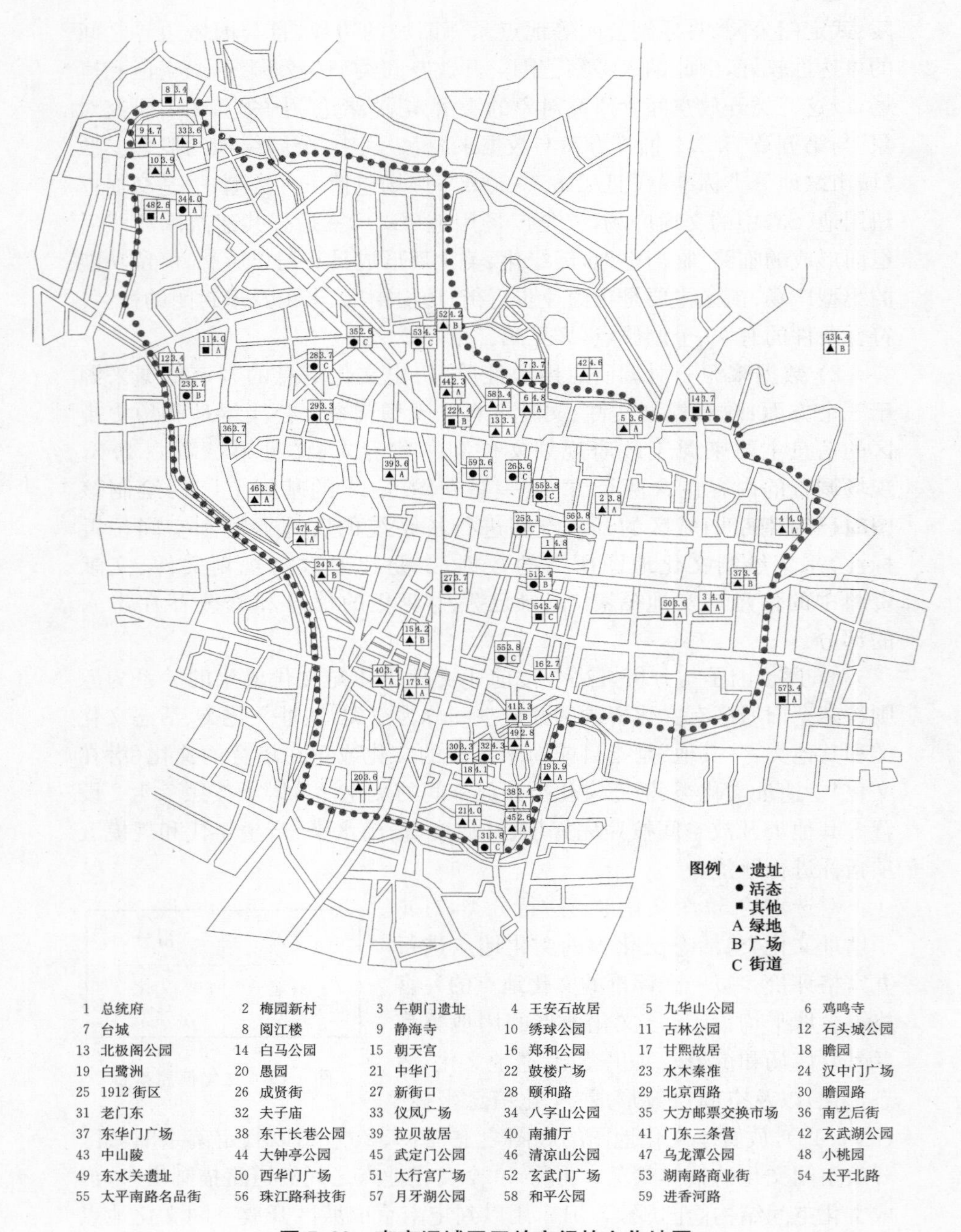


**图 7.20　南京旧城区开放空间的文化地图**

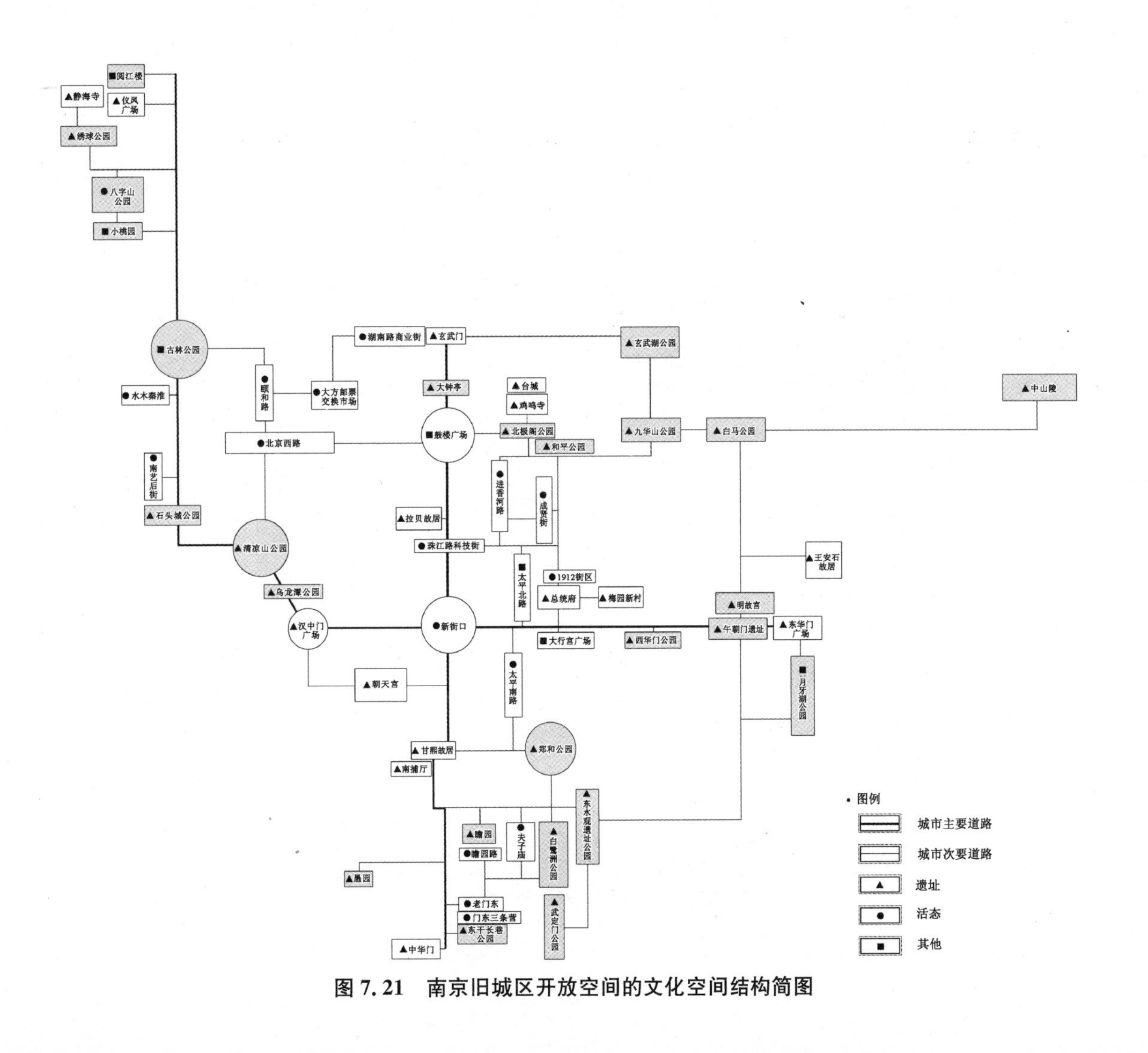


图 7.21 南京旧城区开放空间的文化空间结构简图

4）数据分析与结论判断　在图 7.20 和 7.21 的基础上，从下列几个方面进行分析和判断：

数据整理　在 59 个调研样本中，分布在玄武区的有 18 个，分布在白下区的有 7 个，分布在秦淮区的有 15 个，分布在下关区的有 4 个，分布在鼓楼区的有 15 个。其中有 1 个点跨区域，按照其大部分面积所属的区来划定。具有遗址文化或活态文化的样本共计 52 个，其中玄武区 16 个，白下区 6 个，秦淮区 15 个，下关区 2 个，鼓楼区 13 个。在 59 个文化地点中，遗址文化地点为 36 个，活态文化地点为 16 个，其他为 7 个。

评价指标计算　南京旧城区面积约 44 $km^2$。依据文化面密度计算公式得到南京旧城区开放空间文化的总体面密度为：1.3 个/$km^2$。旧城区内玄武区、白下区、秦淮区、下关区、鼓楼区等各区的开放空间文化面密度分别为：1.5 个/$km^2$、0.6 个/$km^2$、2.9 个/$km^2$、2.2 个/$km^2$、0.78 个/$km^2$。图 7.21 显示，两条线路串联的文化地点较丰富。线路 1：中山路—中山南路—中华路一线共 4 km，沿线存在 10 个文化地点（遗址文化或活态文化），文化线密度为 2.5 个/km；线路 2：中山东路—虎踞南路—虎踞路—虎踞北路共 11.3 km，沿线存在 15 个文化地点（遗址文化或活态文化），文化线密度为 1.3 个/km。对 59 个文化地点的评分进行整理，获得下表（表 7.4）。南京旧城区开放空间文化价值评估平均得分为 3.68。玄武区、白下区、秦淮区、下关区、鼓楼区等各区的开放空间文化价值评估平均得分分别为：3.74、3.67、3.47、3.58、3.75。遗址类文化地点、活态类文化地点、其他类文化地点的得分平均值分别为：3.725、3.643 75、3.514 286。

**表 7.4　南京旧城区开放空间文化价值评估表**

| 序号 | 文化地点名称 | 文化 | 得分 | 所属行政分区 |
|---|---|---|---|---|
| 1 | 总统府 | 遗址 | 4.8 | 玄武区 |
| 2 | 梅园新村 | 遗址 | 3.8 | 玄武区 |
| 3 | 午朝门遗址 | 遗址 | 4.0 | 白下区 |
| 4 | 王安石故居 | 遗址 | 4.0 | 白下区 |
| 5 | 九华山公园 | 遗址 | 3.6 | 玄武区 |
| 6 | 鸡鸣寺 | 遗址 | 4.8 | 玄武区 |

**续表 7.4**

| 序号 | 文化地点名称 | 文化 | 得分 | 所属行政分区 |
|---|---|---|---|---|
| 7 | 台城 | 遗址 | 3.7 | 玄武区 |
| 8 | 阅江楼 | 其他 | 3.4 | 下关区 |
| 9 | 静海寺 | 遗址 | 4.7 | 下关区 |
| 10 | 绣球公园 | 遗址 | 3.9 | 鼓楼区 |
| 11 | 古林公园 | 其他 | 4.0 | 鼓楼区 |
| 12 | 石头城公园 | 遗址 | 3.4 | 鼓楼区 |
| 13 | 北极阁公园 | 遗址 | 3.1 | 玄武区 |
| 14 | 白马公园 | 其他 | 3.7 | 玄武区 |
| 15 | 朝天宫 | 遗址 | 4.2 | 白下区 |
| 16 | 郑和公园 | 遗址 | 2.7 | 白下区 |
| 17 | 甘熙故居 | 遗址 | 3.9 | 秦淮区 |
| 18 | 瞻园 | 遗址 | 4.1 | 秦淮区 |
| 19 | 白鹭洲公园 | 遗址 | 3.9 | 秦淮区 |
| 20 | 愚园 | 遗址 | 3.6 | 秦淮区 |
| 21 | 中华门 | 遗址 | 4.0 | 秦淮区 |
| 22 | 鼓楼广场 | 其他 | 4.4 | 鼓楼区 |
| 23 | 水木秦淮 | 活态 | 3.7 | 秦淮区 |
| 24 | 汉中门广场 | 遗址 | 3.4 | 鼓楼区 |
| 25 | 1912 街区 | 活态 | 3.1 | 玄武区 |
| 26 | 成贤街 | 活态 | 3.6 | 玄武区 |
| 27 | 新街口 | 活态 | 3.7 | 鼓楼区 |
| 28 | 颐和路 | 活态 | 3.7 | 鼓楼区 |
| 29 | 北京西路 | 活态 | 3.3 | 鼓楼区 |
| 30 | 瞻园路 | 活态 | 3.3 | 秦淮区 |
| 31 | 老门东 | 活态 | 3.8 | 秦淮区 |
| 32 | 夫子庙 | 活态 | 4.3 | 秦淮区 |

**续表 7.4**

| 序号 | 文化地点名称 | 文化 | 得分 | 所属行政分区 |
|---|---|---|---|---|
| 33 | 仪凤广场 | 遗址 | 3.6 | 下关区 |
| 34 | 八字山公园 | 活态 | 4.0 | 鼓楼区 |
| 35 | 大方邮票交换市场 | 活态 | 2.6 | 鼓楼区 |
| 36 | 南艺后街 | 活态 | 3.7 | 鼓楼区 |
| 37 | 东华门广场 | 遗址 | 3.4 | 秦淮区 |
| 38 | 东干长巷公园 | 遗址 | 3.4 | 秦淮区 |
| 39 | 拉贝故居 | 遗址 | 3.6 | 鼓楼区 |
| 40 | 南捕厅 | 遗址 | 3.4 | 秦淮区 |
| 41 | 门东三条营 | 遗址 | 3.3 | 秦淮区 |
| 42 | 玄武湖公园 | 遗址 | 4.6 | 玄武区 |
| 43 | 中山陵 | 遗址 | 4.4 | 玄武区 |
| 44 | 大钟亭公园 | 遗址 | 2.3 | 玄武区 |
| 45 | 武定门公园 | 遗址 | 2.6 | 秦淮区 |
| 46 | 清凉山公园 | 遗址 | 3.8 | 鼓楼区 |
| 47 | 乌龙潭公园 | 遗址 | 4.4 | 鼓楼区 |
| 48 | 小桃园 | 其他 | 2.6 | 下关区 |
| 49 | 东水关遗址 | 遗址 | 2.8 | 秦淮区 |
| 50 | 西华门 | 遗址 | 3.6 | 白下区 |
| 51 | 大行宫广场 | 其他 | 3.4 | 玄武区 |
| 52 | 玄武门 | 遗址 | 4.2 | 玄武区 |
| 53 | 湖南路商业街 | 活态 | 4.3 | 鼓楼区 |
| 54 | 太平北路 | 其他 | 3.4 | 玄武区 |
| 55 | 太平南路 | 活态 | 3.8 | 白下区 |
| 56 | 珠江路科技街 | 活态 | 3.8 | 玄武区 |
| 57 | 月牙湖公园 | 其他 | 3.4 | 白下区 |

**续表 7.4**

| 序号 | 文化地点名称 | 文化 | 得分 | 所属行政分区 |
|---|---|---|---|---|
| 58 | 和平公园 | 遗址 | 3.4 | 玄武区 |
| 59 | 进香河路 | 活态 | 3.6 | 玄武区 |

评价结果　综合上述评价数据，分析结果可归结为以下两个方面：

(1) 类型以遗址文化为主，文化丰富度不足

首先，从整体上看，南京较好地将旧城区的各类遗址融进了绿地、广场等开放空间中，但多数只是静态地展示遗址，未能衍生出新的文化。

第二，活态文化较少，具有活态文化的地点也未能得到很好地保护和培育，如甘熙故居周边的传统街区被高档别墅所替代，不得不说这是南京旧城活态文化保护的一个败笔。再如八字山公园最早起源于国民政府时期的"忠孝、仁爱、信义、和平"八个大字，1949 年后八字变成"发展生产、繁荣经济"八个繁体字。"文革"期间，再次修改了八个大字为"团结、紧张、严肃、活泼"。如今，完全可以结合当代国家的大政方针重新修改八字，反映国家的进步和发展，将文化延续下去。

第三，潜在文化存在的迹象不明显，开放空间的形态被设计得过于明确，提供给市民在活动时发挥想象力、创造力的余地较小。

(2) 空间结构较为清晰，但分布不够均衡　沿中山路——中山南路——中华路一线和沿中山东路——虎踞南路——虎踞路——虎踞北路一线形成两条较为清晰的文化轴线，再结合沿城墙设置的开放空间，总体上形成了一个覆盖旧城区的框架。但不足之处是旧城区内各行政区域的文化面密度、线密度不够均衡。

5) 南京旧城区开放空间文化重构规划　针对南京旧城区开放空间文化的问题，从文化类型和文化空间结构两个方面提出重构规划建议。

(1) 活态文化地点的增加　文化类型的重构重点在于遗址文化地点和潜在文化地点向活态文化的转化，其中遗址文化地点转向遗址、活态双重文化地点(图 7.22)。转化的依据主要有三条：一是开放空间现有的活动具有特色和持续性；二是开放空间周边的居住地块有一定的历史，使该开放空间拥有一个较为稳定的活动人群；三是开放空间周边的文化资源丰富，存在培育文化的潜质。符合这三个条件中的任意一条的开放空间共有 12 个(表 7.5)。

| | | | | | |
|---|---|---|---|---|---|
| 1 总统府 | 2 梅园新村 | 3 午朝门遗址 | 4 王安石故居 | 5 九华山公园 | 6 鸡鸣寺 |
| 7 台城 | 8 阅江楼 | 9 静海寺 | 10 绣球公园 | 11 古林公园 | 12 石头城公园 |
| 13 北极阁公园 | 14 白马公园 | 15 朝天宫 | 16 郑和公园 | 17 甘熙故居 | 18 瞻园 |
| 19 白鹭洲 | 20 愚园 | 21 中华门 | 22 鼓楼广场 | 23 水木秦淮 | 24 汉中门广场 |
| 25 1912 街区 | 26 成贤街 | 27 新街口 | 28 颐和路 | 29 北京西路 | 30 瞻园路 |
| 31 老门东 | 32 夫子庙 | 33 仪凤广场 | 34 八字山公园 | 35 大方邮票交换市场 | 36 南艺后街 |
| 37 东华门广场 | 38 东干长巷公园 | 39 拉贝故居 | 40 南捕厅 | 41 门东三条营 | 42 玄武湖公园 |
| 43 中山陵 | 44 大钟亭公园 | 45 武定门公园 | 46 清凉山公园 | 47 乌龙潭公园 | 48 小桃园 |
| 49 东水关遗址 | 50 西华门广场 | 51 大行宫广场 | 52 玄武门广场 | 53 湖南路商业街 | 54 太平北路 |
| 55 太平南路名品街 | 56 珠江路科技街 | 57 月牙湖公园 | 58 和平公园 | 59 进香河路 | |

**图 7.22　重构后的南京旧城区开放空间的文化地图**

**表 7.5 南京旧城区开放空间文化类型重构规划信息表**

| 文化地图序号 | 文化地点名称 | 原文化类型 | 转向活态文化的依据 |
| --- | --- | --- | --- |
| 10 | 绣球公园 | 遗址 | 紧靠阅江楼小学和老学堂创意园，附近的中山北路小区、盐西街小区分别建于 2001 年与 1997 年，有一定的历史 |
| 11 | 古林公园 | 其他 | 1987 年底建成，历史较长，紧邻南京艺术学院，内有宗教历史文化遗址，1992 年建成中国第三大牡丹、芍药基地 |
| 13 | 北极阁公园 | 遗址 | 紧邻玄武湖、鸡鸣寺及东南大学四牌楼校区、南大校区。居民常在此跳舞，下棋。附近的台城花园小区建于 2000 年 |
| 14 | 白马公园 | 遗址 | 位于南京紫金山西北坡，紧临风光秀丽的玄武湖，以“石刻”为主题，其中部分石刻为文物，是国内首家以石质雕塑类文物展览为主题的艺术公园。附近的锁金三村建于 1988 年 |
| 19 | 白鹭洲公园 | 遗址 | 常年举办春花、秋菊展，不定期举办京剧、锡剧、越剧名家清唱会，杂技、魔术表演，盆景花卉展，工艺彩灯展，老年健身操比赛等活动。附近的枫丹白露花园、一品嘉园建于 2004 年，琵琶小区建于 1997 年，有一定的历史 |
| 24 | 汉中门广场 | 遗址 | 广场附近居民缺少社区活动的场所。广场 1 500 $m^2$ 的下沉广场可容纳观众数千人，提供了一个能满足城市居民活动的广场空间。附近的金色家园小区建于 2003 年 |
| 33 | 仪凤广场 | 遗址 | 仪凤广场紧邻绣球公园，与郑和航海纪念广场及天妃宫、阅江楼民间民俗纪念馆靠得也较近 |
| 42 | 玄武湖公园 | 遗址 | 定期举办春季樱花节、夏季荷花节、秋季菊花节等传统花事活动及不定期的国际、国内园事活动。园内的 6 小时情侣游览线路、6 小时家庭游览线路、环湖观光健身游线已形成一定的市民文化气息 |
| 48 | 小桃园 | 其他 | 小桃园左边是护城河，右边是古城墙，与狮子山、绣球公园、阅江楼等景区联成一体，共同构成明城墙文化的载体。园内种植的桃树面积很大，桃花盛开时游人如织，赏花拍照。附近的桃花源居、金城花园、白云小区分别建于 2002 年、2000 年与 1992 年 |

**续表 7.5**

| 文化地图序号 | 文化地点名称 | 原文化类型 | 转向活态文化的依据 |
|---|---|---|---|
| 50 | 西华门 | 遗址 | 近邻明故宫遗址公园,类似于一个社区广场,主要人群为老年人,来源为周边居民区,活动类型比较稳定。附近的御道街小区建于 1996 年 |
| 52 | 玄武门 | 遗址 | 玄武门广场衔接玄武门、湖南路商圈的重要地段,常有一些南京的民间组织进行一些公益活动,如“爱的抱抱”,为白血病儿童爱心义卖,报社小记者报纸义卖,等等 |
| 57 | 月牙湖公园 | 其他 | 位于东郊风景区内,西临明代古城墙,东望紫金山麓,是一处休闲垂钓、商务洽谈、餐饮娱乐的理想胜地。附近有一些建设年代超过十年的小区,如梅花山庄小区建于 1995 年,紫金城小区与中山门小区建于 1999 年,月牙湖花园与海月花园建于 2000 年、半山花园建于 2001 年等 |

(2) 文化空间结构的整体规划　依据重构后的文化地图调整文化空间结构简图,形成图 7.23。在此基础上,结合南京的历史文化名城保护规划,对旧城区开放空间进行文化分区。依据开放空间文化地点的空间位置、历史文化价值以及文化性质分类,将文化地图划分为“四区、四线”。四区是指古都文化区、秦淮风情区、民国风情区、滨江文化区;四线是指明城墙文化线、秦淮风情线、六朝文化线和民国风情线(图 7.24)。划分依据及细节如下:

古都文化区:这一区域集合有午朝门遗址、明故宫、南京博物院等几个典型的古都遗址文化开放空间,再配合有东华门遗址、西华门遗址、月牙湖等,共同构成一个比较完整的区域。这一区域的文化建设以保护遗址文化为主,使遗址所在的开放空间融入市民的日常生活,令市民在游憩时充分感知南京古都文化的气息。

秦淮风情区:范围东起东水关、淮青桥、秦淮水亭,越过文德桥,延伸到中华门,直至西水关的内秦淮河地带,包括河两岸的街巷、民居、附近的古迹和风景点。那一带自古以来就是南京最繁华的地方。主要景点有:夫子庙、江南贡院历史陈列馆、桃叶渡与吴敬梓故居、瞻园、李香君故居、王谢故居、白鹭洲公园、中华门,其共同组成以秦淮风光为主要特色和识别度的秦淮风情区。这一区域的文化建设以“生活”为主题,延续、培育南京的市井文化。

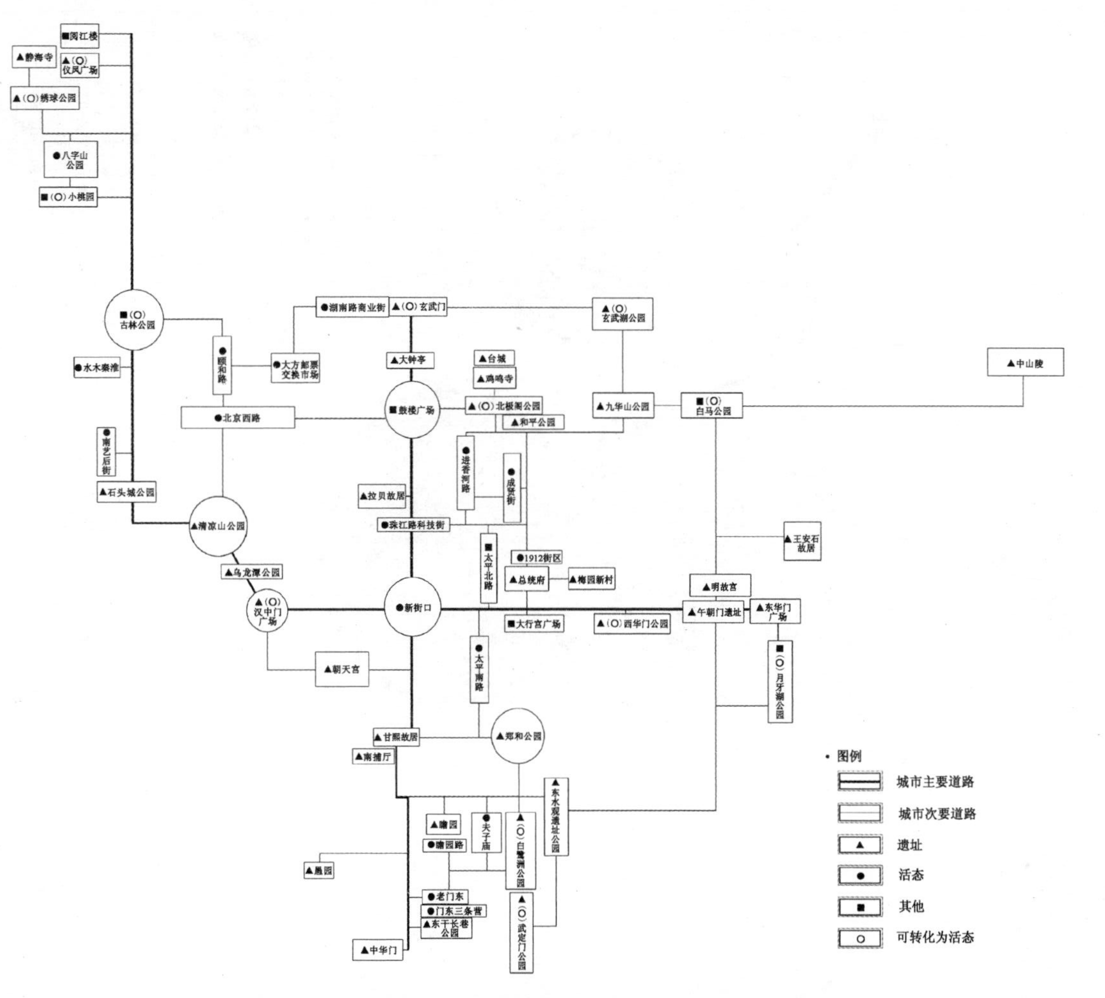


图 7.23 重构后的南京旧城区开放空间文化空间结构简图

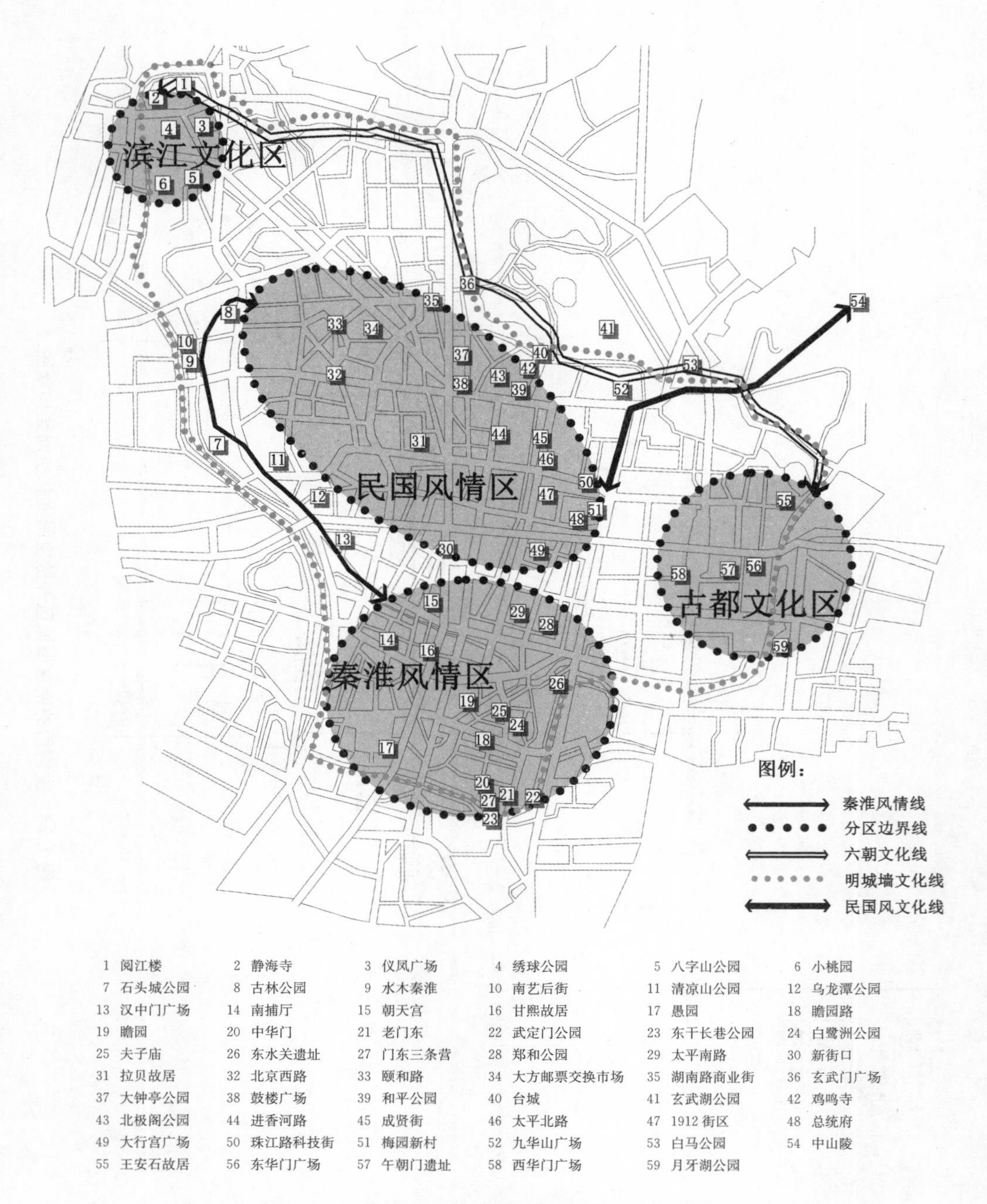


**图 7.24 南京旧城区开放空间文化区域划分图**

滨江文化区：包含阅江楼、静海寺、小桃园，仪凤广场、绣球公园等，该区域可以联通长江和浦口。尤其其区域内的绣球公园就是为了纪念渡江战役而建造的，充满着特殊的纪念、缅怀意义。该区域目前包含的开放空间较少，今后的文化建设可侧重于体现滨江的特点，培育江边特有的民俗民风。

民国风情区：这一区域处在主城区中心地带，包含颐和路、总统府、1912 街区、太平南路、太平北路、北京东路、中山路、新街口等街区和景点。该区域目前的商业文化气息较为浓郁，今后的文化建设注重两个方面：一是结合民国文化资源创造商业文化的多元化，避免单一的高档消费文化；二是非消费的空间，如道路、广场增强民国文化的气息。

明城墙文化线：古城墙周长 35.267 km，是世界上现存最长的古代城墙，是中国少有的保存良好的古代城墙，是南京现存最大的古代建筑。虽然现在已经不是十分完整，但是依然从整体上连接了几乎所有的文化分区，串联了不少重要景点，如中华门城堡、紫金山、玄武湖公园、汉中门广场等等，可视作一条线性文化遗产廊道。

秦淮风情线：不仅联通了滨江文化区和秦淮风光区两大重要区域，同时也联系了沿河的水木秦淮街区、古林公园、石头城公园、清凉山公园、汉中门广场等。该线的文化建设强调培育反映当今南京市民生活的新“十里秦淮”文化风情。

六朝文化线：该线沿城墙联系滨江文化区和古都文化区，中间穿过民国风情线，在六朝文化线上，分布有九华山广场、白马公园、玄武湖公园、台城、玄武门广场、阅江楼、静海寺等，承载着不同朝代的历史信息，作为市民体验古都文化的线性廊道。

民国风情线：东起民国风情区，沿北京东路进入紫金山连接中山陵，结合道路完整地体现民国文化，使南京与民国文化相关的开放空间文化不局限于消费文化。

## 7.6 本章小结

针对旧城开放空间文化建设的现状和问题，从意识、策略和操作三个层面提出了旧城开放空间文化重构的内容和路径：

首先，在意识层面上从文化关系的角度认识旧城开放空间文化建设是文化重构的核心问题。将旧城开放空间的文化分为遗址文化、活态文化和潜在文化，结合国内市民社会发展的趋势，提出保护遗址文化、延续活态文化和培育潜在文化，这是本书的一个创新点。

第二，在策略层面上提出以文化地图的概念研究和评价旧城开放空间的文化格局，设计了文化价值信息评估指标和评价方法，使旧城开放空间文化评价可视化、量化。

第三，在操作层面上引入分层思想将每个旧城开放空间看做是一个文化关系的“信息体系”，将文化信息进行分层规划，为“保护遗址文化、延续活态文化和培育潜在文化”设计出个体层面的现实路径。

上述策略从文化关系的角度确立了旧城开放空间文化重构的基本思路和方向。本章末尾对南京旧城区开放空间文化的研究是从实证层面对上述策略的有效性和应用价值进行检验，并展示了运用方法。

# 8 结论与讨论

## 8.1 研究的主要观点与结论

1）重构价值体系是研究得以正确开展的前提　从旧城开放空间的价值主体、价值体系的基点、价值目标，实现价值目标的途径等方面重构旧城开放空间价值体系，为旧城开放空间重构建立基本的理论框架是当务之急。西方的开放空间局部、服务也存在社会公平的问题，但“联络性规划”“新城市主义”和“公平城市”等理论已经从公共设施服务层面明确了开放空间价值体系的基点应建立在公共利益基础之上，“规划由公众来决定”的规划模式提供了实施途径。对于西方而言，剩下的工作是如何做得更好。而当前国内旧城开放空间的价值主体、价值体系的基点、价值目标所存在的问题是旧城开放空间难以在实质上融入公众日常生活的根本原因，不解决这一本质问题，其余方面的研究将丧失意义。

2）建立规划设计量化模型是实现目标的保证　功能重构部分提出的规划设计量化模型包含了满意度分析模型、功能评价模型和设计模型在宏观、中观和微观三个层次上设计出符合日常生活需求的旧城开放空间规划设计工具。尽管带有“工具理性”的特点，但其依据来源于市民的意愿、活动期望和行为习惯，有别于以往自上而下的规划设计方法。这一工具本质上是用来约束规划设计方案的，运用它可以克服当前规划设计程序本身的弊端，在城市管理者、专业技术人员有某种偏好时仍能使规划设计方案在功能上满足公众日常生活的需求。

3）提出开放性的布局优化策略符合客观现实　将旧城常态型开放空间的现有布局调整为理想化的状态是不具有可操作性的。针对这一现实条件，突破对开放空间的常规理解，从旧城开放空间的存在形式和可达性优化两个方面提出的旧城开放空间布局重构策略，综合了拓展旧城开放空间的各种可能性，重构了旧城开放空间的形态格局，形成了正规与非正规、官方建设与民间自发实践并存的多元化、开放式的旧城开放空间体系。这一体系具有开放性、发散性，可进一步融入、吸收更多的优化策略。

4）保育文化关系是文化重构的关键技术问题　文化重构部分的核心问题是从“文化关系”的角度入手认识和操作旧城开放空间的文化，从而破解当前面临的问题。保护“遗址文化”是对旧城历史和已故文化主体的尊重；延续“活态文化”是对当下文化主体（市民）与文化成果之间对应关系的保护；培育“潜在文化”是将市民作为文化主体，为新的市民文化的产生提供空间，是对市民社会发展趋势的回应。文化地图为旧城开放空间文化重构提供了可视化的整体评价工具，分层操作模式为个体开放空间处理“遗址文化”“活态文化”和“潜在文化”提供了设计工具。

## 8.2　“自上而下”的对策与建议

基于本书“自下而上”式的研究结果，从两个方面提出“自上而下”的建议。

1）关于现行开放空间编制技术及标准的完善措施　在这一层面上侧重于完善常态型开放空间的规划设计技术，因为常态型开放空间在法定规划中具有量化、指标化的可能性。完善措施分四个方面：第一，明确开放空间作为公共物品的性质，在城市规划各级文件中以开放空间作为公共利益的体现，促使其在法定规划中固定下来；第二，界定开放空间的概念，明确常态型开放空间的类型和面积计算方法；第三，建立常态型开放空间布局、面积及可达性等反映服务公平性的指标体系；第四，建立以自下而上的方式将开放空间作为一个整体来规划、设计的基本程序，以保护公众利益、反映公众意愿及体现市民文化。

2）关于政府及管理部门在公共政策上的配套措施　一方面建议政府及管理部门在城市建设和土地开发方面出台支持常态型开放空间规划、建设与管理的政策，如公共参与、容积率奖励、开放空间规划先行、开放空间开放化管理等。另一方面，由于非常态开放空间的不确定性与灵活性使其难以在法定规划中体现出来，因此需要政府及有关管理部门在公共政策上予以支持：第一，建立自上而下的非常态型开放空间拓展机制，如单位大院开放、废弃地利用、土地的临时性使用等；第二，建立自下而上的非常态型开放空间自发培育机制，允许、鼓励、引导公众自发利用、管理潜在的开放空间，如空间的错时使用、消极空间的自发利用等。

## 8.3　研究的主要创新点及其理论意义

1）研究视角方面　从一个较新的视角——“日常生活”入手，以自下而上的方式将开放空间作为一个整体来研究其规划、设计问题，明显区别于以往由城市管理者、专家和专业技术人员制定研究依据的文献。以这一视角进行研究不仅有助于革新开放空间规划设计的方法体系，促使旧城开放空间的价值回归、提升空间效能，同时在开放空间研究领域里为城乡规划学、风景园林学、社会学之间找到一条整合多学科研究体系的途径。

2）方法内容方面　针对现阶段国内的开放空间文献大多采取单一的定性或定量分析可能导致片面化的问题，本书将定性与定量结合。价值体系重构以定性分析为主，从“质”的方面分析日常生活视野下旧城开放空间的基本问题；功能重构涉及“指标”问题以定量分析为主，提出以数学模型、图示分析模型为主的定量分析模型，设计出规划设计工具；布局重构以定性为主、定量为辅，建立多元化、开放式的旧城开放空间体系。

3）理论成果方面　针对现阶段国内日常生活视角下的开放空间研究数量少，局限于自上而下研究的问题，构建了一套具有社会自组织特征的空间形式方法论系统。本书从整体层面提出旧城开放空间的价值重构体系，为日常生活视角下的开放空间研究初步建立了理论研究框架。从“限定框架”的角度建立的规划设计模型是对当前开放空间规划设计研究的一种方法论上的突破。将正规与非正规、官方建设与民间自发实践相结合的布局重构策略充分关注旧城开放空间现实，认同民间的智慧，创造性地处理问题，有别于以往“自上而下”制定的策略。

## 8.4　后续研究的展望

1）日常生活视角下开放空间的规划设计指标问题　“功能重构”部分展示的是建立指标化规划设计模型的原理和方法，但受制于开放空间定义缺乏公认的定义这一学术问题，未能全面地建立各种类型开放空间的规划设计指标。要解决这一问题，首先应建立学术界统一认可的开放空间定义，并落实到具体的城市用地上，再挑选大量的成功实例进行调研，在正确的数据分析基础上，形成建议性指标。此外，本书用来说明规划设计模型的实例是集会广场，如将模型用于更大尺度的公园绿地，则需要进一步细化模型及其运用方法。

2）旧城开放空间布局重构的可视化分析和决策　开放空间可达性分析方法种类多，各有优劣，目前尚未证明何种方法更为合理。本书没有采用GIS技术对旧城开放空间布局重构进行可视化的分析。随着可达性分析方法的进一步发展，及综合考虑使用者经济地位、身份、年龄等特征的开放空间服务公平性分析技术的成熟，旧城开放空间布局重构的研究应该可以融入更多的量化成分，实现分析和决策的可视化。

# 参考文献

[1] 汪原. 亨利·列斐伏尔研究[J]. 建筑师,2005(10):43-50.
[2] 王刚,郭汝. 城市规划的“日常生活”视角回归[J]. 华中建筑,2007,25(8):43-50.
[3] 马振华. 日常生活视野下的都市空间研究——以武汉汉正街为例[D]. 武汉:华中科技大学,2009.
[4] 邱冰,张帆. 图像盛宴背后的文化危机——中国当代城市“千景一面”现象的文化阐释[J]. 现代城市研究,2013(1):10-15.
[5] 胡娟,叶忠元. 新巴比伦:基于日常生活的情境空间建构[J]. 国际城市规划,2010, 25(1):77-81.
[6] 孙承叔. 关于生活世界的哲学思考[J]. 云南大学学报(社会科学版),2007, 6(5):3-11.
[7] 高宇民. 从影像到拟像——图像时代视觉审美范式的变迁[J]. 人文杂志,2007(6):119-124.
[8] 吴飞. “空间实践”与诗意的抵抗——解读米歇尔·德塞图的日常生活实践理论[J]. 社会学研究,2009(2):177-199.
[9] 曾容. 武汉市绿色开放空间格局的演变研究[D]. 武汉:华中农业大学,2008.
[10] 周祥. 城市公共空间解读[J]. 华中建筑,2009, 27(6):70-72.
[11] 高原荣重,著;杨增志,等,译. 城市绿地系统[M]. 北京:中国建筑工业出版社,1983.
[12] [美]C. 亚历山大,S. 伊希卡娃,M. 西尔佛斯坦,等,著;王听度,周序鸣,译. 建筑模式语言[M]. 北京:知识产权出版社,2002.
[13] 李云,杨晓春. 对公共开放空间量化评价体系的实证探索——基于深圳特区公共开放空间系统的建立[J]. 现代城市研究,2007(2):15-22.
[14] 朱凯,汤辉,陈亮明. 试论城市绿色开敞空间的设计[J]. 湖南林业科技,2005, 32(3):53-54.
[15] 付国良. 城市公共开放空间设计探讨[J]. 规划师,2004, 20(5):46-50.

[16] 刘德莹,戴世智,张宏伟.大庆市东城区开放空间体系建构[J].低温建筑技术,2001(2):22-23.
[17] 池玉雪,钟诚,朱创业.浅析城市开放空间对城市旅游发展的影响[J].技术与市场,2010(2):56-57.
[18] 董禹.塑造适于步行的城市开放空间[J].华中建筑,2006, 24(12):116-118.
[19] 余琪.现代城市开放空间系统的建构[J].城市规划学刊,1998(6):49-56.
[20] 王绍增,李敏.城市开敞空间规划的生态机理研究(上)[J].中国园林,2001(4):5-9.
[21] 唐勇.城市开放空间规划及设计[J].规划师,2002, 18(10):21-27.
[22] 苏伟忠,王发曾,杨英宝.城市开放空间的空间结构与功能分析[J].地域研究与开发,2004, 23(5):24-27.
[23] 杨雯.城市开放空间老年使用者行为研究[J].安徽农业科学,2007, 35(31):10157-10160.
[24] 赵鹏,李永红.开放空间与市民休闲生活——谈杭州西湖的公众属性[J].中国园林,2008(1):46-49.
[25] 刘晓惠,李常华,张雪飞.郊野公园与城市边缘区开放空间的保护[J].城市问题,2010(3):72-75, 92.
[26] 任彝,郦晓英.城市开放空间模式下的创意园区景观意象研究[J].新美术,2011(3):97-99.
[27] 邵大伟,张小林,吴殿鸣.国外开放空间研究的近今进展及启示[J].中国园林,2011(1):83-87.
[28] 杨成.辽宁中西部城市开放空间设计评析[J].城乡建设,2012(5):45-46.
[29] 刘松,张少兵.常州城市休闲空间体系的构建及调整[J].现代城市研究,2013(7):100-104.
[30] 吴必虎,董莉娜,唐子颖.公共游憩空间分类与属性研究[J].中国园林,2003(4):48-50
[31] 温全平.论城市绿色开敞空间规划的范式演变[J].中国园林,2009(9):11-14.
[32] 吴伟,杨继梅.1980 年代以来国外开放空间价值评估综述[J].城市规划,2007, 31(6):45-51.

[33] 兰波,何艺.个性化的城市核心开放空间:南宁市金湖绿地广场规划设计浅析[J].规划师,2009,25(9):69-76.

[34] 杨鑫,张琦.多尺度、多功能的城市开放空间:巴黎近郊高迈耶公园解读[J].国际城市规划,2011,26(1):123-127.

[35] 王发曾,王胜男,李猛.洛阳市区绿色开放空间系统的动态演变与功能优化[J].地理研究,2012,31(7):1209-1223.

[36] 邵大伟.城市开放空间格局的演变、机制及优化研究:以南京主城区为例[D].南京:南京师范大学,2011.

[37] 徐振,韩凌云,杜顺宝.南京明城墙周边开放空间形态研究(1930—2008年)[J].城市规划学刊,2011(2):105-113.

[38] 杨晓春,司马晓,洪涛.城市公共开放空间系统规划方法初探:以深圳为例[J].规划师,2008,24(6):24-27.

[39] 邢忠,黄光宇,颜文涛.将强制性保护引向自觉维护:城镇非建设性用地的规划与控制[J].城市规划学刊,2006(1):39-44.

[40] Luke M B, Mark J K. The value of urban open space: Meta-analyses of contingent valuation and hedonic pricing results[J]. Journal of Environmental Management, 2011, 92(10):2763-2773.

[41] Heather A S, Stephen P. The value of views and open space: Estimates from a hedonic pricing model for Ramsey County, Minnesota, USA[J]. Land Use Policy, 2009, 26(3):837-845.

[42] Marco A, Makoto Y. Temporal changes and local variations in the functions of London's green belt"[J]. Landscape and Urban Planning, 2006, 75:125-142.

[43] Eric K, Jasper D, Terry V D. Open-space preservation in the Netherlands: Planning, practice and prospects [J]. Land Use Policy, 2008, 25(3): 361-377.

[44] Lewis D J, Provencher B, Butsic V. The dynamic effects of open-space conservation policies on residential development density[J]. Journal of Environmental Economics and Management, 2009, 57(3): 239-252.

[45] David N B, Jennifer O F, Kristen C N. Public policies for managing urban growth and protecting open space: Policy instruments and lessons learned in the United States [J].

Landscape and Urban Planning，2004，69(2-3)：271-286.

[46] Miller B K. Factors influencing the protection of open space and natural resources in county land use plans: Opportunities for extension[D]. Purdue University，2003.

[47] Elmendorf W F. The importance of leaders' and residents' attitudes towards open space in a developing Pennsylvania watershed[D]. The Pennsylvania State University，2001.

[48] Tseira M，Irit A C. Open space planning models: A review of approaches and method[J]. Landscape and Urban Planning，2007，81(1-2)：1-13.

[49] Gómez F，Pérez Cueva A，Valcuende M，etc. Research on ecological design to enhance comfort in open spaces of a city (Valencia，Spain). Utility of the physiological equivalent temperature (PET) [J]. Ecological Engineering，2013，57：27-39.

[50] Fintikakisb N，Gaitania N，Santamourisa M. Bioclimatic design of open public spaces in the historic centre of Tirana，Albania[J]. Sustainable Cities and Society，2011，1(1)：54-62.

[51] Lal K. Provision of local public goods with spillovers: Implications of green open space referenda[D]. University of Illinois at Chicago，2012.

[52] Iannacone R E. Open space for the underclass: New York's small parks (1880 - 1915)[D]. University of Pennsylvania，2005.

[53] Bailkey M. A study of the contexts within which urban vacant land is accessed for community open space (Massachusetts，Pennsylvania，Wisconsin) [D]. The University of Wisconsin-Madison，2003.

[54] Lichtenberg E，Tra C，Hardie I. Land use regulation and the provision of open space in suburban residential subdivisions[J]. Journal of Environmental Economics and Management，2007，54(2)：199-213.

[55] Haire S L，Bock C E，Cade B S，etc. The role of landscape and habitat characteristics in limiting abundance of grassland nesting songbirds in an urban open space[J]. Landscape and Urban

Planning, 2000, 48(1-2):65-82.

[56] Sister M C E. Do blacks and browns have less green? Examining the distribution of park and open space resources in the greater Los Angeles metropolitan region[D]. Los Angeles: University of Southern California, 2007.

[57] Witten K, Hiscock R, Pearce J. Neighbourhood access to open spaces and the physical activity of residents: A national study[J]. Preventive Medicine, 2008, 47(3):299-303.

[58] Sugiyama T, Thompson C W. Associations between characteristics of neighbourhood open space and older people's walking[J]. Urban Forestry & Urban Greening, 2008, 7(15):41-51.

[59] Yu L , Kang J. Factors influencing the sound preference in urban open spaces[J]. Applied Acoustics, 2010, 71(7):622-633.

[60] Bates L J, Santerre R E. The public demand for open space: The case of connecticut communities[J]. Journal of Urban Economics, 2001, 50(1): 97-111.

[61] Andrianopoulos N, Salmon J, ect. Do features of public open spaces vary according to neighbourhood socio-economic status? [J]. Health & Place, 2008, 14(4):889-893.

[62] 张庭伟. 梳理城市规划理论——城市规划作为一级学科的理论问题[J]. 城市规划,2012, 36(4):9-17, 41.

[63] 王宁. 回归生活世界与提升人文精神——兼对当前城市规划技术化倾向的批评[J]. 城市规划汇刊,2001(6):8-11, 79.

[64] 汪原. 关于《空间的生产》和空间认识范式转换[J]. 新建筑,2002(2):59-91.

[65] 汪原. 理论与实践的趋进——关于“汉正街”研究的若干问题思考[J]. 时代建筑,2006(3):142-144.

[66] 汪原. 零度化与日常都市主义策略[J]. 新建筑,2009(6):26-29.

[67] 王晖. 城市的非正规性:我国旧城更新研究中的盲点[J]. 华中建筑,2008, 26(3):152-155, 159.

[68] 罗华. 人造生态型景观的理念——让绿地融入百姓日常生活[J]. 园林,2008(2):48-49.

[69] 苑军. 建构面向日常生活的城市广场[J]. 天津美术学院学报,2012

(3):78-79.
[70] 刘宏燕,朱喜钢,张培刚,等. 西方规划理论新思潮与社会公平[J]. 城市问题,2005(6):90-94.
[71] 江海燕,周春山,高军波. 西方城市公共服务空间分布的公平性研究进展[J]. 城市规划,2011, 35(7):72-77.
[72] 江海燕,周春山. 国外城市公园绿地的社会分异研究[J]. 城市问题,2010(4):84-88, 100.
[73] 孙施文. 经济体制改革与城市规划再发展[J]. 城市规划汇刊,1994(1):1-6.
[74] 王华兵,秦鹏. 论城市规划的公共性及其制度矫正[J]. 中国软科学,2013(2):16-25.
[75] 刘有斌. 社会转型时期我国公共资源配置模式的伦理探究[D]. 重庆:重庆大学,2012.
[76] 石楠. 试论城市规划中的公共利益[J]. 城市规划,2004, 28(6):20-31.
[77] 陈锋. 在自由与平等之间——社会公正理论与转型中国城市规划公正框架的构建[J]. 城市规划,2009, 33(1):9-17.
[78] 席靖雅. 基于公共政策属性的城市设计控制研究[D]. 天津:天津大学,2011.
[79] 江海燕. 广州公园绿地服务水平的空间差异及社会公平研究[D]. 广州:中山大学,2010.
[80] 宋伟轩,朱喜钢,吴启焰. 城市滨水空间公共权益的规划保护[J]. 城市规划,2010, 34(10):43-47.
[81] 宋伟轩,朱喜钢,吴启焰. 城市滨水空间生产的效益与公平——以南京为例[J]. 国际城市规划,2009, 24(6):66-71.
[82] 王嘉渊. 城市开发与街区公共性的衰落[D]. 长春:吉林大学,2013.
[83] 许轶. 市民广场的公共性[D]. 南京:东南大学,2003.
[84] 张劲松. 拟像概念的历史渊源与当代阐释[J]. 天津社会科学,2010(5):37-42.
[85] 支宇. 类像[J]. 外国文学,2005(5):56-63.
[86] 周向频,郑颖. 文化视角下的中国当代景观观察——"迪斯尼化"的城市景观及其文化阐释[J]. 规划师,2009, 25(4):86-91.
[87] 王中德,杨玲. 看起来很美——当代中国城市空间景观泛视觉化的

理性批判[J]. 新建筑，2010(1)：117-120.

[88] 金惠敏. 从形象到拟像[J]. 文学评论，2005(2)：158-162.

[89] 卢山. 中国制造的德式小镇——安亭新镇[J]. 新建筑，2005(4)：83-85.

[90] 蔡义鸿. 仇保兴：盲目攀比建国际化大都市不可取[J]. 建设科技，2005(15)：11.

[91] 王浩，徐英. 城市绿地系统规划布局特色分析——以宿迁、临沂、盐城城市绿地系统规划为例[J]. 中国园林，2006(6)：56-60.

[92] 钱紫华. 试论我国城市文化产业园区热[J]. 城市问题，2008(7)：6-10.

[93] 张杰，庞骏. 论消费文化涌动下城市文化遗产的克隆[J]. 城市规划，2009，33(6)：81-87.

[94] 陈锋. 城市广场·公共空间·市民社会[J]. 城市规划，2003，27(9)：56-62.

[95] 高宏宇. 社会学视角下的城市空间研究[J]. 城市规划学刊，2007(1)：44-48.

[96] 马学广，王爱民，闫小培. 权力视角下的城市空间资源配置研究[J]. 规划师，2008，24(1)：77-82.

[97] Jim C Y，Chen W Y. Consumption preferences and environmental externalities：A hedonic analysis of the housing market in Guangzhou[J]. Geoforum，2007，(2)：414-431.

[98] 万勇，王玲慧. 城市居住空间分异与住区规划应对策略[J]. 城市问题，2003(6)：76-79.

[99] 徐苗，杨震. 超级街区＋门禁社区：城市公共空间的死亡[J]. 建筑学报，2010(3)：12-15.

[100] 许尊，王德. 商业空间消费者行为与规划——以上海新天地为例[J]. 规划师，2012，28(1)：23-28.

[101] 中国江苏网. 公园内高档酒楼调查[EB/OL]. [2013-12-30] http://jsnews. jschina. com. cn/system/2013/12/30/019790297. shtml

[102] 邱冰. 中国现代园林设计语言的本土化研究[D]. 南京：南京林业大学，2010.

[103] 张京祥，吴佳，殷洁. 城市土地储备制度及其空间效应的检讨[J].

城市规划,2007, 31(12):26-31.
[104] 罗军.新双轨制、人口红利、土地红利——基于转轨视域的中国城乡二元结构考察[J].中州学刊,2011(1):61-65.
[105] 吴缚龙.中国的城市化与"新"城市主义[J].城市规划,2006,(8):19-24.
[106] 代伟国,邢忠.转型时期城市公共空间规划与建设策略[J].现代城市研究,2010(11):12-16, 22.
[107] 马用浩.社会阶层层面上的利益问题——利益结构失衡和利益关系紧张[J].中共福建省委党校学报,2010(9):57-62.
[108] 吴忠民.中国中期社会危机的可能趋势分析[J].东岳论丛,2008,29(3):1-23.
[109] 吴忠民.社会公正研究的现状及趋向——近年来国内学术界社会公正研究述评[J].学术界,2007(3):7-24.
[110] 吴忠民.改革开放以来中国精英群体的演进及问题(上)[J].文史哲,2008(3):140-161.
[111] 张杰,吕杰.从大尺度城市设计到"日常生活空间"[J].城市规划,2003, 27(9):40-45.
[112] 邹兵.由"战略规划"到"近期建设规划"——对总体规划变革趋势的判断[J].城市规划,2003, 27(5):6-12.
[113] 丁敏帅,陈关超.登封"捆绑"申遗:规模不足的资源搭"便车"[N].中国文化报,2010-07-28.
[114] 阮仪三.冷眼看热潮——申报世界遗产和保护历史文化遗存[J].城市规划汇刊,2004(6):63-65.
[115] 李如生.中国世界遗产保护的现状、问题与对策[J].城市规划,2011, 35(5):38-44.
[116] 过伟敏,邱冰,羊笑亲.无锡传统民居户外多功能空间的研究[J].江南大学学报(自然科学版),2003, 2(4):381-384.
[117] Rich R. Neglected issues in the study of urban service distributions [J]. Urban Studies, 1979, 16, 143-156.
[118] Ogryczak W. Inequality measures and equitable approaches to location problems[J]. European Journal of Operational Research, 2000, 122:374-391.
[119] Erkip F B. The distribution of urban public services: the case of

parks and recreational service in Ankara[J]. Cities, 1997, 149 (6):353-361.

[120] Turner T. Open space planning in London: from standards per 1000 to green strategy[J]. Town Planning Review. 1992, 63(4): 365-386.

[121] [美]伊恩·麦克哈格,著;黄经纬,译. 设计结合自然[M]. 天津:天津大学出版社,2006.

[122] McAllister D M. Equity and efficiency in public facility location [J]. Geographical Analysis. 1976, 8:47-63.

[123] Thompson W C. Urban open space in the 21st century[J]. Landscape and Urban Planning, 2002, 60:9-72.

[124] Maruani T, Amit-Cohen I. Open space planning models: A review of approaches and methods[J]. Landscape and Urban Planning, 2007, 81:1-13.

[125] 张景秋,曹静怡,陈雪漪. 北京中心城区公共开敞空间社会分异研究[J]. 规划师,2007, 23(4):27-30.

[126] 楼惠新,王黎明. 论我国公共资源安全问题[J]. 安全与环境学报,2002(6):55-57.

[127] 陈锋,孙成仁,张全,等. 社会公平视角下的城市规划[J]. 城市规划,2007, 31(11):40-46.

[128] 郑明媚,冯奎,吴程程. 中加公众参与城市规划的比较及思考[J]. 城市发展研究,2012, 19(12):4-7.

[129] 许锋,刘涛. 加拿大公众参与规划及其启示[J]. 国际城市规划,2012, 27(1):64-68.

[130] 周成玲. 城市旧公园改造设计研究[D]. 南京:南京林业大学,2008.

[131] 邱冰. 城市历史地段景观设计[D]. 无锡:江南大学,2004.

[132] 郑也夫. 城市社会学[M]. 中国城市出版社,2002.

[133] 李琼. 市民生活永远是城市的主题[N]. 湖北日报,2013-7-15. [EB/OL]. http://www. qstheory. cn/zl/bkjx/201307/t20130715_249259. htm

[134] 吕楠芳,何裕华. 改造牵涉西关文化命脉,慎重啊[N]. 羊城晚报,2011-3-1. [EB/OL]. [2011-3-1]http://www. ycwb. com/ePaper/ycwb/html/2011-03/01/content_1050584. htm

[135] Ottsmann J R. Evaluating equity in service delivery in library branches[J]. Journal of Urban Affairs, 1994, 16(2):109-123.
[136] 叶东疆.对中国旧城更新中社会公平问题的研究[D].杭州:浙江大学,2003.
[137] 黄子云,余翰武.城市街区自发空间的场所精神探寻[J].华中建筑,2011(6):65-67.
[138] 王旭烽.风雅西湖[J].中国国家地理,2005(10):125-128.
[139] 周密.武林旧事(卷3)[M].杭州:浙江人民出版社,1984.
[140] 施奠东.西湖志(卷二十)[M].上海:上海古籍出版社,1995.
[141] 杭州政报编辑部.实施"西湖西进"、建设"人间天堂",努力把我市打造成世界级风景旅游城市[EB/OL].[2003-09-25] http://www.hangzhou.gov.cn/main/wjgg/hzzb/5754/683/T84172.shtml.
[142] 卢贤松.见证七次西湖综合保护工程:新西湖览胜[M].杭州:杭州出版社,1995.
[143] 浙江在线新闻网站.西湖"会所风"越刮越猛 5年西湖边冒出近40个会所[EB/OL].[2009-05-07] http://zjnews.zjol.com.cn/05zjnews/system/2009/05/07/015489223.shtml.
[144] 杨春侠.历时性保护中的更新——纽约高线公园再开发项目评析[J].规划师,2011, 27(2):115-120.
[145] 邱冰.城市文化打造论为何荒唐?——由美国纽约高线公园所想[J].风景园林,2011(3):154-155.
[146] 戴旸.詹姆斯·科纳(一):纽约高线公园一期[EB/OL].[2014-03-25] http://www.chla.com.cn/htm/2014/0325/204814_8.html.
[147] 李瑛.旅游目的地游客满意度及影响因子分析——以西安地区国内市场为例[J].旅游学刊,2008, 23(4):43-48.
[148] 李琼.免费开放城市公园的居民满意度研究——以南京玄武湖公园为例[D].南京:南京大学,2010.
[149] 李红光.基于使用表现和使用者评价调查的郑州城市开放空间研究[D].西安:西安建筑科技大学,2012.
[150] 刘佳颖.基于环境行为的松花江滨水开放空间环境策略研究[D].哈尔滨:哈尔滨工业大学,2010.
[151] 徐磊青.城市开敞空间中使用者活动与期望研究——以上海城市

中心区的广场与步行街为例[J]. 城市规划汇刊，2004(4)：78-83，96.
[152] 朱玲玲. 商丘市区绿色开放空间主客观认知及其优化[D]. 开封：河南大学，2011.
[153] 王旭. 基于SPSS的城市滨水开放空间“使用效度”研究——以合肥环城公园为例[J]. 安徽农业科学，2012，40(36)：17666-17669，17693.
[154] 陈金华，秦耀辰. 基于游客满意度分析的地质公园可持续发展研究——以福建省泰宁世界地质公园为例[J]. 河南大学学报(社会科学版)，2008，48(6)：48-54.
[155] 孙春艳，吴江，赵小林. 国家城市湿地公园游客满意度评价研究——以无锡长广溪湿地公园为例[J]. 江苏商论，2012(7)：117-121.
[156] 李欠强，陈秋华. 生态旅游景区游客满意度调查研究——以福州国家森林公园为例[J]. 林业经济问题，2006，26(2)：167-169，173.
[157] 廉同辉，余菜花，包先建，等. 基于模糊综合评价的主题公园游客满意度研究——以芜湖方特欢乐世界为例[J]. 资源科学，2012，34(5)：973-980.
[158] 钱树伟，苏勤，郑焕友. 历史街区顾客地方依恋与购物满意度的关系——以苏州观前街为例[J]. 地理科学进展，2010，29(3)：355-362.
[159] 辛琛，李文英. 渭河公园的公众满意度分析[J]. 安徽农业科学，2012，40(3)：1574-1576，1827.
[160] 付晓，张景秋，尹卫红. 公众参与的宜居北京公园绿地满意度调研与分析[J]. 北京联合大学学报(人文社会科学版)，2009，7(3)：19-22，35.
[161] 王凯，贾丽丽. 中等城市居民对住宅区绿地满意度的影响因素分析——以陕西宝鸡、咸阳为例[J]. 当代经济，2012(2上)：31-33.
[162] 唐仙，黄涛，潘海泽，等. 模糊综合评判法在高校校园满意度评价中的应用[J]. 广东农业科学，2008(10)：157-159.
[163] 徐磊青. 广场的空间认知与满意度研究[J]. 同济大学学报(自然科学版)，2006，34(2)：181-185.
[164] 李在军，管卫华，顾珊珊，等. 南京夫子庙街游客满意度模糊综合评

价研究[J]. 西北大学学报(自然科学版),2013, 43(2):293-297.
[165] 江昼,张捷,祁秋寅. 城市雕塑环境空间视觉满意度的定量评价——以南京市三处城市雕塑环境空间为例[J]. 经济地理,2008, 28(6):1012-1014, 1019.
[166] 王作成,高玉兰. 满意度调查中样本数量的确定[J]. 市场研究, 2005(4):31-33.
[167] 石坚韧,赵秀敏,王竹,等. 城市开放空间公众意象的影响因素研究[J]. 新建筑,2006(2):71-74.
[168] 张帆,邱冰. "拟像"视角下城市"千景一面"的深层解读[J]. 城市问题,2013(11):14-18.
[169] 闫整,张军民,崔东旭. 城市广场用地构成与用地控制[J]. 城市规划汇刊,2001(4):25-30.
[170] 赵春丽,杨滨章. 停留空间设计与公共生活的开展——扬·盖尔城市公共空间设计理论探析(2)[J]. 中国园林,2012(7):44-47.
[171] Lo S M, Yiu C Y, Lo A. An analysis of attributes affecting urban open space design and their environmental implications[J]. Management of Environmental Quality, 2003, 14(5):604-614.
[172] Roovers P, Hermy M, Gulinck H. Visitor profile, perceptions and expectations in forests from a gradient of increasing urbanisation in central Belgium[J]. Landscape and Urban Planning, 2002, 59(3):129-145.
[173] 金远. 对城市绿地指标的分析[J]. 中国园林,2006(8):56-60.
[174] 彭镇华,王成. 论城市森林的评价指标[J]. 中国城市林业,2003, 1(3):4-9.
[175] 李文,张林,李莹. 哈尔滨城市公园可达性和服务效率分析[J]. 中国园林,2011(2):59-62.
[176] 纪亚洲,李保杰. 基于 Geoprocessing 的徐州市绿地可达性研究[J]. 江苏农业科学,2012, 40(10):341-343.
[177] 余双燕,钟业喜. 基于 GIS 的城市公园可达性分析[J]. 安徽农业科学,2012, 38(28):15842-15844.
[178] 宋秀华,郎小霞,朴永吉,王秀峰. 基于 GIS 的城市公园绿地可达性分析[J]. 山东农业大学学报(自然科学版),2012, 43(3):400-406.

[179] 尹海伟,孔繁花. 济南市城市绿地可达性分析[J]. 植物生态学报,2006, 30(1)17-24.

[180] 邵大伟,吴殿鸣,丁金华,余慧. 南京中心城区绿地可达性分析[J]. 北方园艺,2014,(5)78-81.

[181] 贾琦,运迎霞,郭力君. 游憩型绿色开放空间可达性与服务便捷性测度——以天津市内六区为例[J]. 城市问题,2012(12):54-57.

[182] 鄢进军,丁真兵,郑凌予,等. 基于GIS-Network Analyst的重庆城市公园绿地可达性分析[J]. 西南大学学报(自然科学版),2013, 35(12):1-6.

[183] 鄢进军,秦华,鄢毅. 基于Huff模型的忠县城市公园绿地可达性分析[J]. 西南师范大学学报(自然科学版),2012, 37(6):130-135.

[184] 李小马,刘常富. 基于网络分析的沈阳城市公园可达性和服务[J]. 生态学报,2009, 29(3):1554-1562.

[185] 尹海伟,孔繁花,宗跃光. 城市绿地可达性与公平性评价[J]. 生态学报,2008, 28(7):3375-3383.

[186] 桑丽杰,舒永钢,祝炜平,苏飞. 杭州城市休闲绿地可达性分析[J]. 地理科学进展,2013, 32(6):950-957.

[187] 王亚强,孙艳玲. 天津市中心城区公园绿地可达性与服务评价[J]. 安徽农业科学,2013, 41(4):1616-1618.

[188] 胡志斌,何兴元,陆庆轩,等. 基于GIS的绿地景观可达性研究——以沈阳市为例[J]. 沈阳建筑大学学报(自然科学版),2005, 21(6):671-675.

[189] 马林兵,曹小曙. 基于GIS的城市公共绿地景观可达性评价方法[J]. 中山大学学报(自然科学版),2006, 45(6):111-115.

[190] 魏冶,修春亮,高瑞,王绮. 基于高斯两步移动搜索法的沈阳市绿地可达性评价[J]. 地理科学进展,2014, 32(4):479-487.

[191] 孙振如,尹海伟,孔繁花. 不同计算方法下的公园可达性研究[J]. 中国人口·资源与环境,2012, 22(5):162-165.

[192] 刘常富,李小马,韩东. 城市公园可达性研究——方法与关键问题[J]. 生态学报 2010, 30(19):5381-5390.

[193] 陈洁萍,葛明. 景观都市主义谱系与概念研究[J]. 建筑学报,2010(11):1-5.

[194] 王建国,戎俊强. 城市产业类历史建筑及地段的改造再利用[J]. 世

界建筑,2001(6):17.
[195] 柴彦威.以单位为基础的中国城市内部生活空间结构——兰州市的实证研究[J].地理研究,1996, 15(1):30-38.
[196] 路风.一种特殊的社会组织形式[J].中国社会科学,1989(1):71-88.
[197] Bjorklund E M. The Danwei: Socio-spatial characteristics of work units in china's urban society[J]. Economic Geography, 1986(62):19-29.
[198] 张艳,柴彦威,周千钧.中国城市单位大院的空间性及其变化:北京京棉二厂的案例[J].国际城市规划,2009, 24(5):20-27.
[199] 何志森.小即是大[J].景观设计学,2012(1):60-63.
[200] 董楠楠.联邦德国城市复兴中的开放空间临时使用策略[J].国际城市规划,2011, 26(5):105-108.
[201] 罗娟.发展临时绿地[J].中国林业产业,2005(5):44-46.
[202] 孙英辉,邹谢华,于丽娜.从政策与政府因素看土地闲置[J].中国土地,2012(1):31-32.
[203] 张树楠,尚改珍,董英魁,等.开放式公园边界空间设计研究[J].安徽农业科学,2010, 38(28):15860-15861, 15873.
[204] 李飞飞.中国城市公园免费开放以来发展状况探析——以成都市公园为例[J].广西民族大学学报(哲学社会科学版),2009(6):24-30.
[205] 南京旅游学会.城市公园免费开放调查报告[EB/OL]. http://www.nju.gov.cn/web_zw/public_detail/detail/110/19157.shtml
[206] [美]亚历山大·加文,盖尔·贝伦斯,等,著;李明,胡迅,译.城市公园与开放空间规划设计[M].北京:中国建筑工业出版社,2007.
[207] 邢忠,王琦.论边缘空间[J].新建筑,2005(5):80-82.
[208] 张振.现代开放式空间的功能定位[J].中国园林,2004(8):29-34.
[209] 秦小萍,魏民.中国绿道与美国 Green way 的比较研究[J].中国园林,2013(4):119-124.
[210] 迈克·克朗,著;杨淑华,宋慧敏,译.文化地理学[M].南京:南京大学出版社,2003.
[211] Williams M. Historical geography and the concept of landscape[J]. Journal of Historical Geography, 1989, 15:92-104.

[212] Deverteuil G. Reconsidering the legacy of urban public facility location theory in human geography[J]. Progress in Human Geography, 2000, 24(1):47-70.
[213] Pellow D. Cultural differences and urban spatial forms: Elements of boundedness in an accra community [J]. American Anthropologist, 2005, 103(1):59-75.
[214] United Nations Human Settlements Programme. The State of the Worlds' Cities 2004/2005: Globalization and Urban Culture [Z]. London: Sterling, VA, 2004.
[215] Friedmann J. The world city hypothesis[J]. Development and Change, 1986, 17(1):69-83.
[216] Sassen S. The global city: New York, London, Tokyo[M]. Princeton, New Jersey:Princeton University Press, 1991.
[217] Krätke S, Taylor P J. A world geography of global media cities [J]. European Planning Studies, 2004, 12(4):459-477.
[218] 朱竑,封丹,王彬. 全球化背景下城市文化地理研究的新趋势[J]. 人文地理,2008(2):6-10.
[219] 何序君,陈沧杰. 城市规划视角下的城市文化建设研究述评及展望[J]. 规划师,2012, 28(10):96-100.
[220] 黄鹤绵,朱虹,薛德升. 国外世界城市文化动力研究综述与启示[J]. 热带地理,2014, 34(3):319-326.
[221] 涂珍兰. 当代城市文化美学研究述评[J]. 江汉论坛,2014(4):142-144.
[222] 苏萱. 城市文化品牌理论研究进展述评[J]. 城市问题,2009(12):27-32.
[223] 尹绪忠. 论城市文化特色的若干显性展示——以广东省中山市为例[J]. 社会科学,2009(11):119-125.
[224] 张鸿雁. 新型城镇化进程中的"城市文化自觉"与创新——以苏南现代化示范区为例[J]. 南京社会科学,2013(11):58-65.
[225] 王衍军. 民俗文化的场效应与城市文化建设[J]. 社会科学家,2012(2):148-150.
[226] 陆枭麟,张京祥. 当代中国城市文化迷失与规划师角色再塑[J]. 规划师,2009, 25(5);63-66, 72.

[227] 郭凌，王志章. 空间生产语境下的城市文化景观失忆与重构[J]. 云南民族大学学报(哲学社会科学版)，2004，31(2)：35-41.
[228] 姜斌，李雪铭. 快速城市化下城市文化空间分异研究[J]地理科学进展，2007，26(5)：111-117.
[229] 廖开怀，李立勋，张虹鸥. 全球化背景下广州城市文化消费空间重构——以星巴克为例[J]. 热带地理，2012，32(2)：160-166.
[230] 洪祎丹，华晨. 城市文化导向更新模式机制与实效性分析——以杭州“运河天地”为例[J]. 城市发展研究，2012，19(1)：42-48.
[231] 李星明，赵良艺. 基于城市文化视角的城市规划模式探讨[J]. 华中师范大学学报(自然科学版)，2007，41(9)：473-476.
[232] 柳立子. 城市公共空间建设与城市文化发展——以广州与岭南文化为例[J]. 学术界，2014(2)；91-101.
[233] 陈少峰，王帅. 城镇化进程中的城市文化建设[J]. 社会建设，2014(2)：81-85.
[234] 赵夏. 城市文化遗产保护与城市文化建设[J]. 城市问题，2008(4)：76-80.
[235] 张希晨，郝靖欣. 从无锡工业遗产再利用看城市文化的复兴[J]. 工业建筑，2010，40(1)：31-34，20.
[236] 杨章贤，刘继生. 城市文化与我国城市文化建设的思考[J]. 人文地理，2002，17(4)：25-28.
[237] 任志远. 城市文化与城市规划展示[J]. 规划师，2012，12(10)：101-104.
[238] 冯志斌. 社会主义核心价值体系视阈下的城市文化建设研究[D]. 陕西：陕西师范大学，2011.
[239] 陈蕴茜. 论清末民国旅游娱乐空间的变化——以公园为中心的考察[J]. 史林，2004，(5)：93-100.
[240] 柳尚华. 中国风景园林当代五十年 1949—1999[M]. 北京：中国建筑工业出版社，1999. 97.
[241] 陆枭麟，张京祥. 当代中国城市文化迷失与规划师角色再塑[J]. 规划师，2009，5(25)：63-66，72.
[242] 王雪. 以生态修复技术为基础的寒地城市公园绿地景观营造研究[D]. 哈尔滨：东北林业大学，2012.
[243] 陈荻，邱冰. 基于分层思想的城市公园有机更新模式探讨——以上

海黄兴公园改造方案为例[J]. 南京林业大学学报(自然科学版), 2004, 38(4):153-157.
[244] 刘洁. 武汉市城市公园体系研究[D]. 武汉:华中农业大学,2011.
[245] 姚亦锋. 现代中国城市公园的问题以及景观规划[J]. 首都师范大学学报(自然科学版),2004, 25(1):60-64.
[246] 宋佳楠,金晓斌,唐健,等. 中国城市地价水平及变化影响因素分析[J]. 地理学报,2011, 66(8):1045-1054.
[247] 刘晓惠,罗枫. 公共景观与公众利益——关于“公园地产”的规划控制和引导[J]. 城市问题,2009(3):58-62.
[248] 邱冰,张帆. 浅议城市园林绿地中的文化承载力[J]. 山西建筑, 2010, 36(7):342-343.
[249] 柳尚华. 中国风景园林当代五十年 1949—1999[M]. 北京:建筑工业出版社,1999.
[250] 北京市规划委员会. 北京市绿地系统规划[EB/OL]. http: / /www. bjghw. gov. cn /web /static /articles /catalog_30100 /article_ ff8080812 ac7af9e01 2ac8ecc5c10055 /ff8080812ac7af9e012 ac8ecc5c10055. html, 2010-08-31
[251] 王冬. 谈我国旧城改造中的园林绿化问题[J]. 中国园林,1999(4): 37-39.
[252] 邱冰,张帆. 以绿地为介质的城市景观织补模型与方法[J]. 城市问题,2013(1):51-55.
[253] 徐民苏. 苏州市城市总体规划介绍[J]. 城市规划,1986(5):4-8.
[254] 周永广. 对城市历史街区原住民回迁的调查与思考——以杭州小河直街为例[J]. 经济论坛,2010(9):67-71.
[255] 胡玎,王越. 上海,是否应放慢改造老公园的脚步[J]. 园林,2008 (6):32-33.
[256] 邱冰,张帆. 上海,老公园改造——寻回和延续城市的记忆[J]. 林业科技开发,2010, 24(2):121-125.
[257] 张健健,王晓俊. 树城:一个超越常规的公园设计[J]. 国际城市规划,2007, 22(5):97-100.
[258] 黄瓴,赵万民,许剑峰. 城市文化地图与城市文化规划[J]. 规划师, 2008, 24(8):67-71.

# 致 谢

首先要衷心感谢我的导师东南大学阳建强教授。从 2003 年师从阳老师攻读硕士、博士学位至今，已然 12 年的岁月，我也从少不更事走到了而立之年。正是导师的善良与平和、踏实与严谨引领着我进入到一个个人生的新境界，鼓励着我面对工作和学业上的双重压力而能够积极乐观、不浮不躁，不断磨砺自己做人的意志和做学问的执著。本书是在我的博士论文的基础上修改而成。感谢导师的谆谆教诲、精心指导和为我的博士论文及书稿付出的心血和操劳。

其次，感谢吴明伟教授、赵兵教授、施梁教授、王晓俊教授、冷嘉伟教授、吴晓教授、董卫教授、段进教授在本书的选题、写作上所给予的指导和帮助。

还应该感谢写作过程中给予我帮助的南京林业大学风景园林学院的同事们，感谢他们为我创造了良好的学习机会和优美的学习环境。同时，这些师长、同事们不拘一格的思路给予了我无尽的启迪。

另外，感谢南京林业大学风景园林学院的硕士生钟超、李桂丽、余叶妹、万长江、袁海、孔康苏以及景观建筑设计专业的蔡文烨、戚芳蓉、周建成等 10 位本科生为本书第五章的数据采集工作所付出的努力。感谢南京林业大学风景园林学院的硕士生顾加贝、毛亚辉、胡明月、崔洁为第七章的数据采集和整理工作所付出的努力。感谢北京大学的吴辉辉同学为第五章中“满意度分析模型”的数据处理提供了统计学方面的技术支持。感谢南京林业大学分析测试中心的李卫正老师为第六章中常州老城区开放空间可达性的分析提供了 GIS 空间分析技术方面的支持和帮助。

特别感谢我的家人，感谢他们对我学业、工作的理解和支持。

最后，对本书参考文献的作者们表示崇高的敬意。

张 帆

2016 年 8 月于南京林业大学

## 内 容 提 要

本书针对旧城开放空间的各类问题，基于“日常生活”的观察视角，以“自下而上”的方式分别从价值体系重构、功能重构、布局重构与文化重构四个方面研究了旧城开放空间重构的基本理论、技术手段与策略。研究视角、方法内容、理论成果均区别于以往的同类或相似文献。在进行理论建构的同时，本书以实证研究为主导，定量与定性分析相结合，以跨学科研究为特色，运用了社会调查、SPSS统计分析、GIS空间分析技术、图解分析等方法，在功能、布局与文化三个方面设计出了一系列规划设计工具，可直接应用于实践。

本书可供从事城市规划、风景园林规划设计、环境艺术设计、旅游规划等相关研究人员、专业技术人员、管理人员及在校学生作理论参考之用，也可作为开放空间规划设计实践的工具参考书。

**图书在版编目(CIP)数据**

日常生活视野下的旧城开放空间重构研究/张帆，邱冰著. —南京：东南大学出版社，2016.12

ISBN 978-7-5641-6895-7

Ⅰ.①日… Ⅱ.①张… ②邱… Ⅲ.①城市空间—研究 Ⅳ.TU984.11

中国版本图书馆CIP数据核字(2016)第303570号

**出版发行**：东南大学出版社
**社　　址**：南京四牌楼2号　　**邮编**：210096
**出 版 人**：江建中
**网　　址**：http://www.seupress.com
**电子邮箱**：press@seupress.com
**经　　销**：全国各地新华书店
**印　　刷**：南京玉河印刷厂
**开　　本**：700 mm×1000 mm　1/16
**印　　张**：15
**字　　数**：246千
**版　　次**：2016年12月第1版
**印　　次**：2016年12月第1次印刷
**书　　号**：ISBN 978-7-5641-6895-7
**定　　价**：48.00元